流域水循环分布式模拟与调控

董增川　安　婷　张文明　付晓花　著

科学出版社
北　京

内 容 简 介

本书基于天然水循环和人工侧支用水过程耦合模拟的思想，利用数字高程模型和数字河湖网资料，构建了基于“天然-人工”双拓扑结构的数字河网和分布式水资源模拟模型。针对大流域配水供需单元之间往往存在时延性的情况，利用等流时带概念，通过空间上等流时带的平移反映调蓄工程放水在时间上的滞后性影响，建立流域水资源优化配置模型。利用大系统优化的分解协调方法进行求解，实现整体系统不同层次的优化。所建模型，不仅可用于模拟土地利用/土地覆被变化等不同下垫面条件对水资源形成转化的影响，而且可用于模拟人工侧支用水对水资源形成转化与利用的影响，以及大流域水资源的优化调控。

本书可供水文学及水资源、水利水电工程、地理科学等领域的科学研究人员、工程技术人员与政策管理人员参考，也可作为高等院校水文水资源、水利水电工程及相关专业高年级本科生和研究生的学习参考用书。

图书在版编目(CIP)数据

流域水循环分布式模拟与调控/董增川，安婷，张文明等著. —北京：科学出版社，2018.11

ISBN 978-7-03-059540-9

Ⅰ.①流… Ⅱ.①董…②安…③张… Ⅲ.①水循环-流域模型-研究 Ⅳ.①P339

中国版本图书馆 CIP 数据核字(2018)第 258448 号

责任编辑：周 炜 罗 娟 / 责任校对：郭瑞芝
责任印制：张 伟 / 封面设计：蓝 正

科学出版社出版
北京东黄城根北街 16 号
邮政编码：100717
http://www.sciencep.com

北京中石油彩色印刷有限责任公司 印刷
科学出版社发行 各地新华书店经销

*

2018 年 11 月第 一 版 开本：720×1000 1/16
2021 年 2 月第三次印刷 印张：16 1/2
字数：333 000

定价：118.00 元

(如有印装质量问题，我社负责调换)

前　言

地球在地壳表层、表面和围绕地球的大气层中存在着各种形态(包括液态、气态和固态)的水,形成地球的水圈,并和地球上的岩石圈、大气圈、生物圈共同组成地球的自然圈层。水在地球的自然圈层中是以循环运动的形式存在的,这个过程称为水文循环。

人们出于种种用水目的,通常在某一环节或某些环节上打开水文循环。几千年来,全球水资源开发利用的方式多种多样,人类一直在寻求各种方式,如疏通、拦蓄、调水、储存等,以增强对随意泛滥的河流或变幻莫测的降水的抵抗能力。早期的农业文明主要分布在降水丰富和河网发达的地区,灌溉渠道的出现,使得干旱地区作物的正常生长及生长季节的延长成为可能。随着城市化进程的加快,水源越来越远,近百年来,许多史无前例的巨型工程,如防洪工程、水电站工程、供水工程、灌溉工程等如雨后春笋般出现,导致水文循环规律发生极大的改变。

人类对水的开发利用形成了一个由供、用、耗、排组成的人工侧支过程。随着经济社会的快速发展,由于用水量剧增,人工侧支过程对天然水循环过程的影响越来越大。天然水循环过程和人工侧支过程相互作用、相互影响。没有天然的水循环过程做基础,人工侧支过程就无从谈起;人工侧支过程对天然水循环过程同样具有较大的影响。流域天然的水循环过程存在一种子流域源汇关系,人类的供用耗排结构又构成了另外一类相对独立的源汇关系,两者相互耦合、共同作用,反映了流域水资源形成、转化与利用的基本特征。

本书基于天然水循环和人工侧支用水影响耦合模拟的思想,首先通过数字高程模型及数字河湖网资料,自动提取流域天然状态下的排水结构及子流域源汇关系;然后将水利工程概化,获得水利工程形成的人工输排水结构及源汇关系;再将两种源汇关系耦合,实现蓄水、取水、输水、用水、排水工程与天然状态数字河网的耦合,构建基于"天然-人工"双拓扑结构的数字河网。在此基础上,基于等流时带划分子流域的方法,建立"天然-人工"双拓扑结构分布式水资源模拟模型,不仅可以基于 DEM、土地利用/土地覆被变化等多种信息模拟不同的下垫面条件对水资源形成转化的影响,还可以模拟人工侧支用水对水资源形成转化与利用的影响,实现对天然及人工两种因素的耦合模拟。

由于大流域配水供需单元之间往往存在时延性,会影响优化时段的水量平衡及目标函数计算，因此研究了基于等流时带的水资源调控模型的建模方法。利用等流时带概念形成天然的时延系统，通过空间上等流时带的平移，反映调蓄工程放水在时间上的滞后性影响，将大流域水循环模拟模型与水资源优化配置模型耦合并进行求解。利用大系统优化的分解协调方法进行求解，实现整体系统不同层次的优化。

本书共 10 章。第 1 章比较系统地总结了国内外分布式水循环模拟与水资源配置方面的研究进展。第 2 章～第 5 章论述了基于“天然-人工”双拓扑结构水循环分布式模拟模型的建立，其中第 2 章主要介绍水资源的演化模式，分析了人工侧支用水对水循环的影响，建立了基于双驱动因素的径流演化模式；第 3 章主要论述基于双拓扑结构的数字河网的自动提取及子流域划分方法，描述了基于数字高程模型及数字河湖网资料自动提取数字河网的方法，建立了一种基于等流时带划分子流域的方法，提出了如何将人工控制节点耦合入天然河网，形成“天然-人工”双拓扑结构的数字水系；第 4 章主要论述了基于双拓扑结构数字水系建立水循环分布式模拟模型的过程，并详细描述了天然因素及人工侧支用水过程的模拟方法；第 5 章主要介绍了水循环模拟模型参数的率定方法，并对各参数进行了灵敏度分析。第 6 章～第 8 章建立了流域水资源优化配置模型与大系统分解协调算法，其中第 6 章介绍了各用水部门需水预测的方法、各需水要素的时空展布方法及各部门供水经济效益的计算方法；第 7 章介绍了水资源优化配置的基本概念，建立了流域水资源优化配置模型；第 8 章论述了大系统分解协调的原理，并对流域水资源优化配置模型进行了求解。第 9 章以黄河流域为实例进行了研究，建立了黄河流域基于“天然-人工”双拓扑结构的水循环分布式模拟模型和水资源优化配置模型，表明所提方法的实用性。第 10 章是对全书的总结和展望。

本书得到教育部重点科技项目（重点 14741）、水利部公益性行业科研项目（201101017）、国家重点研发计划（2016YFC0401306）、国家社会科学基金重大项目（2012 &ZD214）的资助。

限于作者水平，书中难免存在不妥之处，敬请读者批评指正。

目　　录

第1章 绪 论

1.1 引 言

水是生命之源，人类起源、人类文明和发展都与水紧密相关。几千年来，全球水资源的开发方式多种多样，人类一直在寻求各种方法，如调水、储存、疏通等，以增强对随意泛滥的河流或变幻莫测的降水的抵抗能力。早期的农业文明主要分布在降水丰富和河网发达的地区，灌溉渠道的出现使得干旱地区作物的正常生长及生长季节的延长成为可能。随着城市化进程的加快，供水水源越来越远。工业革命的开始与人口的迅猛增长导致水文循环规律的极大改变。随后的100多年里，许多史无前例的大型工程，如防洪工程、供水工程、水电站工程、灌溉工程等也如雨后春笋般出现。通过世世代代、持续不断的巨大努力，人类开发利用水资源的能力显著增强。

就世界水资源总量而言，似乎并不缺水，但事实并非如此。20世纪以来，随着人口迅速增长，再加上工农业生产的大发展，用水量也呈几何倍数增加。1900～1975年，世界工业用水增加了20倍，农业用水增加了7倍，生活用水增加了10倍[1]。并且近几十年来，用水量正以每年4%～8%的速度持续增加。与此同时，污水剧增，且大部分没有经过处理就直接排入江河湖海，导致水质性缺水和水污染等一系列水安全问题。目前，全世界有一半的人口无法以卫生的方式处理污物，13亿人得不到安全的饮用水；每年有超过500万人死于不洁水导致的疾病[2]。20世纪后半叶，许多国家因用水量急剧增加，出现水资源短缺和水环境恶化等现象，引起国际社会的广泛关注。1997年，联合国在马德普拉塔召开第一次世界性水会议，将水资源问题提高到全球战略高度。随后，很多国际会议和国际组织向世人发出类似“水危机将成为继石油危机之后另一项严重的社会危机”的警告[3～5]。

在全世界致力于应对水危机的21世纪，我国作为经济社会快速发展的人口大国，面临着更为巨大的水资源压力。这是多方面因素造成的：①人均水资源占有量低。根据2012年人口统计计算，我国人均水资源占有量为2100m^3，仅为世界人均水平的28%。②受季风气候和地形条件影响，水资源时空分布极不均匀。长江以北水系流域面积为64%，水资源量却只占全国的19%；全国大部分地区降水的年内分配很不均匀，最大4个月(6～9月)降水量约占全年的70%～80%，致使汛期洪水灾害，非汛期干旱缺水。③水污染没有得到有效控制。根据我国 2012 年的水质评价结果，在调查的 20.1 万 km 河长中，水质为Ⅳ类水的河长占11.8%，Ⅴ类和劣Ⅴ类水的河长占 21.2%。河水污染又造成水资源大幅减少，因此我国水资源面临严峻挑战。④人口和经济快速增长，工农业和居民生活用水大幅度增加。1949 年全国总用水量仅 1031 亿 m^3，而 1979 年达到 4767 亿 m^3，增长了3.6倍[6]。其中，农业用水量增加 4 倍，工业用水量增加近 22 倍，城市生活用水量增加 8.2 倍。2012 年，全国总用水量增加到 6131 亿 m^3，比 63 年前增加了4.9倍。据预测，2050 年我国国民经济需水量将达到峰值，为 7000 亿～8000 亿 m^3，已接近水资源可利用总量(8000 亿～9500 亿 m^3)[7]。⑤我国水资源利用效率低，浪费现象普遍存在。我国用水总量与美国相当，但工业增加值仅为美国的 1/8。全国农业灌溉水利用系数仅为 0.45，与世界先进水平 0.7～0.8 有较大差距。1997 年，全国工业万元产值用水量为 136m^3，是发达国家的 5～10 倍；工业用水重复利用率为 30%～40%，而发达国家为 75%～85%；全国多数城市用水器具和自来水管网的浪费损失率估计在 20%以上[8]。⑥生活、工业用水的增长不断挤占农业和生态用水，水资源短缺地区地下水严重超采，经济发达地区水质恶化，造成水生态环境破坏，加剧了水资源短缺形势。

与需水增长趋势相比，供水增长受到资源条件和成本的制约，新增供水很难达到需水要求。尤其是华北地区，目前所处的水利发展阶段是绝大多数易于蓄水、控制和输水的工程建设基本完成，增加水利工程建设投资而产生的边际回报越来越小[9]。因此为了满足经济发展以及人们对生活质量和生态环境的要求，应更加深入地研究水资源的变化规律，加强水资源配置，使得有限的水资源保障人民饮水安全，发挥更大的经济效益和社会效益，维护优良的生态环境。

由于人类用水量剧增，对天然水循环过程的影响越来越大，甚至在一些人类用水量较大的地区，人工侧支用水改变了天然的水循环模式。自然界中存在一个天然的水循环过程，人类活动对水的开发利用又形成了一个人工侧支用水过程。天然水循环过程和人工侧支用水过程相互作用、相互影响。没有天然水循环过程作为基础，人工侧支用水过程就无从谈起；人工侧支用水过程对天然水循环过程同样具有较大的影响。

传统的水文模型建模，首先将水文资料进行还原处理，目的是把水文资料还原到天然状态，排除人工侧支用水影响，这样可以深入研究天然状态下的水循环过程。然而在人类用水量日益增加的今天，人工侧支用水对天然水循环的影响越来越明显，用传统方法构建的水文模型已经无法模拟人类活动影响较大地区的水循环过程。

2003 年，王浩等[10]提出将天然和人工影响耦合研究的思想。本书基于这种思想，深入研究了如何将人工侧支用水过程与天然水循环过程耦合实现水资源的模拟及调控。方法是将天然和人工两个环节有机地统一起来，在提取数字水系时将人工控制点引入天然河网，构建“天然-人工”双拓扑结构数字水系；在此基础上建立分布式水资源模拟模型将天然和人工两种因素耦合模拟，研究下垫面条件及用水结构的改变对流域产汇流机制的影响；最后将模拟模型与水资源调控模型耦合，在维持水资源可持续利用的前提下对流域的水资源进行优化配置。

1.2　分布式水资源模拟

水资源模拟模型在水资源可持续利用、防洪减灾、水库建设、道路和城市规划、面源污染评价、人类活动的流域响应等诸多方面得到了广泛应用。当今的一些研究热点，如生态环境需水、水资源可再生性评价等均需要水资源模拟模型的支持。流域水资源模拟模型是产汇流理论与计算机科学相结合的产物，是信息革命带给水文科学的一个极具生命力的研究领域。20 世纪 50 年代中期，流域水资源模拟模型概念出现以来，研究人员开始将流域的水文循环过程作为一个系统来探索[11]。由于软硬件条件限制，该时期大量的流域水资源模拟模型以集总式模型为主，萨尔模型（streamflow synthesis and reservoir regulation，SSARR）、Stanford 模型、Sacramento 模型、水箱模型、Boughton 模型、前期降水指标（antecedent precipitation index，API）模型、新安江模型等是这一时期的典型代表。

20 世纪 80 年代末，一些新技术，如地理信息系统（geographic information system，GIS）、遥感（remote sensing，RS）、全球定位系统（global positioning system，GPS）等不断完善，计算机技术和数值分析理论进一步发展，雷达测雨技术和卫星云图技术不断进步，促进了流域水资源模拟研究方法的创新，分布式水资源模拟模型成为近年来水文学研究的热点[12]。水资源模拟模型由概念式水资源模拟模型、灰色模型发展到现在的数字水资源模拟模型。

1.2.1　国外分布式水资源模拟研究进展

一般认为，国外分布式水资源模拟模型的研究始于 1969 年 Freeze 和 Harlan[13]发表的论文《一个具有物理基础数值模拟的水文响应模型的蓝图》，其中建议用更精致的方法（主要是水力学方法）来研究降水在流域内部的运动规律，既要考虑流域内部垂直方向的水量交换，也要考虑流域内部水平方向的水量交换。随后，1975 年，Hewlett 和 Troenale[14]提出了森林流域的变源面积模拟模型（variable source area simulator，VSAS），在该模型中，地下径流被分层模拟，在坡面上的地表径流被分块模拟。

1979 年，Beven 和 Kirkby[15]提出以变源产流为基础的 TOPMODEL 模型（topography based hydrological model）。该模型基于数字高程模型（digital elevation model,DEM)推求地形指数[$\ln(\alpha/\tan\beta)$],并利用地形指数来反映下垫面的空间变化对流域水文循环过程的影响,模型的参数具有物理意义,能用于无资料流域的产汇流计算。在 TOPMODEL 里假设流域内所有地形指数相同的地区具有水文相似性,这就允许地形指数的空间分布聚合成一个区间的地形指数,然后根据地形指数将流域简单地划分为若干个单元,一个地形指数区间对应一个面积单元。离散单元的数目与地形指数区间的数目是相同的,在每一个单元里地形参数取均值,其他空间变量在整个流域内取均值。但 TOPMODEL 并未考虑降水、蒸发等因素的空间分布对流域产汇流的影响,因此,它不是严格意义上的分布式水资源模拟模型。

1980 年,Morris 对 IHDM 模型(institute of hydrology distributed model)进行了研究,根据流域坡面的地形特征,流域被划分为若干部分,每一部分包含坡面流单元、一维明渠段、二维(在垂面上)表层流及壤中流区域。Beven 等[16]和Singh 等[17]对 IHDM 模型进行了改进。

1976 年,在 Freeze 和 Harlan 的思想指导和启发下,由丹麦、法国和英国联合研究提出的 SHE(system hydrologic European)模型[18,19]被认为是最早的分布式水资源模拟模型的代表。该模型是第一个真正的或者说是具有代表性的分布式水文物理模型。在 SHE 模型中,流域在平面上被划分为许多矩形网格,这样便于处理模型参数、降水输入及水文响应的空间分布性;在垂直面上,则划分为几个水平层,以便处理不同层次的土壤水运动问题。SHE 模型是研究人类活动对流域的产流、产沙及水质等影响的理想工具。SHE 模型考虑了截留、下渗、土壤蓄水量、蒸散发、地表径流、壤中流、地下径流、融雪径流等水文过程。该模型的主要水文过程可由质量、动量和能量守恒偏微分方程的有限差分表示,也可由经验方程表示。它的物理基础和计算的灵活性使它适用于多种资料条件,不仅在欧洲,在其他地区也得到了应用和验证[20]。

这期间还有一些考虑流域空间特性和输入、输出空间变化的分布式物理模型,如 CEQUEAU 模型[21],将流域分为方形网格,输入所有网格的地形、地貌、雨量等特征,对每一个网格进行计算,在水质模拟、防洪、水库设计等诸多方面有适用性。

1994 年,Arnold 为美国农业部农业研究中心(United States Department of Agriculture-Agricultural Research Service,USDA-ARS)开发了 SWAT 模型(soil and water assessment tool)。SWAT 模型是一个具有很强物理机制的、长时段的流域水资源模拟模型。它能够利用 GIS 和 RS 提供的空间信息,模拟长期土地管理措施对具有多种土壤类型、土地利用和管理条件的大面积复杂流域的径流、泥沙负荷和营养物流失的影响[22]。

1995 年,Grayson 等提出了 THALES 模型,它是一个基于矢量高程数据的分布式参数模型。Yao等[23]提出了基于网格的集降水空间输入、降水—蒸发—径流过程模拟、河流演算和空间参数校准为一体的分布式水资源模拟模型。Yang等[24]提出了基于山坡的和基于10km网格的大尺度分布式水资源模拟模型。此外，WATFLOOD模型(hydrological model and forecasting system)、SLURP模型(semi-distributed land-use runoff process hydrological model)、VIC模型(variable infiltration capacity)等都属于分布式水资源模拟模型的范畴。

还有很多学者在数字水资源模拟方面也做了很多工作[25～35]。他们分别对数字河道的自动确定、模型参数的确定、不同尺度的流域中水资源模拟模型的建立等进行了研究，为数字水资源模拟技术的发展做出了一定的贡献。

1.2.2 我国分布式水资源模拟研究进展

我国在分布式水资源模拟模型方面的研究开展较晚，但也进行了有益的探索和研究。

1995年，沈晓东等[36]在研究降雨时空分布与下垫面自然地理参数空间分布的不均匀性对径流过程影响的基础上，提出了一种在GIS支持下的动态分布式降雨径流流域模型，实现了基于栅格DEM的坡面产汇流与河道汇流的数值模拟。

1997年，黄平和赵吉国[37]分析了国外一些具有物理基础的分布式水文数学模型的不足，在此基础上，提出了流域三维动态水文数值模型的构想。其后，又建立了描述森林坡地饱和与非饱和带水流运动规律的二维分布式水资源模拟模型，并用迦辽金有限元数值方法求解模型。

2000年，李兰等[38,39]提出了一种分布式水资源模拟模型，模型包括各小流域产流、汇流、流域单宽入流和上游入流反演、河道洪水演进四个部分，水源分坡面流、壤中流和地下径流，考虑了产流随空间和时间变化的分布特征，能计算产流的多种径流成分的物理过程。该模型将数学物理问题与洪水预报相结合，给出了流域产流、河道汇流、水库洪水演进三个动态分布预报耦合模型，不仅可以用于分析降水径流规律，还可以用于洪水预报。该模型在丰满、龙河口和陆浑等水库流域得到应用。

郭生练等[40～43]提出了两参数月水量平衡模型用来评价气候异常变化对水文水资源的影响；2000年，郭生练等建立了一个基于DEM的分布式流域水文物理模型，用来模拟小流域的降雨径流时空变化过程。该模型将流域划分为网格单元，详细描述了网格单元的截留、蒸散发、下渗、地表径流、地下径流、融雪等水文物理过程，在每一个网格上用地形高程来建立地表径流之间的关系。模型的结构中，植物截留过程引入了描述植物截留能力的物理参数——植物蓄积容量；流域的蒸散发主要考虑了太阳辐射、日云量、反射率、植物叶面指数、可供土壤水、大气温度等因素；用一维圣维南方程的运动波近似模拟坡面水流运动，用运动波模型模拟地下径流。

唐莉华等[44]提出了一个针对小流域的分布式水资源模拟模型，包括产汇流和产输沙模型，这是一个典型的具有很强物理基础的分布式水资源模拟模型。该模型包括从降水到流域出口径流过程的各子过程，由林冠截留模型、降水入渗模型、坡面径流模型、地下水径流模型和河道汇流演进模型组成，主要过程用有限差分法和有限元法求解。

2004年，杨大文等[45,46]提出了清华模型(Tsinghua integrated hydrological modeling system，THIHMS)。该模型为使用大格网的分布式水资源模拟模型，采用山坡-河沟构成的地貌特性来进行格网内的地形参数化。模型的格网由一系列几何相似的山坡组成，而山坡又按格网内土地利用归类。同一土地利用类型的山坡是水资源模拟的最小计算单元。河网的分级和编码采用 Pfafstetter 的编码方法，河道汇流计算用运动波理论求解。该模型可用于评估流域水资源量及土地利用变化对水资源的影响，也可以直接利用大气模型的天气预测结果作为输入，对未来的水资源和洪水进行预测。

2004年，谢正辉等[47]建立了基于陆面物理过程模型 VIC 及我国内陆 50km×50km 分辨率网格的大尺度陆面水资源模拟模型框架。该模型考虑了陆气间的水分和能量平衡，径流机制同时考虑蓄满产流、超渗产流及土壤性质的空间非均匀性，并利用所建立的模型框架对处于半干旱区的渭河部分子流域进行分析。结果表明，所建模型框架具有一定的合理性和适应性。

我国还有很多研究人员在分布式水资源模拟模型的研究工作中做出了很多贡献。例如，任立良和刘新仁[48]进行了流域数字水资源模拟模型研究，并基于 DEM 考虑流域空间的变异性，建立数字高程流域水系模型；张成才等[49]进行了基于 DEM 的流域参数识别方法研究；牛振国等[50]建立了基于 DEM 的区域参考作物蒸散量的分布式模型；郭方等[51]将 TOPMODEL 应用在淮河流域史河水系；王中根等[52]建立了黄河典型流域分布式水资源模拟模型；夏军[53]建立了分布式时变增益模型(distributed time variant gain model，DTVGM)，应用在黑河流域，并与 SWAT 模型在本地区的应用进行了对比。

1.3　水资源配置

流域水资源合理配置是在流域水资源可持续利用思想指导下，遵循自然规律与经济规律，通过工程和非工程措施，借助于先进决策理论和计算机技术，干预水资源的天然时空分配，统一调配流域地表水、地下水、废污水、外流域调水、微咸水和海水等水源，以合理的费用保质保量地适时满足不同用户的用水需求，充分发挥流域水资源的社会功能和生态环境功能，促进流域及区域经济的持续稳定发展和生态系统的健康稳定。

从宏观上讲，水资源优化配置是在水资源开发利用过程中，对洪涝灾害、干旱缺水、水环境恶化、水土流失等问题的解决，坚持全面规划、统筹兼顾、标本兼治、综合治理的原则，兴利除害结合、开源节流并举、抗旱除涝并重，对水资源进行合理开发、高效利用、优化配置、有效保护和综合治理，协调上下游、左右岸、干支流、城市与乡村、流域与区域、开发与保护、建设与管理、近期与远期等各方面的关系。

从微观上讲，水资源优化配置包括取水方面的优化配置、用水方面的优化配置，以及取水用水综合系统的水资源优化配置。取水方面是指地表水、地下水、污水等多水源间的优化配置。用水方面是指生活用水、生产用水和生态用水间的优化配置。各种水源、水源点和各地各类用水户形成了庞大复杂的取用水系统，加上时间、空间的变化，水资源优化配置作用就更加明显[54]。

1.3.1　国外水资源配置研究

与受传统经济学重视的一些其他稀缺资源的分配问题相比，水资源配置可谓一个新兴的课题。国外在水资源分配理论研究和实践方面有较多实例。

美国是最早将系统分析方法应用于水资源规划与管理的国家。1950 年，美国总统水资源政策委员会的报告，是最早综述水资源开发、利用和保护问题的报告之一。这个报告的出台推动了行政管理部门进一步开展水资源方面的调查研究工作。

20 世纪 50～60 年代，很多研究者都致力于水资源配置的研究，提出很多设想。例如，最早由工程、社会与自然科学等学科的专家组成的美国哈佛大学哈佛水资源规划组(Harvard Water Program)，于 1955 年提出将水资源与环境系统统一考虑的设想，探索经济目标、工程分析和政府决策间的关系。随着系统工程理论与计算机技术的发展，哈佛水资源规划组将系统分析方法应用到流域水资源系统规划中，于 1962 年出版了 *Design of Water-resource Systems*[55]一书，将系统分析引入水资源规划，开始了流域水资源配置模型研究。美国科罗拉多州的几所大学对计划需水量的估算及满足未来需水量的途径进行了研讨，体现了水资源优化配置的思想。从此水资源配置模型在欧美地区得到极大的关注[56]。

20 世纪 70 年代以后，随着计算机技术、数学规划和模拟技术的发展及其在水资源领域的应用，水资源管理系统及水资源优化配置的研究成果不断增多[57]。1979 年，美国麻省理工学院完成的阿根廷河 Rio Colorado 流域的水资源开发规划，是最成功和最有影响的例子，以模拟模型技术对流域水量的利用进行了研究，并提出多目标规划理论、水资源规划的数学模型方法，并加以应用[58]。1972 年 Buras的 *Scientific Allocation of Water Resources* 是最早系统地研究水资源分配理论和方法的专著[59]。该书简要阐述了在 20 世纪 60 年代发展起来的水资源系统工程学，较为全面地论述了水资源开发利用的合理方法，围绕水资源系统的设计和应用这个核心问题，着重介绍了运筹学方法和计算机技术在水资源工程中的应用。但Buras主要是根据20世纪50～60年代兴起的系统分析理论在水资源开发利用中的应用经验，重点阐述数学规划理论及其计算方法在水资源系统设计和运行调度中的应用方法、分析步骤等。1972年，Haimes和Hall[60]将多目标分析应用于水资源规划中，Grigg和Bryson[61]将系统动力学应用于水资源系统。1977年，Haimes等[62]将层次分析法(analytic hierarchy process，AHP)和大系统分解原理应用于水资源配置模型中，简化了流域水资源优化配置方法，将流域大系统分解为若干相对独立的子系统，每个子系统应用优化技术分别求出优化解，然后通过全局变量把各子系统优化结果反馈给流域大系统优化模型，得到整个流域的优化解。1978年，Singh和Titli[63]在前人研究的基础上对流域系统分解、优化和控制理论进行了探讨。

20世纪80年代，伯拉斯所著的《水资源科学分配》系统总结并研究了水资源分配理论与方法。Loucks等[64]在其颇具影响的专著*Water Resources Systems Planning and Analysis*中着重阐述了如何运用系统分析方法指导水资源工程规划、设计和运行管理，并认为人类对时空分布恰当、数量质量合适的水资源需求的不断增长，已促使水资源工程师和规划者必须运用更为复杂的水资源系统规划方法解决水资源问题。Pearson和Walsh[65]利用多个水库的控制线，以产值最大为目标，以输送能力和预测的需求值作为约束条件，用二次规划方法对英国的Nawwa区域的用水分配问题进行了研究；Herbertson和Dovey[66]针对潮汐电站的特点，考虑多部门利益的相互矛盾，利用模拟模型对潮汐海湾的新鲜水量分配进行了模拟计算，展现了模拟技术的优越性。1985年，Yeh[67]全面回顾了20世纪60年代以来已出现的各种水库运行及管理数学模型，分析了各类模型的特点、适用条件和尚存在的缺陷。Salewicz和Loucks[68]开发了水资源协商交互式流域模拟模型(interactive river system simulator，IRIS)。不同的用户可以输入自己的数据进行协商，帮助冲突各方快速解决冲突。Camara等[69]介绍了水资源管理的综合决策辅助模拟模型，该模型通过逻辑关系和矢量计算，将数字、语言、图片等自然语言用于水资源管理决策，增加了决策的可视化程度。Simonovic[70]就可持续水资源管理决策支持系统的概念进行了界定，并通过实例对决策支持系统在水资源管理中的应用进行了探讨。Hämäläinen等[71]讨论了多准则水资源管理和多用户协商决策支持系统的框架，并将其应用于芬兰的Kymijoki流域。Kipkorir等[72]为肯尼亚的Perkerra灌区开发了灌溉辅助实时决策系统，优化结果表明，通过决策系统可以优化种植结构。

随着计算机的普及、地理信息系统的发展及公众参与水资源管理意识的不断提高，20世纪90年代中期以后，流域水资源配置模型出现了新的趋势：水资源管理模型与地理信息系统、水资源模拟模型和经济模型的耦合，开发多用户参与的交互式多目标水资源配置模型。Xu等[73]将分布式水资源模拟模型与地理信息系统有机结合，解决了传统方法不能解决的大量水资源配置方案的检验问题。地理信息系统可以表示流域水资源系统的空间关系和属性特征，解决复杂的水资源配置和管理问题。1992年，Walsh[74]对地理信息系统扩展到水资源领域进行了综合讨论与分析，随后许多研究者对如何连接地理信息系统与水资源配置模型进行了有益的尝试。McKinney和Cai[75]利用面向对象技术将水资源管理模型与地理信息系统有机结合，模拟流域水资源分配。

20世纪90年代后期，流域水资源配置模型还将基因算法和灰色模拟等计算技术不断引入模型中。Sutardi等[76]整合随机动力学(stochastic dynamic programming，SDP)和模糊目标法(fuzzy integer goal programming，FIGP)来处理多目标-多准则的水资源优化配置问题。Minsker等[77]应用遗传算法(genetic algorithms，GA)建立了不确定性条件下的水资源配置多目标分析模型。Rosegrant等[78]为评价改善水资源配置和利用的效益，将经济模型与水资源模拟模型进行耦合，并将模型应用于智利的Maipo流域。

国外的水资源研究者经过长期的研究，还研制了很多适用于水资源配置的模型。例如，1978年Shafer和Labadie[79]提出在水资源系统模拟框架下的水资源配置和管理，并建立了流域管理模型。2004年，Maqsood等[80]应用两阶段区间模糊随机规划方法在不确定条件下设计水资源管理系统。MIKEBASIN是由丹麦水利与环境研究所(Danish Hydraulic Institute，DHI)开发的集成式流域水资源规划管理决策支持软件[81]，其最大特点是基于GIS开发和应用，以ArcView为平台引导用户自主建立模型，提供不同时空尺度的水资源系统模拟计算，以及结果分析展示、数据交互等功能。WMS是美国杨百翰大学与陆军工程兵团共同开发的可用于流域模拟的软件[82]。该软件重视水文学和水动力学机理，从宏观和微观两个层次同时反映流域水资源运移转换。Waterware是奥地利环境软件与服务公司开发的流域综合管理软件，其功能包括流域的水资源规划管理、水资源配置、污染控制及水资源开发利用的环境影响评价[83]。软件中集成了GIS分析工具、模拟模型和专家系统，以面向对象数据库为支持，结合GIS直观显示分析结果。AQUARIUS是以美国农业部(United States Department of Agriculture，USDA)为主开发的流域水资源模拟模型[84]，该模型以概化建立的水资源系统网络为基础，以各类经济用水边际效益大致均衡为经济准则进行水资源优化分配，并采用非线性规划技术寻求最优解。ICMS是澳大利亚研制的水资源系统管理模型[85]，其主要特点是强大的交互性和方案生成的灵活性，通过组件式的开发实现由用户选择系统模拟方法。

1.3.2 我国水资源配置研究

水资源合理配置理论方法被提出后，已被应用于许多重要的水资源开发利用研究项目。这一系列的研究和应用不但使水资源合理配置技术方法的合理性及可行性不断得到验证，也使其理论进一步系统化、完善化，为我国水资源综合规划和未来的开发利用提供了一定的科学理论和技术方法指导。

1. 水量配置阶段

20 世纪 60 年代开展的主要是以水库优化调度为先导的水资源分配研究。水库调度的研究经历了以下两个阶段：第一阶段是以常规调度方法为主的经验寻优调度阶段。该阶段调度方法简单直观，但没有充分发挥水库的调控作用，难以处理多目标、多约束和复杂水利系统的调度问题。针对这一问题，人们在水库调度实践中，对一些常规调度方法进行改进，提出如利用判别系数和调度图相结合的方法进行水电站群的径流补偿调节等。第二阶段是以运筹学为基础的水库群优化调度阶段，发展到现在，大致可以划分为线性规划、非线性规划、动态规划、模拟技术、控制方法、神经网络方法、遗传算法、多目标决策技术、大系统理论与方法、随机优化方法、模糊优化方法，以及衍生的一些其他方法等[86]。

20 世纪 80 年代初，由华士乾教授为首的课题组对北京地区的水资源利用系统工程方法进行了研究，并在“七五”国家重点科技攻关项目中加以提高和应用。该项研究成果考虑了水量的区域分配、水资源利用效率、水利工程建设次序及水资源开发利用对国民经济发展的作用，成为我国水资源配置研究的雏形。从 1982 年开始的“六五”国家重点科技攻关项目“华北地区水资源评价”，不仅对华北地区水资源总量及其基础数据库，以及“四水”转化规律等进行了广泛研究，也对该地区水资源问题的根本解决措施进行了基础性探索。20 世纪 80 年代建成的当时我国最大的城市输水工程——引滦入津工程，横跨滦河和海河两个流域，用时一年零四个月，为天津提供了一个稳定可靠的水源和完整的输水系统，缓解了天津市用水的紧张局面。方淑秀等[87]以引滦入津工程为例，采用聚集解集技术对跨流域工程中的多水库联合调度建立了统一管理和分级管理调度模型，以获得工程调度运行策略。

该时期的研究主要侧重于对水量的分配，着重考虑了供水方面的各种变化因素，强调需水要求，通过修建水利水电工程的方法从大自然无节制或者说掠夺式地索取水资源，必然带来不利影响，如河道断流、土地荒漠化甚至沙漠化、地面沉降、海水倒灌、土地盐碱化。虽然水资源得到了有效的利用，但是没有实现资源开发与经济发展的动态协调，并可能因过低估计区域发展规模，而使区域经济不能得到充分发展。随着我国以经济建设为中心的提出，我国的水资源优化配置进而转为经济效益优先的阶段。

2. 经济效益优先阶段

区域是社会经济活动中相对独立的基本管理单位，其经济社会发展具有鲜明的特征。这一时期的研究主要是为了实现区域水资源的优化配置。1986～1987年，国家科学技术委员会为借鉴国外先进的水资源管理理论、方法和技术，组织各有关单位同美国东西方研究中心环境与政策研究所合作，对京津地区的水资源管理政策进行先导性的合作研究，建立了基本的区域水资源政策框架。1991～1993年，在国家科学技术委员会和水利部的直接领导下，开展了联合国开发计划署的技术援助项目“华北水资源管理”，初步开发出了华北宏观经济水资源优化配置模型。

20世纪90年代以来，随着全球水资源危机的出现，以及经济、环境、社会协调发展和人口、资源、生态良性循环的可持续发展理论的日益深入人心，区域水资源规划与管理问题在理论和实践上均出现了一系列引人瞩目的变化。“八五”国家重点科技攻关项目成果“华北地区宏观经济水资源规划理论与方法”专题提出了基于宏观经济的区域水资源优化配置理论，提出了在区域水资源优化配置理论指导下的多层次、多目标群决策方法，研制了具体体现这一多层次、多目标群决策方法论的区域水资源优化配置决策支持系统，应用所研制的区域水资源优化配置决策支持系统实际进行了华北地区水资源优化配置的方案研究及其他若干重要的研究。

随着经济社会的快速发展，以及多目标和大系统优化理论的日渐成熟，“八五”期间，在世界银行贷款项目“黄河流域水资源经济模型研究”基础上由黄河水利委员会完成的“八五”国家重点科技攻关项目“黄河流域水资源合理分配及优化调度研究”[88]，将宏观经济、系统方法与区域水资源规划相结合，提出了基于宏观经济的水资源优化配置理论和多层次、多目标、群决策优化配置方法，在水资源优化配置的概念、目标、平衡关系、需求管理、经济机制及模型的数学描述等方面，均有创新性进展。在世界上首次提出了区域水资源优化配置的交互式多层次、多目标、多决策者的决策方法。该决策方法是在宏观经济的区域水资源优化配置理论的指导下、由不同层次的多个决策者参与的、定性与定量分析互补的、优化与模拟技术联合应用的一种人机交互多目标分析过程。与以往的决策方法相比，其主要优点在于：充分发挥了决策过程中决策者与计算机各自的特长，符合区域水资源问题的决策方式，接近决策过程中人的思维方式，从理论上保证了生成方案的代表性及客观性，向决策者提供的信息充分，可处理大规模多目标问题。

刘健民等[89]应用大系统递阶分析原理，建立了京津唐地区水量优化分配的三级递阶计算模型。朱文彬和樊国瑞[90]同样运用大系统递阶优化理论对石家庄地区水资源开发利用与经济发展协调管理问题进行了研究分析，提出了该地区水资源开发利用与经济发展协调管理的三级递阶分析模型。翁文斌等[91]将宏观经济、系统方法与区域水资源规划实践相结合，形成了基于宏观经济的水资源优化配置理论，并在该理论指导下提出多层次、多目标、群决策方法，实现水资源配置与区域经济系统的有机结合，也是水资源优化配置研究思路上的一个突破。

但对自然资源的过度开发与消耗、污染物质的大量排放，导致全球性资源短缺、环境污染和生态破坏，各种自然灾害频繁，削弱了自然生态环境的承载能力。在干旱和半干旱地区，降水量远低于蒸发量，植被稀疏，生态脆弱，该区域水资源和生态环境最为敏感，轻度人类活动就有可能引发土地退化和沙漠化，以及生物多样性的不断减少。目前全世界的生态系统正在受到严重的改变和损害，这种变化和破坏的程度显然大于历史上任何时期，而且受到损害的速率远远大于其自身及人工的修复率[92]。面对如此严峻的形势，很多研究者都将可持续发展和保护生态环境作为水资源优化配置的基础目标。

3. 可持续发展和生态保护优先阶段

水资源合理配置的目标，是协调社会经济系统、水资源系统、生态系统及环境之间的关系，追求各系统的可持续发展。"八五"国家科技攻关成果虽然考虑了宏观经济系统和水资源系统之间相互依存、相互制约的关系，但是忽视了水循环演变过程与生态系统之间的相互作用关系。水资源系统和生态系统之间相互依存、相互制约的关系主要体现在两个方面：一方面，生态系统影响着截留、蒸发、产流、汇流等水循环过程，生态系统的种类和规模对水资源的数量和质量起着至关重要的作用；另一方面，水是支撑生态系统的基础资源，它的演变影响着生态系统的演化。

由中国水利水电科学研究院和宁夏水文水资源勘测局共同承担的"九五"国家科技攻关项目"宁夏水资源优化配置与可持续利用战略研究"中，根据宁夏的实际情况和亟待解决的问题，基于社会经济可持续发展和水资源可持续利用的观点，利用水资源系统分析的理论和方法，以及人工智能、决策支持系统等技术，对宁夏水资源优化配置与可持续利用战略进行系统的分析和研究，提出了一套适合干旱半干旱地区水资源优化配置与可持续利用战略研究的理论体系。

在此期间，"九五"国家重点科技攻关项目"西北地区水资源合理开发利用与生态环境保护研究"中[93]，建立了内陆河流域水资源演化的二元动态模式，基于此模式对水资源合理配置理论与方法进行了探讨，并运用于西北水资源合理配置与布局。水资源配置的范畴进一步拓展到社会经济-水资源-生态环境系统，并将生态用水纳入水资源合理配置体系中，衍生出具有可操作性的生态需水计算方法，提出面向生态的水资源生态经济系统合理配置方法，是目前国内区域水资源配置方法的新成果。

王浩等[94]在“黄淮海流域水资源合理配置研究”中，首次提出水资源“三次平衡”的配置思想，系统地阐述了基于流域水资源可持续利用的系统配置方法，其核心内容是在国民经济用水过程和流域水循环转化过程两个层面上分析水量亏缺态势，并在统一的用水竞争模式下研究流域之间的水资源配置问题，是我国水资源配置理论与方法研究的新进展。

4. 以宏观配置方案为总控的水资源实时调度阶段

随着我国人口增长和社会经济的发展，用水量不断攀升，造成或进一步加剧一些流域河湖干涸、河道断流、地下水位下降、草场退化、沙尘暴肆虐等生态环境问题，不利于流域社会、经济、生态、环境的可持续发展。分析这些流域所面临的各种问题，其核心是在国民经济用水和生态环境用水两大系统之间，以及系统内部各用水部门之间的激烈竞争背景下，流域水资源调配不当所引起的生态后果。因此，建立与流域水资源条件相适应的合理生态保护格局和高效经济结构体系，合理调配流域水资源，是实现流域可持续发展的根本出路。

随着流域水资源问题的普遍化和严重化，流域水资源统一调配与管理具有重大的现实意义和紧迫性，一些流域开始尝试对流域水资源实行统一调配，例如，黄河流域实行非汛期水量统一调度，防止河道断流。但由于流域水资源真正的统一调配刚刚起步，在调配技术和系统建设方面还处于探索阶段，在此形势下，“十五”国家科技攻关计划启动“黑河流域水资源调配管理信息系统”专题研究，开展以黑河流域为代表的我国北方半干旱流域水资源统一管理与调度实践研究[95]。首次提出并实践了以“模拟—配置—评价—调度”为基本环节的流域水资源调配四层总控结构，为流域水资源调配研究提供较为完整的框架体系。

传统集总式模拟方法已不能全面描述“天然-人工”二元模式下的流域水资源演变过程，模拟手段趋向基于多源信息的流域水循环分布式全过程模拟；在水循环模拟信息的支持下，配置是对流域二元水循环及其伴生的经济与生态过程统一调控的有效手段。宏观水资源配置首先要实现生态环境用水和社会经济用水的平衡调控，所遵循的调控决策机制主要包括流域水资源可再生性维持机制、水分-生态演替驱动机制和水分-经济的互动机制。进而对生态用水和社会经济用水进行再分配，依据合理生态景观格局实现生态用水的合理配置，通过水资源利用效率的提高和经济结构的调整实现国民经济用水的合理配置。

5. 经济生态系统广义水资源合理配置

水资源合理配置是实现区域水资源供需平衡的基础，以往国内外的水资源配置都未能将社会、经济、人工生态和天然生态统一纳入配置体系中，并且在配置水源上，仅考虑地表水和地下水的配置，而对土壤水的配置涉及较少，甚至没有；配置目标也仅考虑传统的人工取用水的供需平衡缺口，对于区域经济社会和生态环境的耗水机理并未详细分析；由于以往的水资源合理配置模型未能与区域水循环模型进行耦合计算，仅根据经验或实验结果对区域水循环之间的转化关系进行简单处理，所以不能正确反映区域各部门、各行业之间的需水要求，导致水资源配置不尽合理。

“宁夏经济生态系统水资源合理配置研究”[96]攻关项目提出的全新的广义水资源合理配置理论及其研究方法，从广义水资源合理配置的内涵出发，在配置目标上，满足经济社会用水和生态环境用水的需要，维系了区域社会-经济-生态系统的可持续发展；在配置基础上，以区域经济社会可持续发展及区域天然-人工复合水循环的转化过程为基础，揭示了水资源配置过程中的水资源转化规律，以及配置后经济社会和生态系统的响应状况，为区域水资源的可持续利用提供依据；在配置内容上，不仅对可控的地表水和地下水进行配置，还对半可控的土壤水及不可控的天然降水进行配置，配置的内容更加丰富；在配置对象上，在考虑传统的生产、生活和人工生态的基础上，增加了天然生态配水项，配置对象更加全面，同时在对水资源量进行调控的同时，还对水环境即水质情况进行调控，实现水量水质统一配置；在配置指标上，将配置指标分为三层：第一层为传统的供需平衡指标，反映人工供水量与需水量之间的缺口，用缺水量或缺水率表示；第二层为理想的需要消耗的地表地下水量与实际消耗的地表地下水量之间的差值，该研究主要用于分析区域消耗黄河水资源量与黄河水量指标限制的关系；第三层是广义水资源（包括降水转化的土壤水）的供需平衡指标，即经济和生态系统实际蒸腾蒸发消耗的水量与理想状态下所需水量的差值，反映的是所有供水水源与实际耗水量之间的缺口。

所建立的经济生态系统广义水资源合理配置模型由多重模型动态耦合而成，以水资源合理配置模拟模型为核心，嵌套了区域水资源承载力模型、水循环模拟模型、宏观经济发展预测模型、水资源多目标优化模型、水资源合理配置模拟模型、工程经济效益分析模型和绿洲生态稳定性预测模型等。

1.4 本书的主要内容

本书的主体内容是如何将人类活动与天然水循环耦合，用以研究在不断加强的人类活动影响下流域的水文响应及水资源的优化配置方法。在本书中，分布式水资源模拟模型没有使用原始的将实测资料去除人类活动影响后再建模的方法，而是在模型中同时模拟天然及人工两种因素，使用实测资料进行参数率定。为了能在水资源配置模型中处理时延性给水量平衡及时段效益计算带来的困难，在模拟模型中使用了等流时带的概念，形成了天然的时延系统，同时在水资源调控模型中建立了基于等流时带的水资源调控模型，实现了水资源模拟模型调控模型的耦合。主要研究内容如下。

(1) 流域“天然-人工”双拓扑结构数字水系构建研究。流域天然的水循环过程存在一种子流域源汇关系，人类的供用耗排结构又构成了另外一个相对独立的子流域源汇关系。首先通过数字高程及数字河湖网资料，自动提取天然排水结构及天然状态下的子流域源汇关系；然后将水利工程概化，获得人类水利工程形成的人工输排水结构及各子流域的人工源汇关系。将两种源汇关系耦合，实现人类蓄水、取水、输水工程与天然状态数字河网的耦合，为“天然-人工”双拓扑结构水资源模拟模型的建立提供模型框架基础。

(2) 基于“天然-人工”双拓扑结构分布式水资源模拟模型研究。在“天然-人工”双拓扑结构子流域源汇关系的基础上，研究了如何建立“天然-人工”水循环耦合模拟的数学模型。建立的模型不仅可以基于数字高程模型、土地利用、植被类型等多种信息模拟不同的下垫面条件对天然水循环的影响，还可以模拟人工侧支用水过程，实现了模型对天然及人工两种因素的耦合模拟。

(3) 流域水资源优化配置模型的构建与求解。在建立了“天然-人工”双拓扑结构分布式水资源模拟模型的基础上，研究了如何将模拟模型与水资源配置模型耦合并进行求解的方法。大流域供需单元之间时延性的存在会影响优化时段的水量平衡及目标函数。等流时带概念的使用形成了天然的时延系统。因此研究了基于等流时带的水资源调控模型的建立方法，通过空间上等流时带的平移反映调蓄工程放水在时间上的滞后性影响。利用大系统优化的分解协调方法进行求解，实现整体系统不同层次的优化。

(4) 实例研究。选择黄河流域对上述理论方法进行实证研究。建立黄河流域的基于“天然-人工”双拓扑结构的分布式水资源模拟模型，进而建立了黄河流域基于等流时带的水资源优化配置模型，采用长系列过程模拟方法，对黄河流域不同水平年的水资源进行模拟并进行优化配置。

1.5 技术路线

本书应用现代水文学的方法，利用DEM等资料，建立适合大流域的分布式水资源模拟模型，结合水资源大系统优化配置模型，进行水资源可持续利用问题分析。本书的技术路线如图1.1所示。

(1) 通过收集现有的各类资料(国土资源数据集、流域地形图、土壤植被图、社会经济发展规划、土地利用规划、长期供水计划等自然和社会经济资料)、调查采访、实地考察等方法获得近20年气候、水文、流域规划及社会经济资料。

(2) 根据数字高程模型及数字河湖网资料,自动生成天然状态下的数字水系,然后将蓄水、引水、输水工程引入数字河网,划分等流时带。进而在等流时带内部划分子流域,将人工控制点作为相应子流域的出口控制点,形成具有"天然-人工"双拓扑结构的分布式水资源模拟模型基础框架。

(3) 利用地理信息系统、遥感资料、气象水文资料、人工侧支用水过程资料等,在"天然-人工"双拓扑结构的分布式水资源模拟模型基础框架的基础上建立分布式水资源模拟模型。模型不仅可以模拟天然影响因素中的降水、降雪融雪、植物截留、蒸发、下渗、壤中流及产汇流等过程,还可以模拟人工影响因素中的多种蓄水、引水及输水工程对水资源的影响,以及灌区、城镇地区的复合水循环过程和人工生态用水过程,实现天然及人工两种因素的耦合模拟。

(4) 在未来水资源长期变化预测的基础上,根据大系统理论及现代优化技术,综合考虑以人工侧支用水过程为基础的经济用水和以大陆水循环为基础的生态用水,建立基于等流时带的水资源配置模型,定量分析可持续发展框架下的水资源分配方案,以实现水资源的高效利用。

(5) 在对黄河流域自然地理、地形地貌、土壤植被、水文气象、社会经济等方面进行阐述和概化的基础上,建立黄河流域基于"天然-人工"双拓扑结构的分布式水资源模拟模型和基于等流时带的水资源配置模型,分别对现状年、2020 水平年、2050 水平年的水资源进行模拟及配置。

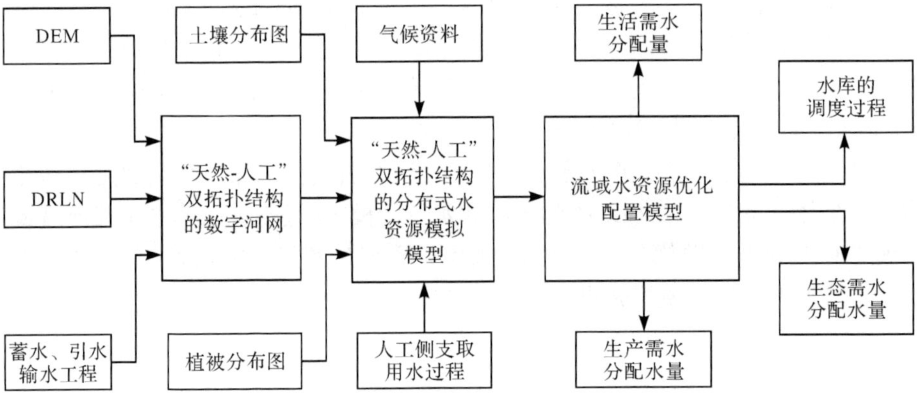

图 1.1　技术路线

第 2 章　水循环过程

地球上水资源是极其丰富的，地表约有四分之三被水覆盖，水圈的总水量约为13.86 亿 km^3。在这些丰富的水资源中有 96.5%是海水，由于海水含盐量较高，目前还不能作为淡水资源为人类大量地直接利用。地球上淡水资源约有 0.35 亿 km^3，其中大部分是由冰雪、冰川和深层地下水所组成的。目前，人类真正能够利用的淡水资源主要有河川径流、浅层地下水、土壤水和淡水湖泊等。河川径流不但容易被开发利用，更重要的是其具有很短的交替期。

2.1　天然状态下的水循环过程

地球表面的广大水体，在太阳辐射作用下，大量水分被蒸发，上升至空中，随气流输送至各地，在水汽上升和输送过程中，遇冷凝结以降水形式降落到地面或水体上，再以河流或地下水的形式汇入海洋。水分这样往返不断转移交替的现象称为水分循环或水循环[97]。水循环是一个可以分解成若干个子环节的系统，每一个子环节都可构成一个子系统。能将水循环过程特征化的“四水”转化系统，就是对水循环系统的一个典型分解。“四水”转化是指大气、地表、土壤（包气带）及地下水（饱和带）中水分之间的交换或转化。天然状态下的水循环过程示意图如图 2.1所示。

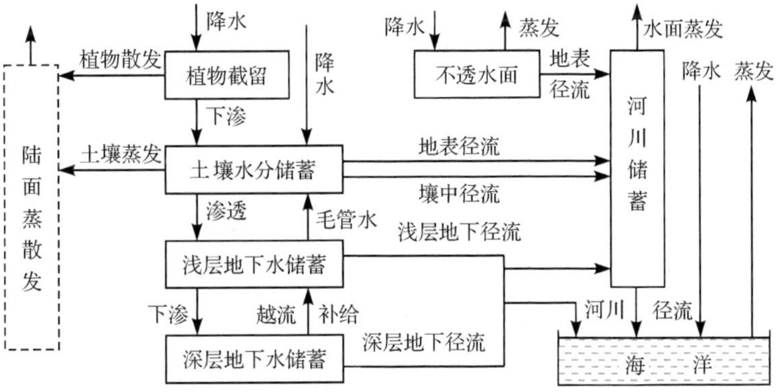

图 2.1　天然状态下的水循环过程示意图

在水分循环过程中，水的物理状态、水质、水量等都在不断变化着。水分循环通常由四个环节组成，即水分蒸发、水汽输送、凝结降水和径流。天空与地面、地下之间通过蒸发、降水和入渗进行水分交换。海洋与陆地间也进行着水分交换，海洋向大陆输送水汽，大陆则向海洋注入径流，大陆上蒸发的水汽也可随气流被带到海洋上空，但总的来说，水汽是从海洋输向大陆的。

从水平方向看，降水造成下垫面蓄满或超渗而形成地表径流，同时地下水不断排泄形成河川基流，二者共同组成河川径流。从垂直方向看，降水对地下水的补给包括两部分：一部分补给量最终以潜水蒸发的形式排泄；另一部分补给量最终以河川基流的形式排泄。降水中除去形成地表径流和入渗补给地下水的部分，还有一部分土壤水，这部分水有的能被植物直接吸收利用，其余的则在土壤介质中滞留一段时间后又以包气带蒸散发的形式回到大气中。由此构成了天然状态下流域大气水—地表水—土壤水—地下水的“四水”转化过程[97]。

在影响水循环的自然地理因素中，气象是起主导作用的因素，这是因为在水循环的四个环节中，有三个环节(即蒸发、水汽输送、凝结降水)取决于气象过程。径流虽受地理环境中的地质、地貌、土壤和植被等条件的影响，但其形成过程和变化规律仍受气象过程及其变化规律的影响。

2.2　人类活动影响下的水循环过程

地表水开发利用形成的人工侧支用水过程包括取水系统、输水系统、用水系统和排水系统[98]。每一系统都存在蒸发和渗漏。取水系统根据国民经济需水结构和需水量要求从地表水和地下水中提取水量，并经过输水系统在时间和空间上进行分配。用水系统概化为生活用水、生产用水、生态用水和其他类用水。社会经济用水产生的废污水除一部分经处理后回用以外，其他作为退水又汇集到天然水体，退水系统的运作与取水系统、输水系统及用水系统的运作共同构成一个完整的过程。排水系统主要将社会经济用水在耗用过程之后产生的废污水排回到天然受纳水体。

对地下水开发利用所形成的人工侧支用水过程相对简单，也分为取水、输水、用水和排水。但其取水和输水环节的蒸发渗漏损失均可不计，只考虑用水过程和退水过程的蒸发渗漏即可。

发展进程中的人类活动，从系统、响应和结构三方面明显改变了天然状态下的流域水循环过程。首先从水循环输入来看，人类活动产生一系列次生效应改变了流域水循环系统输入输出条件，例如，温室效应引起的气候变化影响着流域水循环中的降水和蒸发等环节；其次，流域内的水土保持措施、水资源开发利用、工农业生产、土地利用和城市化等，大范围改变了下垫面及微地貌类型与植被分布，使流域地表水的产汇流特性和地下水的补给排泄特性发生相应变化，从而改变了径流与降水的相应关系;最后,水资源开发利用改变了江河湖泊的关系,改变了地下水的赋存环境,也改变了地表水和地下水的转化路径,同时在天然水循环的大框架内,产生了由“取水—输水—用水—排水—回归”五个基本环节构成的人工侧支用水过程。人类活动影响下的区域水循环过程如图 2.2 所示。

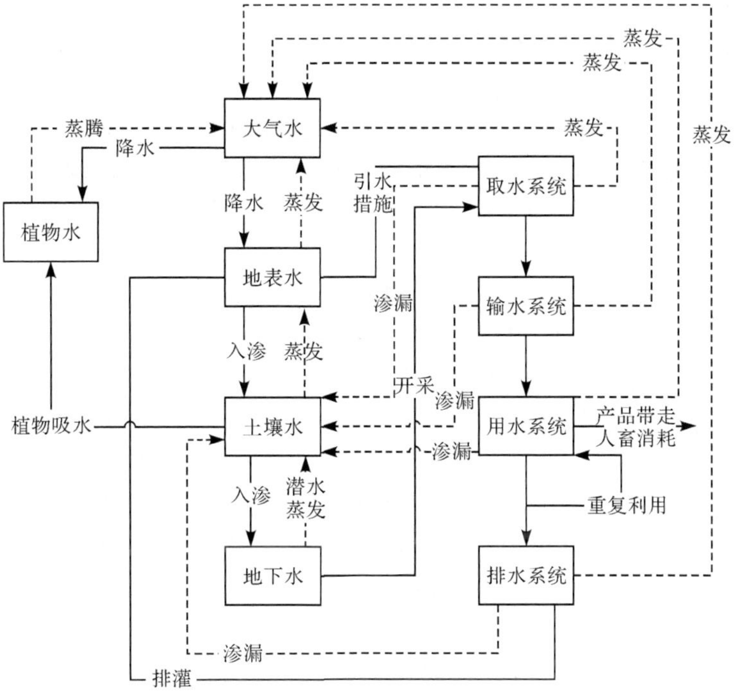

图 2.2 人类活动影响下的区域水循环过程

2.3 “天然-人工”双驱动因素相互影响与耦合

人工侧支用水这一不断进行的动态过程对天然“四水”转化过程一直起作用;而天然“四水”转化过程的变化同样影响着这一侧支用水过程,使社会经济用水需求受到限制。

2.3.1 人工驱动因素对天然状态下水循环过程的影响

自从人类出现以来,就在不断地对自然界进行改造以满足其自身生存和经济发展的需要。早期生产力水平低下,人类改造自然的能力有限,因此对水循环干扰的范围和深度有限。随着社会的发展和生产力水平的提高,特别是工业化时代的到来,人类对各种能源和自然资源的使用,打破了原有的水循环系统运动规律和转化机制。在部分人类活动密集的区域甚至超过了自然作用力的影响，形成人工和天然共同影响的水循环转化系统。人类活动对水循环的干预作用主要体现在以下几个方面。

1. 人工取用水形成了新的水流路径

人类的干预，如修建水库、水电站、闸坝、蓄滞洪区、引提水工程等，改变了天然状态的地表径流和地下径流方向，形成了人工侧支用水过程。水库和大量引提水工程的兴建增加了地表水体的面积，同时引导水流脱离天然河道向农田灌溉、生活和工业用水等转移。这些分离的水流在输运过程中往往形成新的水循环分支，最终一部分回到天然地表水体，另一部分通过土壤蒸发消耗或转变为生物体和人造产品。

取水系统根据国民经济需水结构和需水量的要求，从地表水和地下水中提取水量，并经过输水系统在时间和空间上进行分配。这一过程极大地改变了区域内天然状态下原有的地表水、地下水体蓄存状态，以及区域的水面和陆面蒸发量；水量下渗的时空变化导致地表水-地下水转化（在水平和垂直两个方向）的特征改变及流域土壤含水量及其分布发生变化，从而影响区域或流域“四水”转化规律。

用水系统的不断扩大和强化显著增加了人类的用水量，也因用水系统管理不善和效率低下，致使用水过程中的无效蒸发加大。这使得原有的大气水与地表水、土壤水及地下水之间的水量交换过程发生了改变。

排水系统主要将社会经济用水在耗用过程之后产生的废污水退回到天然受纳水体。社会经济用水产生的废污水除一部分经处理回用外，其他作为退水又汇集到天然水体。排水系统、取水系统、输水系统及用水系统共同构成一个完整的人工系统网络，实现经济社会侧支用水过程对水资源的时空调配。这一不断进行的动态过程对天然“四水”转化过程一直起作用。

2. 土地利用的改变影响水循环过程

人类对土地的利用，如开荒种地、建设城镇、兴修道路、砍伐森林、种树种草、修建淤地坝等，改变了下垫面情况，进而改变流域产流、汇流、蒸散发、入渗、排泄等水循环特性，从而影响了水资源演化过程。

很多学者[99~102]都在人类农业活动对径流方向、水量的影响研究中得出了同样的结论，即人类活动对天然状态下的水循环过程有较大影响。深耕、深翻、坡地改梯田、人工林草地、封山育林及水平沟等农业措施改变了地表降水径流关系，这类措施的主要作用是增加地表对降水的截留与入渗能力，从而使流入河道的径流减少。水土保持措施，如淤地坝、谷坊工程和星罗棋布的小型蓄水工程等，也有减少支沟的径流和泥沙进入河道的作用。森林砍伐和城市规模的扩大也会改变原有的降水径流关系，建在河道上的大中型蓄水工程可以较大地改变河川径流的时空分配特性，往往会使下游河道的来水减少，改变下游地区的供水条件。

人类活动对水循环的影响还表现在对蒸发、降水及径流等水循环环节的影响上。水利措施，如修水库、塘坝，开河渠，扩大灌溉面积等，能拦蓄洪水，增加枯水径流，从而使水面面积扩大和地下水位抬高，进而加大蒸发；修梯田、鱼鳞坑、谷坊、截水沟和修整土地等，能增加入渗，削减洪峰，增加土壤水分，也可加大蒸发。在农林措施中，“旱改水”、深耕细作、封山育林、植树造林等，均能增加入渗，调节径流，加大蒸发，在一定程度上可增加降水。由此可见，人类改造自然的活动，由于改变了下垫面性质，进而影响到水循环的蒸发、降水和径流三个环节。

由人类活动引起的水循环次生效应也衍生了一系列生态环境后效，河流湖泊等天然水体的循环通量减少，一方面影响水体自身生态系统健康发展，同时也打破了原有以这部分水分为动力支撑的陆地生态系统平衡，例如，黄河下游河道水量减少，河道河口生态、输沙功能等都受到严重影响。此外，人类对径流的再分配和蒸散发空间格局的重塑，必然会引起天然生态格局的自适应调整，这在干旱半干旱地区表现得尤为明显。

2.3.2 天然驱动因素对人工侧支用水的影响

天然“四水”转化过程的变化（如丰、平、枯年份水量的变化及其各自相异的“四水”转化特征）同样影响着人工侧支用水过程，使社会经济用水需求受到限制。我国北方地区天然状态下流域水量的时空分配都不均匀，以黄河流域为例[103]，黄河流域东南有少部分地区属湿润气候，西北部地区多为干旱气候，而中部地区则为半干旱气候。在时间分配上，黄河流域降水的多年年际变化较悬殊，降水量越小的地区，年际变化越大，降水量年内分配也极不均匀，7～9 月降水量占全年的比例很高，且多为暴雨。

不同地区的“四水”转化特征是不同的。内陆河区和外流河区在水循环方面存在明显的差异。例如，我国西北内陆河上游山区为径流形成区，径流沿程加大。出山口以下为平原区，这里降水稀少，大部分地区基本不产流，仅有极少部分降水能入渗补给地下水。外流河的径流形成区与耗散区的分界一般不明显，径流的变化基本取决于降水的变化。因此，在不同的“四水”转化特征区，人工侧支用水的特征也是不同的。

2.3.3 “天然-人工”双驱动因素的耦合

从天然“四水”转化过程向人工侧支用水过程的水量运移主要由取水系统完成，而从人工侧支用水过程向天然“四水”转化过程的水量运移则基本发生在人工侧支用水的整个过程。取水系统根据社会经济需水要求，通过流域地表水-地下水联合调度从天然“四水”转化过程中获得必要的水量;而人工侧支用水过程的各子过程的特征决定了向天然“四水”转化过程返回水量的时空特性和数量。

天然“四水”转化过程与人工侧支用水过程的相互影响、相互作用的关系,使得它们在水资源质与量的时空分配上具有耦合作用。通过流域水资源优化配置联结它们之间的这种作用,将两种过程当做一个完整的系统,以便完善和优化社会经济用水过程,维持和保护正常的天然水循环过程,恢复和改善生态环境系统平衡。只有通过对这两种过程的同时有效调控,使之互相适应,才能真正实现社会-经济-环境复杂大系统的协调发展,而此时的水资源在社会经济过程中的分配才是真正意义上的合理配置。

2.4 基于“天然-人工”双驱动因素的径流演化

社会经济系统与自然生态系统是两个不可分割的整体,它们相互依存、相互影响,共同发展。由于受到天然和人工两种因素影响,区域水循环系统已呈现出新的特征,原来的纯天然模型驱动下的降水径流函数关系已不复成立。人工侧支用水过程中产生的蒸发渗漏,以及下垫面改变带来的减水效应,使流域的实测径流量远小于使用纯天然模型驱动下的降水径流函数关系计算得出的年径流量,在径流演化规律研究中必须寻求新的方法来考虑这种变化以便能在变化环境下定量确定水资源的变化,而不能仅以单纯的天然水循环系统和人工侧支用水系统来解释说明区域的水流演变过程。原有的水循环系统由单一的受自然主导的循环过程转变成受天然和人工共同影响、共同作用的新的水循环系统。其中,天然水循环主要针对天然的降水、坡面产流和河道汇流而言,包括降水、入渗、产流、汇流和蒸发等环节,人工侧支用水过程则主要指人工取用水所形成的以“取水—输水—用水—排水—回归”为基本环节的循环圈,天然水循环和人工侧支用水过程二者之间存在紧密的水力联系,循环通量此消彼长。

针对传统天然模式在描述人类活动影响下的流域年径流演变规律存在的内在缺陷,本书建立了基于“天然-人工”双驱动因素的径流演化理论,以满足变化环境下的水资源研究需求。本书将“天然-人工”双驱动因素的径流演化概化为如图 2.3所示的模式。在概化的水循环模式中,水循环过程是一个“天然-人工”耦合的复合系统。水循环系统包括纯天然的水循环过程及人工侧支用水过程:天然的水循环过程包括降水、蒸发、下渗及产汇流等过程;人类侧支用水过程包括蓄水、取水、输水、用水及排水等过程。用水单元划分为农业用水单元、城镇用水单元及人工生态用水单元等。城镇用水单元进一步划分为消费型用水单元及生产型用水单元;农业用水单元划分为农业灌溉用水单元及农业生活用水单元。

本书的后续章节详细介绍了如何构建“天然-人工”双拓扑结构下的数字水系,

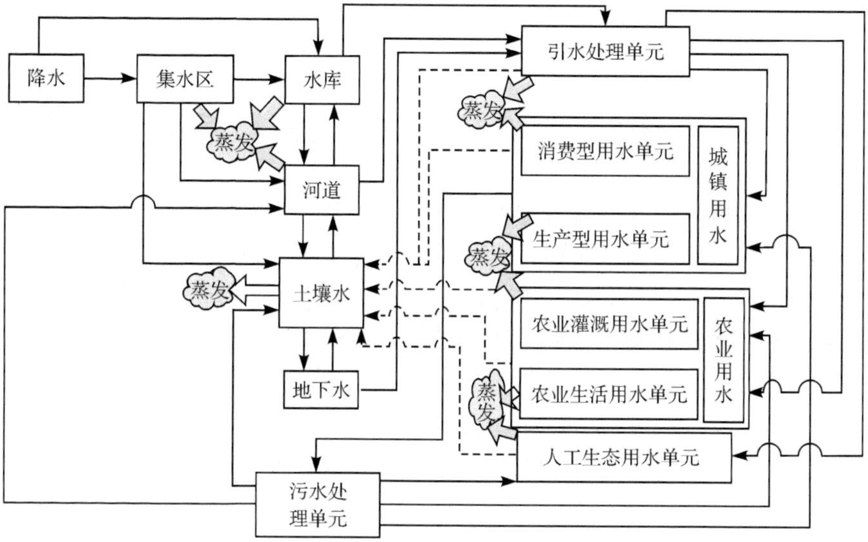

图 2.3　基于“天然-人工”双驱动因素的径流演化模式

进而建立基于“天然-人工”双拓扑结构的分布式水资源模拟模型，用以耦合模拟“天然-人工”两种因素对水循环的影响。

2.5　本章小结

本章详细介绍了“天然-人工”两种驱动因素的水循环过程。天然条件下流域的“四水”转化过程形成流域的天然状态下的水循环过程。人类活动的加剧，从系统、响应和结构三方面明显改变了天然状态下的流域水循环过程，构成了人工侧支用水过程。天然“四水”转化过程与人工侧支用水过程互相影响、互相作用，在水资源质与量的时空分配上具有耦合作用。

本章还分析了天然状态下的水循环过程与人工侧支用水过程之间的相互影响与耦合作用，建立了基于“天然-人工”双驱动因素的径流演化模式，为后续章节建立基于“天然-人工”双拓扑结构的分布式水资源模拟模型奠定了理论基础。

第3章 “天然-人工”双拓扑结构数字水系构建

目前,国内外水资源研究与实践大部分还是基于“实测—还原—建模—调控”的纯天然模式,即将实测水文要素资料通过资料还原,并扣除人类活动的影响,还原到流域水资源的天然状态。资料还原后,水资源演化的驱动因素仅为天然要素,再对其进行建模和调控。纯天然水资源演化模式在人类活动影响程度较小的情况下,能够满足实际需要。然而对于我国来说,特别是北方地区,人类活动对流域水循环的影响程度和影响范围较大,已经对天然状态下的水资源演化模式产生了巨大影响,因此在水资源模型中加入对人工影响因素的模拟的要求逐步提高。

本章提出了一种适用于大流域的、将人工侧支用水过程与天然水循环过程耦合的子流域划分方法,进而构建具有“天然-人工”双拓扑结构的数字水系。首先通过数字高程及数字河湖网资料,自动提取天然排水结构及天然状态下的子流域源汇关系;然后将人工输水工程概化,获得人类水利工程形成的人工供用耗排结构及各子流域的人工源汇关系。将两种源汇关系耦合,实现蓄水、取水、用水、输水与天然状态数字河网的耦合,建立基于等流时带的“天然-人工”双拓扑结构数字水系,为“天然-人工”双拓扑结构水资源模拟模型的建立提供模型框架基础。

3.1 地理信息系统

流域信息是进行水资源模拟的必要信息,提取流域信息是构建现代分布式水资源模拟模型、进行水资源模拟及其他相关研究的前提。分布式水资源模拟模型的应用需要流域内地形地貌、河网水系、子流域边界、土壤利用、水文气象等资料的地理空间信息。由于流域信息种类很多、数据量大,利用地理信息技术、计算机技术及相关方法进行流域信息自动提取具有十分重要的意义。

3.1.1 地理信息系统的概念

信息是经过加工后的数据,通过数字、文字、符号、语言等介质来表示事件、事物、现象等的内容、数量或特征。狭义信息论将信息定义为人们获取信息前后与外部客体之间相互联系的一种形式,是主体和客体之间一切有用的消息和知识,是表征事物的一种普通形式。一般认为,信息是人们或机器提供的关于现实世界新的知识,是数据、消息中所包含的意义,它不随载体物理形式的改变而改变。

从信息科学角度看,信息具有以下四大特点:

(1) 客观性。信息都与客观事实相关,这是信息正确性和精确度的保证。

(2) 适用性。信息从大量数据中收集、组织和管理,要有实用性。

(3) 可传输性。信息可以在系统内或用户之间以一定形式或格式传送和交换。

(4) 共享性。信息可传输性带来的结果,也就是信息可为多个用户所共享。

信息来自数据,数据是未加工的原始资料,是客观对象的表示;信息则是数据内涵的意义,是数据的内容和解释。

地理信息是表征地理圈或地理环境固有要素或物质的数量、质量、性质、关系、分布特征和规律的数字、文字、图像、图形信息的总称。地理信息是一种空间信息,是与空间地理分布有关的信息。它具有空间性、专题性和动态性。

地理信息系统是由计算机硬件、软件和不同方法组成的,具有支持空间数据的获取、管理、分析、建模和显示功能,并可解决复杂的规划和管理问题的信息系统。它是一种特定的、十分重要的空间信息系统,从不同的角度看有不同的强调点。

从技术角度看,地理信息系统是在计算机软件和硬件的支持下管理、分析和显示空间数据的技术系统。这里的管理是指获取、存储、查询、处理空间数据,分析是指为用户提供分析空间数据的方法,显示是指用图文等方式为用户显示多维数据的处理过程和结果,空间数据是指与地理空间位置相关的数据。

从学科角度看,地理信息系统是一门新兴的交叉学科,属于空间信息科学,它依赖于地理学、测绘学、统计学等基础性学科,又取决于计算机硬件与软件技术、航天技术、遥感技术和人工智能与专家系统技术的进步与成就,其核心是计算机科学,基本技术是数据库、地图可视化及空间分析。地理信息系统既是新兴的交叉学科,又是一个技术系统,它以空间数据库为基础,通过各种时空分析模型完成其功能。

从应用角度看,地理信息系统是一类以应用为目的的信息产业,它的应用可深入到各行各业。随着地理信息系统的应用,产生了许多行业地理信息系统,如城市地理信息系统、政府地理信息系统、土地资源信息系统等。这些系统研究的对象不同,但研究方法基本相似。随着 Internet 时代的到来,又出现了一批使用网络空间数据的用户群。

从发展角度看,地理信息系统起源于实际应用,开始是一门技术,之后发展成一门交叉性边缘科学。由于地理信息系统的理论、技术和应用一直在不断发展,地理信息系统的含义也在不断发展和变化。最初注重地理信息系统提供的空间数据的管理、查询和分析功能,之后开始注重地理信息系统通过共享的地理信息数据库提供协同工作的平台。目前更注重地理信息系统在互联网和分布式网络环境下,整个社会共享数据、相互合作和协同工作。

3.1.2 数字地面模型概述

19 世纪 50 年代美国 MIT 摄影测量实验室主任 Miller 首先提出了数字地面模型(digital terrain model,DTM),其成功地解决了道路工程中的土方估算问题。

DTM 作为地理数据库中特殊结构的数据集合,可以包含在地理信息系统中,成为地理信息系统的重要部分,为地理信息系统提供空间数据资料。因此,DTM 在地理信息系统中占有很重要的地位。从发展历史看,DTM 提出的时间早于地理信息系统,但由于当时理论和技术还不完善,DTM 没有得到广泛应用。因此可以认为 DTM 是地理信息系统在概念上和方法上的萌芽。目前,DTM 已成为地理信息系统的重要内容,地理信息系统的很多功能以 DTM 为基础,而 DTM 在理论和方法上又成为空间地形分析的依据。

数字地形模型是地形表面形态属性信息的数字表达,是带有空间位置特征和地形属性特征的数字描述。数字地形模型中属性为高程时称为 DEM。高程是地理空间中的第三维坐标,由于传统的地理信息系统的数据结构都是二维的,数字高程模型的建立是一个必要的补充。用 DEM 可以方便地获得地表的各种特征参数,其应用已经普及整个地学领域,它为地形分析、工程设计等提供了重要的基础数据和分析手段。DEM 通常用地表规则格网单元构成的高程矩阵表示,广义的 DEM 还包括等高线、三角网等所有表达地面高程的数字表示。在地理信息系统中,DEM 是建立 DTM 的基础数据,其他的地形要素都可由 DEM 直接或间接导出,称为“派生数据”,如坡度、坡向等。

1. DEM 的主要表示模型

1) 规则格网模型

DEM 最普通的形式是高程矩阵或规则矩形格网。模型用规则的采样点数据组成,或者将不规则采样点数据内插为规则点数据,然后,以矩阵形式来表示地面形状。在规则格网模型(图 3.1)中,将空间区域分成规则的等距离单元,每个单元对应一个数值。在数学上,将这些数据表示为一个矩阵,矩阵中每个元素的值为该采样点的高程值。在计算机中,这些数据表示为一个二维数组,每个数组元素对应一个高程值。

规则格网的高程矩阵可以很容易地用计算机处理。它还可以很容易地计算等高线、坡度坡向、山坡阴影和自动提取流域地形,使得它成为 DEM 最广泛使用的格式,目前许多国家的 DEM 数据都是以规则格网的数据矩阵形式提供的。

规则格网的缺点是不能准确表示地形的细部结构、格网的大小影响计算结果和计算效率。为避免这些问题,可采用附加地形特征数据,如地形特征点、山脊线、谷底线、断裂线，以描述地形结构；另一个缺点是数据量过大，给数据管理带来了不便，通常要进行压缩存储。

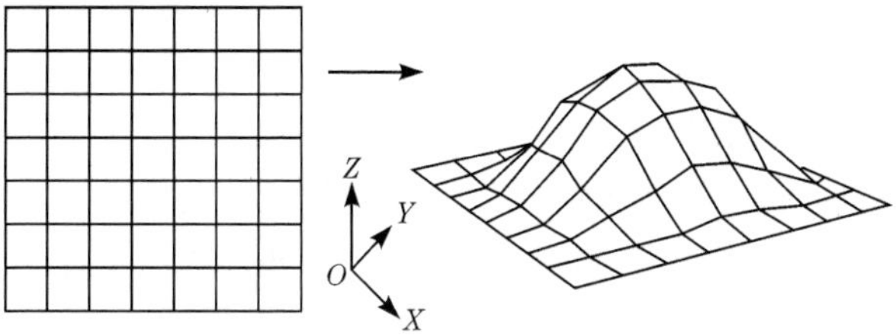

图 3.1　规则格网模型

2) 不规则三角网模型

针对现实中各专业大量使用的不规则离散数据，出现了不规则三角网(triangulated irregular network，TIN)模型。TIN 模型将地面上离散的采样点数据按优化组合的方法，连成连续的三角面，三角面的顶点就是离散点或离散点的插值。因此，区域内有限的点集划分为相连的三角面网(图 3.2)，以此来逼近地形表面。三角形面的形状和大小取决于不规则分布的观测点数据的位置和密度。

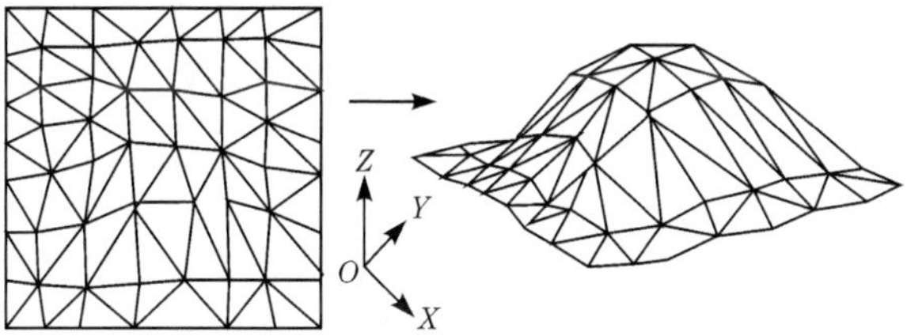

图 3.2　不规则三角网模型

TIN 模型将不规则分布的离散数据点按优化组合成的三角形面来逼近地形表面。该模型是一种三维空间的分段线性模型，其数据格式在概念上类似二维数据结构中带拓扑结构的矢量数据结构，只是 TIN 模型中不定义岛和洞的拓扑关系。TIN 的数据存储方式比 DEM 复杂，它不仅要存储每个点的高程，还要存储其平面坐标、结点连接的拓扑关系、三角形及邻接三角形等关系。

三角网模型的优点是：①克服了栅格数据中的数据冗余问题；②表示地面形态效率高、数据精度高。它能较好地表示地性线，充分表示复杂的地形特征，适应起伏不同的地形。而其缺点是：①形成三角网方法不同其算法也不同，因此算法实现复杂；②对特殊的地性线要调整。

通常大比例尺数字高程模型采用能表示地性线的不规则三角网，以便较精确地显示小区域地形特性；小比例尺数字高程模型通常可采用规则格网模型，以显示大区域宏观地形特性。

3)等值线模型

等值线图是 DTM 模型平面图形输出的一种主要形式，它以符号化模型来表示空间立体的形态，即用数值相等的点连接成的曲线来表示连续递变的面状分布特征，如等高线等。

等高线是通过对地球表面进行一系列不同高程的水平切割后，切割面和地球表面产生的一系列交线。每条等高线是一组有序的坐标点序列，也可认为是带有高程属性的多边形或弧段。由于生成等高线时丢失了大量地表信息，所以用等高线重建地貌形态时只能近似表示。因为等高线模型只表达了区域的部分高程值，往往需要一种插值方法来计算落在等高线外的其他点的高程，又因为这些点是落在两条等高线包围的区域内，所以通常只使用外包的两条等高线的高程进行插值。

等高线模型(图 3.3)存储的数据量较小，适用于简单的平缓地形，对于复杂地形由于只表达了区域的部分高程值，会产生一定程度的模糊。

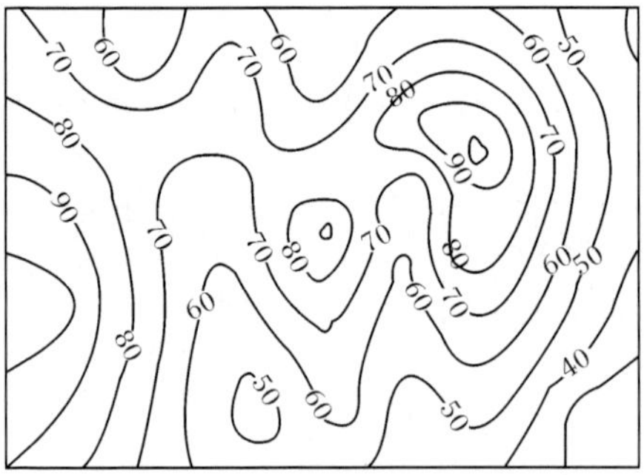

图 3.3　等高线模型(单位：m)

2. 基于高程的基本计算

1) 平均高程

设某区域具有等间距的 n 个规则格网，每个格网的高程为 h，就可计算区域平均高程：

$$h = \frac{1}{n}\sum_{k=1}^{n} h(\rho_k) \tag{3.1}$$

式中，n 为区域内格网个数；$h(\rho_k)$为第 k 个格网的平均高程。

每个格网的平均高程 $h(\rho_k)=(h_{00}+h_{01}+h_{10}+h_{11})/4$，$h_{00}$、$h_{01}$、$h_{10}$、$h_{11}$分别为格网的 4 个角点的实际高程。

2) 坡度

坡度和坡向是表示地面形态的两个重要因子，不管从物理意义上还是从地形分析的角度看，坡度和坡向都是不可分开的，没有坡度的地面也就没有坡向。

坡度是描述地形的重要参数，地面坡度是表示地表面斜坡的倾斜程度。由于空间曲面是点位的函数（曲面是平面时例外），在曲面上不同位置的坡度是不同的，地面上给定点的坡度是曲面上该点的法矢量与垂直方向间的夹角，如图 3.4 所示。

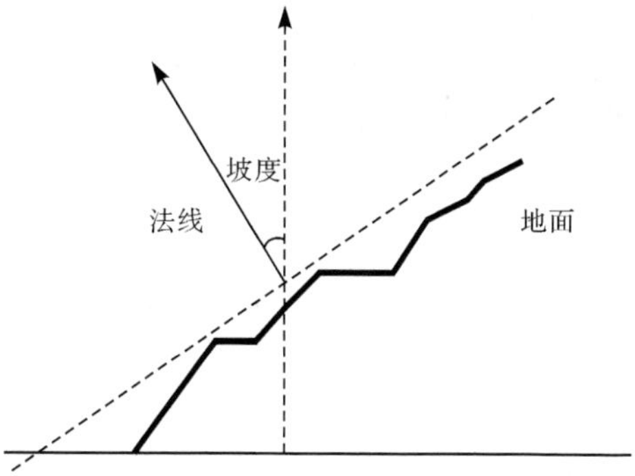

图 3.4 坡度示意图

坡度计算有很多算法，如四块法、空间矢量法、拟合平面法、拟合曲面法、直接解法等。这里介绍空间矢量法计算坡度的方法：从矢量代数可知，两矢量的夹角余弦等于两矢量的数量积与模的乘积之商。因此，当知道了格网的法矢量 n_{ij} 就可以计算出它同 Z 轴的夹角。坡度的计算公式为

$$\mathrm{Slope}_{i,j}=\arccos\left(\frac{z\cdot n_{i,j}}{|z|\cdot|n_{i,j}|}\right) \tag{3.2}$$

3.1.3 地理信息系统在分布式水资源模拟模型研究中的应用

随着信息技术的发展和地理信息系统理论、技术方法的进步，地理信息系统的应用渗透到人类生活的许多方面。自 20 世纪 70 年代起，美国田纳西河流域管理局利用地理信息系统技术处理和分析各种流域数据，为流域管理和规划提供决策服务，地理信息系统开始应用于水文学及水资源管理；进入 80 年代后，随着计算机技术的飞速发展，地理信息系统在水文学及水资源管理领域的发展也非常迅速[104]。

分布式水资源模拟模型的特点在于充分考虑气象条件、流域下垫面条件的空间变异性，因此它和地理信息系统有着密切的联系。而地理信息系统的飞速发展，也是分布式水资源模拟模型得以飞速发展的前提。地理信息系统在分布式水资源模拟模型方面的应用主要包括以下几方面。

(1) 流域空间数据的获取。分布式水资源模拟模型计算时，输入数据涉及大

量的空间数据，而 DEM 可以方便地为分布式水资源模拟模型提供流域内的地形变化，进而分析出所需的流域特征及流域水系。

(2) 流域空间数据的管理。包括对水文气象、地形地质、土地利用、土壤种类、河流水系等数据及计算结果的处理、存储、传输、查询、分析、表示等。地理信息系统在分析和处理空间信息上的优势，可以解决由输入数据来自不同渠道、具有不同的尺度和格式而导致的分析和使用都很困难的问题。

(3) 计算单元的划分。分布式水资源模拟模型需要将研究区域划分为更小的计算单元。而 DEM 资料的栅格数据结构和不规则三角形格网数据结构都可以方便地将研究区域划分为细小的单元。

根据地理信息系统和水资源模拟模型的系统结构、计算硬件和软件环境等，水资源模拟模型和地理信息系统的结合可以是松散的，也可以是高度集成的，具体可以分为以下几种方式[105]：①独立应用。地理信息系统和水资源模拟模型在不同的硬件环境下运行，两者之间的数据交换通过手工进行。②松散耦合。地理信息系统和水资源模拟模型通过特殊的数据文件进行数据交换。③紧密耦合。地理信息系统和水资源模拟模型的数据仍然不同，但是在没有人工干预的情况下，可以实现两者之间的双向数据存取。④完全集成。地理信息系统和水资源模拟模型为同一综合系统的不同模块，数据的存取基于相同的数据模型和共同的数据管理系统。

3.2 传统的基于 DEM 提取流域排水结构方法

在提取单一信息的过程中有很多问题需要解决，如流向的确定、不连续河道的连接、洼地和平原区的处理等。而对分布式流域特征的提取，主要影响因素是流域特征的物理概念和提取方法。

3.2.1 基于 DEM 的单元划分方法

在分布式水资源模拟模型中需要将流域划分为细小的计算单元。而 DEM 资料的分布式形式便于计算单元的划分。目前常用的基于 DEM 的单元划分方法主要有三种：基于格网的划分、基于山坡的划分、基于子流域的划分。

1. 基于格网的划分

格网包括规则格网和不规则格网两类。规则格网主要是指矩形格网[106,107]。基于栅格 DEM 将研究区域(或流域)划分为若干个大小相同的矩形格网，是分布式水资源模拟模型比较常见的做法。SHE 模型是最著名的基于规则格网的分布式模型，其他基于规则格网的模型有 Huggins 与 Monke 研制的 ANSWERS、Doe

研制的CASC2D等。

2. 基于山坡的划分

将分布式水资源模拟模型的最小计算单元落脚于一个矩形坡面，是分布式水资源模拟模型中关于流域离散的又一种常用方法。首先，根据DEM进行河网和子流域的提取。然后，基于等流时线的概念，将子流域分为若干条汇流网带。在每一个汇流网带上，围绕河道划分出若干个矩形坡面。在每个矩形坡面上，根据山坡水文学原理建立单元水资源模拟模型，进行坡面产汇流计算。最后，进行河网汇流演算。

3. 基于子流域的划分

基于DEM能够自动、快速地进行河网的提取和子流域的划分，将研究流域按自然子流域的形状进行离散，划分为下垫面特征相对均匀的子流域，这些子流域再与干流河道相连接。将子流域作为分布式水资源模拟模型的计算单元，其最大特点是单元内和单元之间的水文过程十分清晰，而且单元水资源模拟模型易于引进传统水资源模拟模型，从而简化计算，缩短模型开发时间。当然，子流域还可以根据需要进行第二级的划分。

3.2.2 DEM的预处理

基于DEM的河网自动提取技术是流域水资源循环过程模拟中的一项重要内容，它主要依据DEM所提供的地形信息来推求并形成流域的排水系统。自动提取的河网精度对水资源和水环境的模拟结果有直接影响。为了提高流域过程模拟的精度及可靠性，自动提取的河网应尽可能与实际河网一致。然而，在基于DEM的河网自动提取过程中，洼地和平坦区是确定水流方向和推求完全相连接的排水系统的主要障碍与挑战。针对这些问题，研究人员开发了大量的从DEM中去除洼地和平坦区的自动算法，许多基于地理信息系统的流域过程模拟模型也都采用或集成了洼地和平坦区处理的不同技术，例如，Arcinfo采用了由Jenson和Domingue提出的方法，AVSWAT2000则采用了填洼技术。

1. DEM中的洼地和平坦区

由于栅格格式的高程模型与遥感数据有较好的兼容性，并且用它来进行地形分析相对较为简单，所以用DEM推求流域水系和确定地表水流方向时多采用这种格式。但DEM中的洼地和平坦区使得地表水流方向难以确定，并导致流域水系出现推求误差，因此原始的DEM必须经过一定的处理才可以用于河网的自动提取。所谓洼地是指这样一些栅格单元，它们的高程比环绕它四周的栅格单元的高程低；而平坦区是指栅格单元高程没有差异的区域，它的出现会造成水流方向平行，生成不合理的排水系统。DEM 中的洼地可以是自然景观中地形特征的一种反映。O'Callaghan 和 Mark[108]指出，受冰川作用的地区和喀斯特景观地区都存在自然的地形凹地。但在 DEM 中，大部分洼地是由高程采样和数据处理中的误差造成的，属于“伪洼地”。无论何种原因，洼地的出现都带来了水流方向上的问题，导致了 3 种不符合实际的排水方向：相反、相交和循环(图 3.5)，无法获取相互连接的排水网络。基于上述原因，原始的 DEM 都要经过适当的预处理，才能除去所包含的洼地和平坦区。

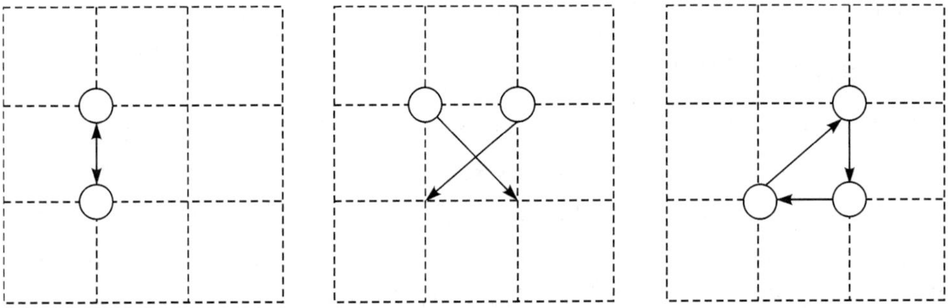

(a) 相反　(b) 相交　(c) 循环

图 3.5　三种不切实际的排水方向

2. DEM 中洼地和平坦区的去除方法

DEM 中的洼地和平坦区可通过手工方法和计算机自动算法来处理。手工方法的排水坡度通常由经验给出。当洼地和平坦区很多时，手工方法很费时，因此一般采用计算机自动处理算法。现有的自动算法主要有以下几种：①DEM 平滑法。该算法主要通过将洼地的高程增加到与洼地相邻的最小高程来达到去除洼地的目的。②“裂口”方法。该方法通过降低洼地边缘某处的相关高程来达到去除洼地的目的。这种方法由于减少了需处理的栅格单元的数量，所以可以有效地缩短计算时间。但这两种方法也存在一些问题：高程的改变会导致原始 DEM 数据的信息损失；洼地处的排水坡度由经验给出，缺乏物理基础。③其他方法。如剖面扫描法和遗传算法。基本思想是直接确定包括洼地区域在内的相对大的范围的排水方向，而不进行洼地处的填充。这种方法在某种程度上可避免原始 DEM 数据的信息损失，但其中的一些参数也是通过主观方法来确定的，缺乏物理基础。

3.2.3　流向判断

流向判断是建立在 3×3 的 DEM 基础上的，进行流向判断的方法有单流向法

(single flow direction,SFD)和多流向法(multiple flow direction,MFD)。

1. 单流向法

单流向法假定一个网格中的水流只从一个方向流出,然后根据网格高程判断水流方向,再由得出的流向栅格进行更进一步的信息提取,如河网、边界线、子流域长度和坡度等。目前应用最广泛的单流向法是 D8 法。此外,还有 Rho8 法、DEMON(digital elevation model networks)法和 D∞法等。

1) D8 法

D8 法假设单个网格中的水流只有 8 种可能的流向,即流入与之相邻的 8 个网格中。它用最陡坡度法来确定水流的方向,即在 3×3 的 DEM 网格上,计算中心网格与各相邻网格间的距离权落差(即网格中心点落差除以网格中心点之间的距离),取距离权落差最大的网格为中心网格的流出网格,该方向即为中心网格的流向。该方法对自然状态的水流方向进行了极大的简化,认为网格的产流是点源(即网格中心点),河道则用一维的线来描述,也忽略了水流方向的无穷多种可能性,简化为 8 种可能流向,所以称为 D8 法。该法对 DEM 的处理和应用简单,因此其实用性强,应用范围也很广。

2) Rho8 法和 Lea 法

Rho8 法根据网格所在表面的坡向来确定流向,从而解决了 D8 法中 8 个流向的限制,以及由可能流向的限制引起的流向错误。但该方法除了这一点并不能解决其他的问题(如点源、一维水流路径等),而且还引出新的问题,例如,它的随机性不能确保所产生结果的再生性,即所产生的结果不一定能用来进行进一步的提取和计算工作;在应该有平行水流产生的地方,相邻的水流并非一直平行,而是随机地摆动着,因此常会彼此相交;在水流应该平行的平原地区,上游水流往往会在某些网格不断相交;一旦两条水流路径因为它们的随机摆动而相交,就没有其他的方法使它们分离,于是下游就会因为越来越多的积聚而不断出错。

Lea 法对上述方法进行了改进,通过当地坡向角确定水流路线,解决了水流路径的问题。Lea 法认为水流是在最陡坡方向经过每个地形表面的滚动的球(所假设的点源),而每个中心网格表面都是最适合该最陡方向的网格高程平面,水流方向用该平面的坡向来确定。水流则依据每个网格的坡向角沿不同方向的直线片段所组成的路径向下游流出。这种算法模拟了沿水流路径的每个网格周界上的水流流入和流出的点。用该法可以进行连续的流向判断,即每个中心网格流向的取值范围都是 $0\sim2\pi$。但它仍然存在着将二维的水流源简化为点源,将二维的水流路径简化为一维的线来处理的问题。

3) DEMON 法

1994 年,Costa-Cabral 等[109]提出了 DEMON 法。该方法充分考虑了这样一个现实:水流是二维地、均一地起源于某个网格表面,而不是从水流中心开始,水流路径的宽度也是可变的,并非单网格宽。它用高程张量来表示流向,进而计算水流路径的宽度。

但是该方法的假设仍然基于一个合适平面的选择,选择该平面必须考虑 4 个点(即 3×3 窗口的 4 个角)。而事实上 3 个点就可以确定一个平面,因此所选择的最合适的平面也不一定能经过 4 个角的高程,这种不一致的平面有可能导致不一致的甚至相反的流向。

4) D∞法

基于以上问题的考虑,1997 年 Tarboton 综合了 Lea 法和 DEMON 法提出 D∞法,用三角面来代替平面的应用,每个网格点有 8 个相邻三角面,坡度最陡的三角面的坡向即为中心点的水流方向,它也可以连续地在 0～2π 内取值。依次计算 8 个三角面的坡度、坡向,选出坡度最大的三角面,取其坡向为水流方向。

2. 多流向法

多流向法的提出比较晚,基本思想是水流应向邻域中所有高程较低的方向进行分配。MFD 能较好地模拟水流在坡面等地形上的漫散流动,其水流向周围所有低高程方向分配的思想较 SFD 而言,物理意义比较明确,更符合流向的实际情况。应用研究也表明,当需要准确研究水文学特征(如汇流面积、地形指数等)详细的空间分布模式时,MFD 明显优于 SFD。

根据越陡的下坡方向越可能得到更多的水流这一合理假设,MFD 所采用的水流分配模型以坡度加权为基础,可概括为如下的基本形式:

$$d_i = \frac{(\tan\beta_i)^p L_i}{\sum_{j=1}^{8} (\tan\beta_j)^p L_j} \tag{3.3}$$

式中,d_i 为水流对第 i 号邻域单元的分配比例;$\tan\beta_i$ 为当前单元到第 i 号邻域单元的坡度比降;p 为水流分配权重($p>0$ 以保证不违背越陡下坡方向越可能获得更多水流这一前提);L_i 为对第 i 号邻域单元的等高线长度加权因子,定义如下:

$$L_i=\begin{cases}\dfrac{1}{2}, & \text{第 } i \text{ 号邻域单元高程低于中心单元且位于水平或垂直方向}\\ \dfrac{\sqrt{2}}{4}, & \text{第 } i \text{ 号邻域单元高程低于中心单元且位于对角线方向}\\ 0, & \text{第 } i \text{ 号邻域单元高程不低于中心单元}\end{cases}$$

p 的选取方式直接影响着 MFD 的水流分配模型。p 值越大,MFD 所模拟的情况越类似于 SFD。实际上,SFD 所模拟的情况可视为 MFD 在极端情况($p\to+\infty$)时的特例。根据所采用的水流分配模型的差别,现有 MFD 可概括为以下四类。

1) 固定水流分配权重

最早出现的 MFD 都是采用固定的 p 值不加区分地应用于所有地形以模拟坡面上的水流分配，无论其地形特征是使水流趋向于汇聚还是漫散，因此忽略了地形特征对水流分配的不同作用。此外，确定汇流面积阈值具有很强的经验性，并且需要预先运行某一流向算法，以计算汇流面积分布。

2) 水流分配权重随汇流面积变化

为考虑不同地形条件下水流分配的不同，将 p 值变为随汇流面积而变化的函数：

$$p=(A/\text{thresh}+1)^h \tag{3.4}$$

式中，A 为待计算单元的汇流面积；thresh 为应用区域的汇流面积阈值(channel initiation threshold，CIT)；h 为一个正的经验常数。$p\in[1,2^h]$，随汇流面积的增加从 1 开始变化，反映了水流随汇流面积的增加而由完全的多流向趋向于单流向，h 值越大，表明由 MFD 向 SFD 过渡的速度越快。该方法中，thresh 和 h 的选取都会影响流向结果。此类 MFD 方法均基于汇流面积阈值的使用，因此必须预先运行某一单流向算法以确定流向、计算汇流面积分布及汇流面积阈值，并认为这样得到的汇流面积充分反映了地形对水流分配的影响，这一假设削弱了此类模型的合理性。

3) 水流分配权重随局域地形特征变化

在不同的地形条件下，水流的分配比例变化很大：在较陡的地形条件下，水流更易于从具有最大高程落差的方向迅速排出，即更加倾向于 SFD 所模拟的情况；在较平缓的地形条件下，水流则更可能向周围各个高程较低的方向进行分配。较水流分配权重 p 值固定的 MFD 模型而言，p 值可变的水流分配模型具有表达地形因素控制水流分配的建模能力。因此，虽然 p 值随汇流面积变化 的 MFD 存在较明显的模型缺陷，但在实际应用中却能获得优于 p 值固定的 MFD 的结果。

4) 基于局域形态单元

不同于前述各类 MFD 方法关注水流分配权重的设计思路，局域形态的 MFD 方法分析 8 邻域单元的高程值所反映的凸凹形态，区分邻域中所有可能被分配水流的独立单元(Form)，依据 Form 涉及的像素数目决定此 Form 是以单流向或多流向模拟。此方法过于强调 8 邻域像素所构成的微地形对流向的控制作用，对 DEM 的数据质量十分敏感，微小的 DEM 误差可能完全改变 Form 的凸凹类型，而相应采用的多流向或单流向水流分配模型则有很大差别。

3.2.4 河网提取

在目前使用的分布式水资源模拟模型中，多使用正方形格网的地形数据，并依赖于一个连续的河网结构。该方法在运用中有四个步骤：①确定 DEM 中每一个高程数据点水流方向，一般使用单流向法；②根据高程数据点的水流方向来计算每一个高程数据点的上游集水区，找到所有有路径通向流域出口的单元，以此来确定流域边界线；③根据水流方向数据，确定模拟河网；④根据水流方向，确定各模拟河网河段相应的子流域，并对河网与子流域进行编码，构建河网结构拓扑关系。在提取流域排水结构的过程中，确定各栅格的水流方向进而确定模拟河网是其中的关键步骤。

1. 利用谷地连成河网

利用谷地连成河网是由 Greysukh、Pekuker、Douglas 等提出，由 Carrol、Tribe 等对其进行了改进。其思想是找出 DEM 中的谷地单元，将谷地单元连接后形成河网。所谓的谷地单元即周围某些高度大于该单元的单元。该法计算简单，问题在于谷地单元往往是不连续的，导致生成的河网间断，遇到大面积的平地时也不能很好地识别。

2. 利用流向信息识别河网

为了解决河网的不连续性，O'Callaghan 等提出利用流向信息确定河网。该法的计算步骤是：①计算每个单元的流向（指水流离开网格时的指向）；②通过流向确定水流累积矩阵；③选择一个阈值，将所有水流累积值大于该阈值的点连接起来即是河网。目前，该法已经得到广泛的应用，如著名的 ArcGIS、ArcView 等软件采用的就是该法。但该法无法回避两个问题：一是如何处理 DEM 中存在的洼地；二是如何处理 DEM 中存在的大片平地。一旦出现这两种情况就会出现不连续的或平行的河网。后来很多学者对 DEM 进行填洼处理来消除洼地影响，通过抬升平地来避免产生大量不合理的平行河网[110~112]。但填洼时无法区分洼地的真伪，还极易人为造出大片的平地，必然改变原始的 DEM，使提取的河网与实际河网误差很大。

3. 谷线搜索提取河网

谷线搜索提取河网是由 Yoeli 提出的，他的思想是由 DEM 最低点按照河谷向上坡延伸，逐步确定河网。该思想目前也有很多学者使用。

4. DEM 与 DRLN 结合自动提取流域排水结构

鉴于上述目前常用的提取流域排水结构方法的局限性，Hutchinson 提出[113]使用加载河网的方法，建议使用与河道河网有关的辅助信息，强迫水流通过实际河网单元，使它符合河网。本书也是基于上述的理论基础，研制了一种将 DEM 与 DRLN 结合，用以提取流域排水结构的方法。这种方法不仅解决了 DEM 资料精度不够造成的提取河网失真的问题，而且对湖泊、水库等宽度大于一个单元宽度的水体模拟较好。DRLN 中，湖泊、水库信息详尽，还在一定程度上区分了湖泊与伪洼地，使得自动提取的流域排水结构尽可能与实际情况相符。

3.3 基于“天然-人工”双拓扑结构建立数字水系

根据“天然-人工”双驱动因素的径流演化模式，子流域之间不仅存在一种天然状态下的源汇关系，还存在一种人工侧支用水形成的人工源汇关系。如果想模拟“天然-人工”双驱动因素的径流演化模式，就应该构建“天然-人工”双拓扑结构数字水系，为“天然-人工”双驱动因素的径流演化模拟提供基础框架。

3.3.1 双拓扑结构数字水系构建流程

本书提出了一种构建“天然-人工”双拓扑结构数字水系的方法，如图 3.6 所示，主要流程如下。

(1) 将 DEM 资料和 DRLN 资料相结合，用于确定天然状态下各栅格单元流向，计算各单元集水面积。

(2) 根据最小河道给养面积阈值，确定河道的位置。

(3) 添加人类取水及输水工程资料，确定各栅格点人工侧支用水的水流方向。

(4) 在“天然-人工”两层流向确定后，在流域内划分等流时带，进而在等流时带内部划分子流域。

(5) 将各蓄水、取水控制结点耦合入天然子流域，以人工控制点作为子流域出口。对不同的取水工程，子流域的出口断面流量处理方法不同：当取水工程为水库时，以水库的出库流量作为子流域的出口断面的流量；当取水工程为河道取水口时，则以河道取水口的流量作为出口断面流量的一部分。

(6) 分别判别天然及人工两层子流域源汇关系，将天然和人工控制点相结合，构建“天然与人工”双拓扑结构数字水系。

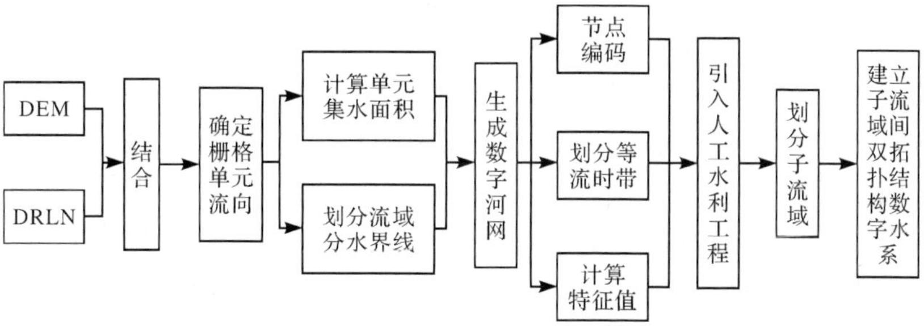

图 3.6 “天然-人工”双拓扑结构数字水系的构建流程

3.3.2 基于 DEM 与 DRLN 自动提取河网

1. 链表概念的应用

链表是若干个同样类型的结构通过依次串接方式构成的一种动态数据结构。链表有一个“头指针”变量,它存放一个地址。该地址指向一个元素。链表中每一个元素称为节点,每个结点都包括两个部分:一为用户需要用的实际数据;二为下一个节点的地址。由于实际流域中属于河道的栅格数量较之整个流域来说很少,如果使用数组存放河道数据会造成存储空间的浪费,而且不能保留河道本身传播方向。当 DEM 栅格数较多时,使用数组存放会导致大部分存储空间被无效数据占用。链表则没有这种缺点,它根据需要开辟内存单元,各元素在内存中可以不连续存放。该方法中多处使用了链表的概念,一是在将区域栅格化时首先使用链表记录下所有的区域边界;二是在使用最小路径法判断区域内部流向时,将流至出口断面的所有距离相同的点使用不同的链表记录;三是在对无河网地区的 DEM 资料进行平滑修改时,使用链表求取不同栅格的影响半径。

2. 基于遥感影像的 DRLN 提取

本书从遥感影像提取的水体信息中提取 DRLN。目前,很多研究人员对 Landsat ETM+遥感影像中水体信息的提取方法进行了深入研究,该方法主要依据水体在 7 个波段上光谱的不同特征及其他地物与水体的区别,通过分析水体及背景地物的光谱值,利用单个波段或多个波段组合来提取 TM 影像中的水体信息,最常见的有单波段阈值法、多波段谱间关系法及水体指数法。

1) 单波段阈值法

单波段阈值法[114]是利用某种地物与背景地物在某一波段上反射率(或像元灰度值)的差异,确定某一数值为区分该地物和背景地物的方法。将阈值法用于水体信息的提取是基于水体的反射特性与其他非水体的差异,其中最关键的是阈值的确定,阈值的大小决定了信息提取的准确性,这也是单波段阈值法在地物类型丰富、地物在所选波段上灰度值接近的影像上运用的局限性。

由于在 Landsat-7 ETM+的第五波段,即中红外波段,水体几乎全部吸收了它的入射能量,所以利用这一特性,对水陆界限反映较好的图像,可以通过阈值分割的方法,确定水体分割的阈值[115],通过最佳波段组合得到的假彩色合成影像,用目视判读的方法检验阈值法提取水体的效果。以往研究结果表明,该方法漏提的水体非常少,但所提取的水体中有一部分并非为真正的水体,而是山体的阴影。因此,该方法不能区分水体和山体的阴影,多提取的水体较多。

2）多波段谱间关系法

多波段谱间关系法多为国内学者所采用[115]。它主要利用多波段的优势综合提取水体信息，通过分析水体与背景地物的波谱曲线特征，找出它们之间的变化规律，进而用逻辑判别表达式将水体提取出来。水体具有独特的谱间关系特征，波段 2 加波段 3 大于波段 4 加波段 5，即 TM2＋TM3＞TM4＋TM5。按照以上的谱间关系特征，可建立如下的水体提取模型：TM2＋TM3－TM4－TM5＞0。

3）水体指数法

多波段谱间关系法无法彻底抑制与水体无关的背景信息，为了解决这一问题，相继提出基于多波段的各种水体指数。这些指数创建的基本原理就是在多光谱波段内，寻找出所要研究地类的最强反射波段和最弱反射波段，将强者置于分子，弱者置于分母。它们的共同特点就是采用比值运算和归一化处理，因此数值范围介于－1～＋1。由于进行了比值计算，所以生成的比值影像有助于消除地形差异的影响。通过比值运算，以几何级数进一步扩大两者的差距，使要研究的地物在所生成的指数影像上得到最大的亮度增强，而其他的背景地物则受到普遍的抑制。

（1）归一化差异植被指数（normalized difference vegetation index，NDVI）。1974 年 Rouse 等[116]引入了 NDVI，由于水体的 NDVI 值很低，为负值，植被、土壤的 NDVI 值则较高，因此通过选用阈值来构建区分水体和植被、土壤的判别条件，容易识别出水体。

$$\mathrm{NDVI}=\frac{\mathrm{TM4}-\mathrm{TM3}}{\mathrm{TM4}+\mathrm{TM3}} \tag{3.5}$$

式中，TM4 为 TM 影像的第 4 波段；TM3 为 TM 影像的第 3 波段。

（2）归一化差异水体指数（normalized difference water index，NDWI）。1996 年 McFeeters[117]用可见光波段和近红外波段的反差构成的 NDWI，可以突出影像中的水体信息。另外由于植被在近红外波段的反射率一般最强，所以采用绿光波段与近红外波段的比值可以最大限度地抑制植被信息，从而达到突出水体信息的目的。

$$\mathrm{NDWI}=\frac{\mathrm{TM2}-\mathrm{TM4}}{\mathrm{TM2}+\mathrm{TM4}} \tag{3.6}$$

式中，TM2 为 TM 影像的第 2 波段；TM4 为 TM 影像的第 4 波段。

（3）改进的归一化差异水体指数（modified normalized difference water index，MNDWI）。徐涵秋[118]仔细分析了山区水体及其背景地物的反射特点，提出了能更好地提取山区水体信息的 MNDWI，其公式如下：

$$\mathrm{MNDWI}=\frac{\mathrm{TM2}-\mathrm{TM5}}{\mathrm{TM2}+\mathrm{TM5}} \tag{3.7}$$

式中，TM2 为 TM 影像的第 2 波段；TM5 为 TM 影像的第 5 波段。

(4) 多波段谱间关系水体指数(normalized difference water index by multi-bands,NDWIM)。对比以上几种方法提取的水体结果发现,多波段谱间关系法漏提的水体信息最少,并且夹杂的非水体信息也最少。为了在多波段谱间关系法提取的水体基础上进一步减少非水体的信息,参考其他水体指数的构建方法,本书采用比值运算的方法对多波段谱间关系法进行改进,提出了 NDWIM,其公式如下:

$$\mathrm{NDWIM}=\frac{\mathrm{TM2}+\mathrm{TM3}-\mathrm{TM4}-\mathrm{TM5}}{\mathrm{TM2}+\mathrm{TM3}+\mathrm{TM4}+\mathrm{TM5}} \tag{3.8}$$

式中,TM2、TM3、TM4 和 TM5 分别为 TM 影像的第 2 波段、第 3 波段、第 4 波段和第 5 波段。由式(3.8)可以看出,多波段谱间关系法是 NDWIM>0 的一个特例。从理论上来看,式(3.8)不仅体现了多波段谱间关系法充分利用多波段信息的优点,也体现了比值计算消除噪声的优点。

4) DRLN 提取

首先,将遥感方法提取的栅格格式遥感影像水体图转换成矢量格式的面状水体图。由水体识别方法提取得到的水体中不仅包含面积较大的主干河流、水库、湖泊,而且还包含零散的水田、水塘等大量小水体信息,而本书只需提取对水系精度影响较大的平坦区,如主干河流、大型水库和湖泊等,因此需要对上面提取得到的水体信息进行分类筛选。

仅利用光谱信息无法对提取的水体进行分类,但是不同类型的水体其面积、周长、形状等几何特征各有特点。一般来说,河流的几何形状为长条带状,周长较长;湖泊、大型水库的几何形状为不规则的面状,周长较长;水田、水塘的几何形状为长方形的面状,而且面积相对较小,分布较集中,排列较规则。

以上水体的几何特征可以通过形状指数来表达,定义 K 为

$$K=\frac{\sqrt{A}}{P} \tag{3.9}$$

式中,K 为形状指数;A 为面积;P 为周长。则圆的形状指数最大(>0.25),正方形次之(=0.25)。一般情形,形状越不规则,其形状指数越小。因此,河流的形状指数较湖泊、水库、池塘要小。

根据以上水体的形状指数对水体进行二次分类筛选:首先利用形状指数阈值大致区分河流和其他水体;然后利用面积阈值,分别提取主干河流及其他水体类型中面积较大的湖泊、大型水库。

3. 将 DRLN 转化为栅格形式

DRLN 资料是以矢量形式保存的流域内河道及湖泊所在位置信息。在 DRLN 中,河道及湖泊水库的信息以线和区域两种形式存储:宽度小于 DRLN 精

度的河道以线的形式存储，宽度大于 DRLN 精度的河道及湖泊、水库等连续水体以区域的形式存储。

在 D8 法中，假设每个单元的流向用已知的 8 个斜坡中最陡的下游坡来计算，每个单元的流向是单一的。由于该方法以 D8 法的标准算法为基础，所以需将矢量化的 DRLN 资料转化为栅格数据。在进行矢量形式向栅格形式转化的过程中主要完成的工作包括：①栅格化以线的形式存储的河道，并记录各栅格流向；②栅格化以区域形式存储的河道或湖泊，将区域边界转为相应的多边形，并填充区域边界内部的河道或水体。

1）栅格化以线的形式存储的河道，并判断各栅格流向

在栅格化过程中，应确保将每个以线的形式存储的河道通过的栅格单元都标识出来。建立一个方向矩阵，存储各栅格的流向数据。确定数据的存储顺序为每个河道流经栅格赋方向。其他没有河道经过的栅格方向赋为零值。具体步骤如下：

(1) 按数据存储顺序依次读入河道起始两个点数据 A(xx1，yy1)，B(xx2，yy2)。

(2) 连接 A、B 两点做一直线，求出其确定的直线方程 $y=kx+b$。

(3) 计算该直线经过的所有栅格点，并按 x 方向以从小到大的顺序将各栅格点排序。

(4) 如果 $k=0$ 或 $k=1$，表示河道与坐标轴方向平行，可以直接为各栅格赋流向，并转入步骤(7)。

(5) 如果 $k<0$，且 xx1＞xx2，则以最小的 x 值向 x 值逐渐增大的方向为栅格赋流向；当 xx1＜xx2，以反方向为栅格赋流向。

(6) 如果 $k>0$，且 xx1＜xx2，则以最小的 x 值向 x 值逐渐增大的方向为栅格赋流向；当 xx1＞xx2，以反方向为栅格赋流向。

(7) 将 B 点值赋于 A 点，如果还有下一点，则读入下一点返回步骤(2)，否则结束该线的读入过程。

(8) 将最后一点的方向赋为一个极小值，如－9999，表示此点有河道经过。

(9) 开始读下一条线。

在所有的线都读入后，将无流向值的栅格点赋零值。图 3.7 所示为将以线的形式存储的河道栅格化并判断流向的例子。图 3.7(a)为原始的矢量数据；图 3.7(b)为进行了预处理后栅格化的示意图；图 3.7(c)为判断了流向后的流向矩阵示意图。

在将矢量数据转化为栅格数据时经常会遇到一些问题，如图 3.7(b)所示。

(1) 栅格Ⅰ违背了一个单元仅有一个流向的假定。

(2) 栅格Ⅱ处为连续的汇流点。

(3) 栅格Ⅲ处是由两个不同的矢量交叉经过一个给定的单元而造成的双汇流点。

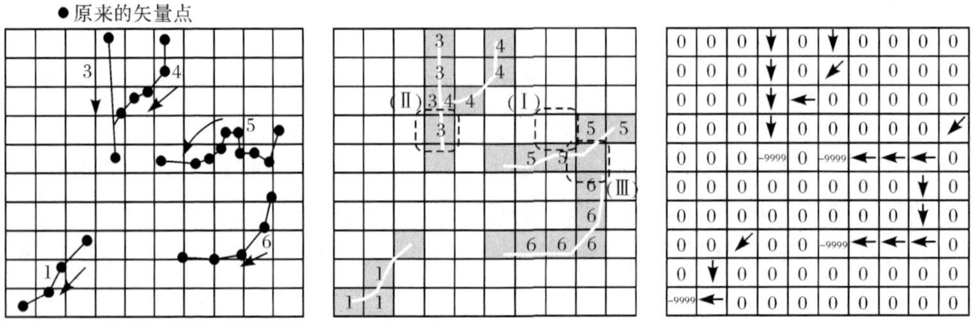

(a)　　(b)　　(c)

图 3.7　以线的形式存储的河道栅格化示例

对于情况Ⅰ,采用的方法是在栅格化过程中,当某一栅格的上游栅格和下游栅格相同时,在河道区中删除此栅格点;对于情况Ⅱ,采用的方法是在河道区保留上游汇流点,同时去除下游的汇流点;对于情况Ⅲ,采用的方法是当某一栅格已经有河道经过且此河道与现处理的河道没有汇流关系时,在现处理的河道中去除该点。

2) 栅格化以区域形式存储的河道或湖泊,并填充由区域边界转化的多边形

图 3.8 所示为栅格化以区域形式存储的河道(湖泊、水库)的例子。图 3.8(a)是原始的矢量数据;图 3.8(b)显示的是将每个区域的边界存储于不同的单链表中,并将边界所处的栅格流向值赋负的单链表序号值;图 3.8(c)显示的是当所有区域的边界值都读入后,按链表序号将不同链表所围区域内部的栅格的流向值都赋为相应的负链序号。由于一个完整的区域边界的存储可能是由多组点列组成,在读入区域数据时,同一个区域的边界点应存储于同一个单链表中。具体的步骤如下:

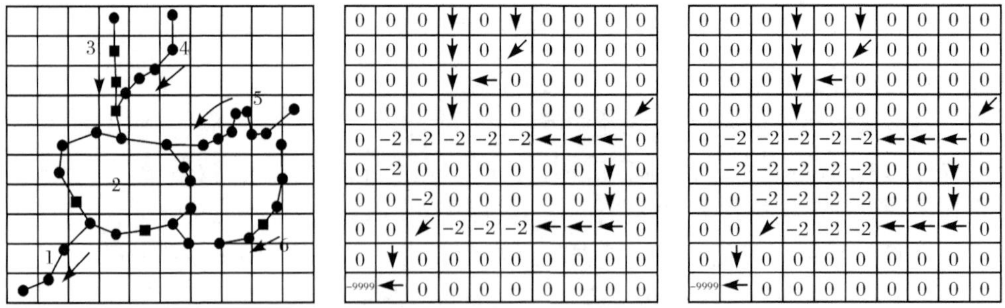

(a)　　(b)　　(c)

图 3.8　以区域形式存储的河道栅格化示例

(1) 令 num=1。

(2) 按数据存储顺序依次读入区域起始两个点数据 A:(xx1,yy1),B:(xx2,yy2)。

(3) 连接 A、B 两点做一直线,求出其确定的直线方程。

(4) 计算该直线经过的所有栅格点,将各点存入单链表,并将对应的栅格值赋为 $-1*\mathrm{num}$。

(5) 将 B 点值赋于 A 点,如果还有下一点,则读入下一点返回步骤(4)。

(6) 将最后一点栅格值赋为 $-1*\mathrm{num}$。

(7) 开始读入下一条线,判断下一条线与前一条线的关系,如果为同一区域的边界,则返回步骤(2),否则 num=num+1,返回步骤(2),当数据全部读完后进行下一步。

(8) 按照链的序号将不同的链围成的区域内部栅格赋相应的负链序号。

4. 被 DRLN 覆盖的单元流向的确定

如果直接用格网 DRLN 代替模拟河网,无河网的栅格直接由 D8 法确定排水结构数据,则会在这个河网和流向之间产生很多矛盾。因此需要使用改进的方法分别判别被 DRLN 覆盖和未被 DRLN 覆盖单元的流向。

在 DRLN 矢量数据栅格化完成后,得到的结果是:以线的形式存储的河道流向已经确定出来,以区域的形式存储的河道(湖泊,水库)位置已经标出。因此只需要确定以区域形式存储的河道(湖泊,水库)的流向,就完成了被 DRLN 覆盖的单元的流向确定。

本书介绍的方法是从流域出口栅格单元开始,沿着 DRLN 的边界向上游遍历,使用图论中的最短路径法为没有指定流向的河道(湖泊、水库)单元指定流向。也就是说将未指定流向的河道(湖泊、水库)单元和流域出口之间的距离减至最小。这里需要指出的是,湖泊单元的流向仅考虑最短路径,它存在着一定的任意性。仅为了建立一个不包含任何不确定单元的流向矩阵,使流域形成一个有向无环图。该方法需要建立一个链表,用以存放河道(湖泊、水库)栅格点至出口栅格或有流向栅格的距离。具体步骤如下:

(1) 确定流域出口栅格单元的位置,并将其距离赋值为 0,如有多个出口单元,则将多个单元存于距离为 0 的链中,取出 0 链中的第一个单元。

(2) 判断此单元周围 8 个单元,如果存在已经赋了流向值的栅格,则将此单元链于 0 链的结尾,如在周围栅格中存在小于 0 的值,则将此单元链于相应链中:令 l 为栅格的长度,如现为 i 链直线距离上的栅格单元,则其距离值赋为 $i+l$,将此单元存于 $i+l$ 链中,并将此单元的流向赋予相应的值;位于斜线距离上的栅格单元的距离赋为 $i+\sqrt{2}l$,此单元存于 $i+\sqrt{2}l$ 链中,并将此单元的流向赋予相应的值。

依此类推，遍历链中所有的单元，即可求得各河道(湖泊、水库)单元到出口栅格单元的最短距离。

(3) 将刚生成的多个链表按照距离大小重新排序，确保每次搜索的链都是距离最短的链，如果没有新生成的链表，则结束程序。

(4) 取出新链的第一个单元，返回步骤(2)。如无新链，则根据最短路径判断各河道栅格流向。

图 3.9 所示为被 DRLN 覆盖的单元流向确定的例子。图 3.9(a)是以区域形式存储的河道(湖泊，水库)栅格化后的状态；图 3.9(b)是使用上述方法确定的湖泊(水库)内部栅格至湖泊出口的最小路径；图 3.9(c)是根据计算出来的最小路径求出的区域内部各栅格水流方向。

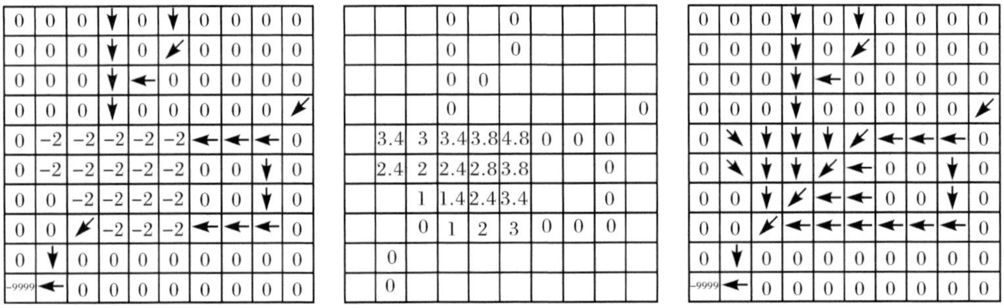

(a)　　(b)　　(c)

图 3.9　被 DRLN 覆盖的单元流向的确定

5. 未被 DRLN 覆盖的单元流向的确定

被 DRLN 覆盖的单元流向的确定保证了模拟河网和 DRLN 之间局部范围内的一致性。然而，它在确定流域排水结构上并没有全局范围内的适用性。属于 DRLN 的单元流向的局部地域性矫正会在流向场中产生矛盾。

一般来说，流向是由地形产生的，流向与地形有很好的一致性。因此为了使流向场连续，根据网格单元与 DRLN 之间的距离，修正 DEM 之后，再通过 D8 法对未被 DRLN 覆盖的单元进行流向的判断，DEM 的修正是通过在 DRLN 附近对地形表面重新建模，即通过原始的 DEM 高程减去一个微小的振荡因子完成的。其计算公式如下：

$$E'(i,j)=E(i,j)-P(i,j) \tag{3.10}$$

式中，i，j 为给定网格单元的行和列的坐标；$E(i,j)$为原始的高程；$E'(i,j)$为修正后的高程；$P(i,j)$为振荡因子。

所选振荡因子应具有如下性质：①对接近 DRLN 的单元，它取最大值；对远离

DRLN 的单元，它的值趋近于 0；②它是渐进增加和减少的；③它能完全用最大影响半径来表达。有的研究人员建议使用反幂律函数[119,120]，但在使用中发现反幂律函数的增加速度太大，当 R_m 为 5 时，处理后的 DEM 已经出现负值，不适合应用于 DEM 资料精度较差的案例，因此构建下述方法来计算振荡因子。

$$P(i,j)=[R_m-R(i,j)+1]\times\alpha \tag{3.11}$$

式中，R_m 为最大影响半径；$R(i,j)$ 为 (i,j) 单元的单元距离最近的 DRLN 的距离；α 为参数。最大影响半径 R_m 的选择必须使修正后的 DEM 能产生连续的流向场。但是如果影响半径的取值过大，通过振荡因子修正后的 DEM 忽略了原始 DEM 提供的信息，也就是说，原始的 DEM 不再影响流向的确定，使得提取的河网结构完全是由人为因素控制的，影响半径的最大距离等于 DRLN 与 D8 法模拟的河道之间的距离。

考虑到相邻单元互相扰动的差别，必须对参数 α 进行相应的调整。当 $R=R_m-1$ 时，令 $P(i,j)$ 等于 2，通过这样来调整参数 α。

未被 DRLN 覆盖的单元 DEM 值经上述步骤矫正后，再使用 D8 法对其进行流向的判定，再将其与被 DRLN 覆盖单元的流向叠加后，得到全部栅格的流向值。

图 3.10 所示为未被 DRLN 覆盖的单元流向确定的例子。图 3.10(a)为原始的 DEM 数据资料；图 3.10(b)是给定单元和 DRLN 之间的距离；图 3.10(c)是当 $R_m=2$ 时计算得到的取整后的扰动系数；图 3.10(d)是矫正后的 DEM；图 3.10(e)是未被 DRLN 覆盖的单元的流向；图 3.10(f)是所有单元的流向。

6. 模拟河网的确定

当每个栅格单元流向确定后，计算每一栅格单元的上游集水面积，然后生成一个由上游集水面积大于给定的最小河道给养面积阈值的栅格单元所组成的河网。但如果流域内有较大的湖泊或水库存在，所生成的河网就会不连续。这是因为湖泊水库一般比一个栅格单元要大，其上游集水面积由其所在的栅格单元平摊。因此，需要采用一种特殊的方法生成河网。

31	30	29	27	29	27	29	30	31	32
30	30	28	26	28	26	28	29	30	31
29	29	28	24	25	27	28	28	29	30
28	27	26	24	25	26	27	28	27	26
27	26	25	24	24	24	24	24	25	25
26	25	24	24	24	24	26	27	24	26
25	25	23	23	23	23	24	25	23	25
25	24	24	24	24	24	24	24	24	26
22	21	26	26	26	26	26	26	26	29
19	23	27	27	27	27	27	27	27	30

(a)

3	2	1	0	1	0	1	2	3	0
3	2	1	0	1	0	1	2	2.4	0
3	2	1	0	0	1	1.4	2	1.4	1
1.4	1	1	0	1	1	1	1	1	0
1	0	0	0	0	0	0	0	0	1
1	0	0	0	0	0	1	1	0	1
1.4	1	0	0	0	0	1	1	0	1
1.4	1	0	0	0	0	0	0	0	1
1	0	1	1	1	1	1	1	1	1.4
0	0	1	2	2	2	2	2	2	2.4

(b)

0	2	4	0	4	0	4	2	0	0
0	2	4	0	4	0	4	2	4	0
0	2	4	0	0	4	3	2	3	4
3	4	4	0	4	4	4	4	4	0
4	0	0	0	0	0	0	0	0	4
4	0	0	0	0	0	4	4	0	4
3	1	0	0	0	0	4	4	0	4
3	1	0	0	0	0	0	0	0	4
4	0	4	4	4	4	4	4	4	3
0	0	4	2	2	2	2	2	2	1

(c)

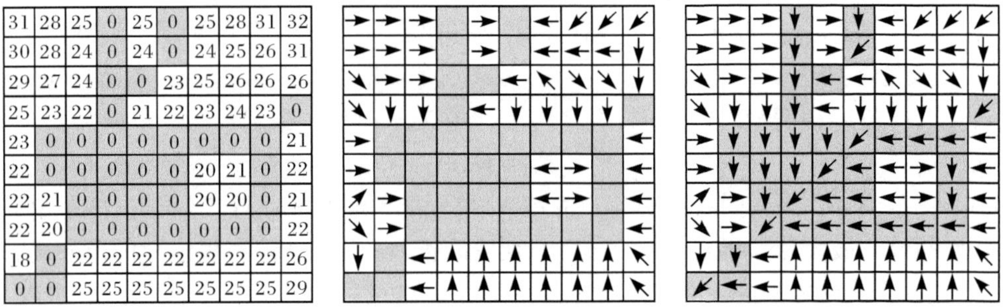

(d)　(e)　(f)

图 3.10　未被 DRLN 覆盖的单元流向的确定

具体的方法是结合 DRLN，将整个湖泊或水库上游区域的集水面积加在一起。如果该值大于最小河道给养面积阈值，则湖泊或水库被认为是模拟河网的一部分。

选取不同的阈值将会生成不同密度的排水河网，因此模拟河网的排水密度并不取决于 DRLN 的河网密度。

3.3.3　基于等流时带的子流域划分方法

在流域各处同一时刻形成的净雨距流域出口断面有远有近，流速也不一定相同，所以不可能在同一时刻到达流域出口断面，因而某些地点产生的净雨到达流域出口断面的汇流时间长，而另外一些地点产生的净雨汇流时间短。由净雨汇流时间相同的各点所连成的线称为等流时线[121]。假定每两条等流时线之间的各栅格点产生的净雨会在同一个时段汇到子流域出口断面，则两条等流时线之间的部分称为等流时带。

对于调蓄工程放水在时间上的滞后性影响长于一个优化时段的大流域，时间滞后在优化配置过程中会产生一定的影响。等流时带可以形成流域内天然的时延系统，将供水的时滞性使用空间的转换显示表述出来。在水资源优化配置过程中，对于人工控制点的供水及子流域的需水量都可以按照等流时带进行约束。因此为了能实现水资源模拟模型与调控模型耦合，在本模型中划分子流域时使用了等流时带的概念。

很多水文学家都认为等流时带是一个集总式的水资源模拟模型[122]，但也有一些分布式的使用等流时带建立的降水径流模型。Maidment[123]提出了一种此类的改进模型。他使用原始的等流时带方法和一个 GIS 工具箱建立了一个分布式的 DEM 单位线。虽然 Maidment 的工作对水资源模拟模型的发展有着巨大的贡献，但是也存在着不足，如坡面流的计算是基于一个常数、人为确定速度图等。

Muzik[124]提出了一个相近的方法。Maidment、Fairfield 和 Leymarie[125]假设每个单元的汇流时间被简单地按照此单元至流域出口的距离与最长汇流距离之间的比例来确定。也就是假设由一点至出口断面的速度是一个不变的常数,则每个单元的降水至出口断面的时间由此单元至出口断面的距离来确定。此外这种方法还应用于 HEC-HMS 模型中[126],这是一种新的 HEC-1 模型。Olivera 和 Maidment[127]还提出了一种基于栅格的分布式水资源模拟模型,且此模型可以更好地与空间分布数据库和地理信息系统提供的分析功能联系。

为了实现水资源模拟模型与水资源配置模型的耦合,并简化水资源模拟模型中的汇流模拟,本书提出了一种基于 DEM 划分等流时带,在等流时带内部再划分子流域并结合各人工控制点作为相应子流域的出口控制点,将人工控制点引入数字水系的方法。

1. 基于 DEM 的等流时带确定

传统的确定流域等流时线的方法一般是在地图上进行人工经验勾绘。但这种方法的经验性较强,净雨到达流域出口断面的距离并不是净雨到达流域出口断面的真实路径,并且需在地图上进行人工经验勾绘,费时费力。随着地理信息系统的发展,通过数字地形分析技术提取流域数字河网和地形地貌等空间特征,可以通过流域的 DEM 而不是地图来自动生成等流时线分布图。熊立华和彭定志[120]做了基于数字高程模型的等流时线推求的研究,康玲等[121]还综合考虑了地形和降水因素的影响,提出了变等流时线法。这些方法考虑了流域汇流速度随地形坡度的变化。

熊立华等提出的方法要求首先将流域表面上的每一个栅格按高程从低到高排序,但在整个流域表面有很多高程相同点,没有必要区分它们的高低顺序。因此本节提出了一种改进的方法,在推求等流时线时,不需对各栅格的高程进行排序。在推求前,首先应使用前述章节中介绍的方法确定各栅格的水流方向,再按下述方法进行推求。

(1) 计算各栅格的坡度。对于正方形格网单元,平面拟合采用最小二乘逼近法。在计算坡度时,在 3×3 个 DEM 栅格窗口进行,如图 3.11 所示。窗口在 DEM 数据矩阵中连续移动,然后完成整个流域的计算工作。

$$\tan\beta=\left[\left(\frac{\partial z}{\partial x}\right)^2+\left(\frac{\partial z}{\partial y}\right)^2\right]^{\frac{1}{2}} \tag{3.12}$$

式中,β 为坡度。

$$\frac{\partial z}{\partial x}=\frac{z_{i,j+1}-z_{i,j-1}}{2l_x},\quad \frac{\partial z}{\partial y}=\frac{z_{i+1,j}-z_{i-1,j}}{2l_y} \tag{3.13}$$

式中,l_x,l_y 为栅格节点 x,y 方向的间隔。

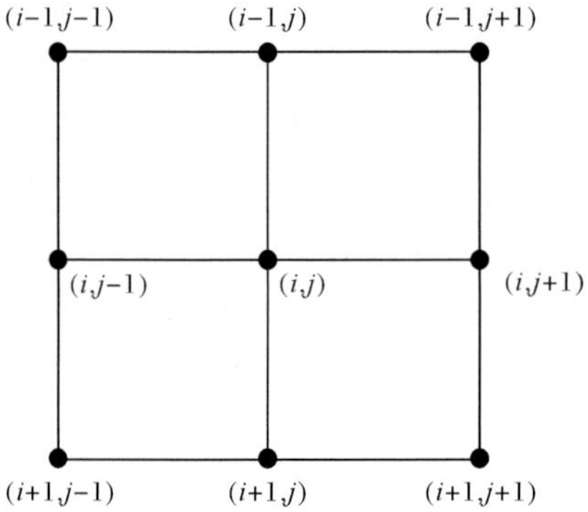

图 3.11 栅格节点示意图

(2) 计算净雨流经各个栅格所需要的时间 τ。因各个栅格的坡度不同,流速也不同,从而流经时间也不同。坡度大,流速大,流经时间短;坡度小,流速小,流经时间长。另外如果栅格内有河道,则此栅格的流经时间按河道处理。例如,对第 i 行第 j 列的栅格,计算流经时间 $\tau(i,j)$的公式为

$$\tau(i,j)=a\left(\frac{\Delta l}{\tan\beta^{b}}\right)^{n} \tag{3.14}$$

式中,i 为计算栅格所在的行;j 为计算栅格所在的列;a 为一个参数,具有速度的量纲;Δl 为两栅格间的距离;b 为幂指数,反映坡度大小对流速的影响。当 b 值为 0,就相当于假设流速在整个流域内均匀分布,与坡度无关。如果流域各点糙率系数的变幅很大,式(3.14)右边则还应该包括一个糙率系数参数。

(3) 设置流域出口断面处栅格汇流时间为出口断面处栅格的流经时间。

(4) 由流域出口断面处栅格向上游遍历,对于汇入出口断面的栅格其汇流时间为

$$t(i,j)=t+\tau(i,j) \tag{3.15}$$

式中,i 为计算栅格所在的行;j 为计算栅格所在的列;$t(i,j)$为计算栅格的汇流时间;t 为汇入栅格的汇流时间;$\tau(i,j)$为计算栅格的流经时间。

(5) 对步骤(4)中处理的各栅格点再次调用步骤(4),直至将流域内所有栅格的汇流时间全部确定。

(6) 将具有相同汇流时间的栅格面积加在一起,做等流时面积分布图 $\Delta A(\tau)\sim\tau$。

2. 在等流时带内部划分子流域

等流时带内部存在局部分水岭,将等流时带内部分割成相互间没有水量交换的独立区域。这些独立区域产生的水量会在下一个时段通过子流域出口汇入下

游子流域。因此本书就将这些等流时带内的独立区域划分为不同的子流域。划分出的子流域数目是根据定义限制子流域最小给养面积的阈值来确定的。给出的阈值越大，划分的子流域数目也越少。

在划分子流域之前首先要做的是判断子流域的出口点。将等流时线上的所有河道栅格都标注为子流域的出口控制点，然后由这些控制点向上游遍历同一等流时带内的所有集水栅格，将这些栅格点作为同一个子流域。具体做法介绍如下：

(1) 分析各栅格的水流方向，推算各栅格的集水面积，并根据生成河道阈值确定河道位置，如图 3.12(a)、图 3.12(b)所示。

(2) 根据前述方法计算各栅格的汇流时间，并做等流时线面积分布图，如图 3.12(c)所示。

(3) 标注各等流时线上的河道栅格点。以第三条等流时线为例：如需要标注第三条等流时线上的河道点，则需要查找在第三条等流时线上集水面积大于河道阈值的栅格点，暂时记录为子流域出口控制点，如图 3.12(d)所示。

这里需要注意两个问题：

① 如图 3.12(d)I 处，两个栅格单元都为等流时线上的河道点，按前述关系应该都判为子流域出流控制点，但由于这两点间的汇流面积小于阈值，所以将下游点定为出流控制点。

② 如果 I 处的两点或多点为同一水体(如水库、湖泊)，且没有上下游的汇流关系，则两点或多点概化为一点，作为子流域的出流控制点。

如上所述，判断各等流时线上的所有出流控制点。

(4) 由步骤(3)判断出的所有出流控制点分别向上游遍历，将所有控制点在同一等流时带内的集水区标注为独立的子流域。对于步骤(3)内的问题②，则将标注出的两个或多个栅格在此等流时带内的集水区域标记为同一子流域。

(5) 判断步骤(4)确定的各子流域面积是否小于子流域阈值，如果是，则将其并入其汇入的下游子流域。

(6) 将流域内部没有分配子流域的栅格标记为这些栅格汇入的子流域内，并记录各子流域的面积，这样就完成了流域内部的子流域划分。

3. 子流域编码

为子流域编码的方法有很多，本书提出一种比较简单而实用的方法。

(1) 对同一等流时带内的子流域顺序编号。

(2) 令 max 为各等流时带内最大的子流域编号。

(3) 如果 $10^{n-1} < \max < 10^{n}$，则将 n 带入步骤(4)。

(4) 各子流域编号的计算方法为

$$\text{code} = k \cdot 10^n + i \tag{3.16}$$

式中，code 为子流域的编号；k 为子流域所处的流带；i 为子流域在同一等流时带内的编号。

(5) 从流域出口节点处，向上游遍历，确定各子流域的拓扑关系。各子流域拓扑关系如图 3.13 所示。

细分后的子流域是水资源模拟和水资源管理的最小单元。

3.3.4 引入人工影响因素的数字河网的构建

为了满足人类从生存到经济发展所需要的水资源，人类修建了大量的水利工程，如人工引水渠道、水库、泵站等。本书以强烈人类活动对流域水资源演变的影响为切入点，建立了相对独立的人工侧支用水过程子流域拓扑关系。

人类的取水过程很复杂，可以取用自然水体中任何水源的水。现在不仅实现了流域内的引水，而且很多地区还实现跨流域引水。我国正在实施的南水北调工程就是跨流域引水的实例。而取水口的设置也很复杂，可以由水库引水，也可以由河道取水。因此本书在建立人工侧支用水过程的子流域拓扑关系时尽量考虑多种情况，尽可能真实地反映人类取水情况，以此研究人类活动对天然水资源演变的影响。本书主要研究如何将人工影响控制点与天然河网耦合，以建立基于“天然-人工”双拓扑结构的数字水系。

1. 引入人工影响控制点

水利工程主要包括蓄水工程、取水工程和输水工程等。在本书中将蓄水工程的出流断面和取水工程的取水点概化为节点，耦合于天然河网。

1) 蓄水工程

蓄水工程主要包括水库、池塘等。池塘的处理方法与水库的相近，因此本节主要介绍将水库资料引入天然河网的方法。

水库是为满足人类生活、经济取用水而修建的大型水利建筑物，具有一定调节河川径流的能力，并具有防洪、供水、灌溉、发电、渔业、航运、旅游、改善环境等功能和用途的水量交换缓慢的水体，具有重要的社会、经济和生态意义。由于水库有调节河川径流的能力，所以对天然的水循环过程有较大影响。而在大型水库或中小型水库较为密集的地区，水库的不同调度方式对河道的水文情势甚至起到了决定性的作用。因此，要研究人类活动对流域水资源的影响，就必须把水库作为一个主要的人工影响因素考虑进模型。

数字化水库要比数字化人工渠道复杂得多。为使水库发挥最大的经济效益和社会效益，建模前需要将水库的所有特征值资料建立数据库以便于日后调用。在对水库进行水量调配时，需要计算水库的入库水量和出库水量，其中水库的水面蒸发计算需要水库的水面面积，而这个面积值是随着水库的水位不断变化的，因此需要建立水库水位-库容-面积关系。

2) 取水工程

人类由天然水体取水的水利工程，在人工侧支用水过程中起到了重要的作用。取水包括引水和提水。引水是从水库和河道等的自流取水。提水包括泵站扬水和抽取地下水。

在水资源配置过程中，需要引水工程的最大取水能力、提水工程的泵站扬水能力及抽取地下水的抽水能力等资料。因此需将上述资料存入相应的数据库中。

3) 输水工程

人工输水建筑物分为无压建筑物和有压建筑物。无压建筑物又分明渠、隧洞、渡槽等；有压建筑物主要包括有压隧洞等。一般输水渠道中的水都有固定的流向，有压渠道中的水流方向不是由高程资料决定的，这就使得在数字化渠道时必须将渠道中的水流方向作为一个已知量输入。

在人工渠道数字化之前，首先建立数据库，为每条渠道建立 ID，并将每条渠道的参数保存在数据库中，应保存内容如下：①首节点和尾节点的栅格位置，其中将渠道水流的初始点定为首节点，以渠道水流的结束点定为尾节点；②渠系水利用系数；③最大过水流量等，并在数据库中记录各人工引水渠道供水类型。其次，计算供水由渠道起始点到终结点所需要的时间。最后，使用 3.3.2 节中介绍的动态链表的方法，根据数据库中首尾节点的位置确定每条渠道的水流方向。

对于有泵站控制的渠道，则渠道的最大过水流量记为泵站的最大抽水流量。

2. 将人工影响控制点加入天然河网并建立拓扑关系

1) 在天然河网中加入人工影响控制点

如果栅格内存在人工控制的断面，如水库控制断面、河道取水断面等，则该栅格处设置人工控制点。此类控制点作为子流域出口，以水库的出库流量作为子流域出口断面的流量，河道取水口的流量作为出口断面流量的一部分。

具体做法如下：

(1) 读入人工影响控制点地理位置信息，判断其所在栅格点位置。

(2) 判断此人工影响控制点所处的子流域编号，读入子流域面积 A。

(3) 确定由人工影响控制点到所处子流域边界的集水区面积 B。

(4) 如果 $(A-B)<$ 子流域阈值，则所在子流域的出口控制点以此人工影响控制点代替，如图 3.12(g)所示。

否则再判断，如果 $B<$ 子流域阈值，则将此人工控制点作为当前所在子流域的上流汇入子流域控制点，人工影响控制点到所处子流域边界的集水区内的栅格计入上游子流域，同时由当前子流域内去除，如图 3.12(h)所示。

如果上述两种情况都不满足，则将人工控制点到所处子流域边界的集水区由当前子流域内去除，同时建立一个新的子流域，子流域的集水面积为 B，如图 3.12(i)所示，并为新建子流域编制子流域编号。

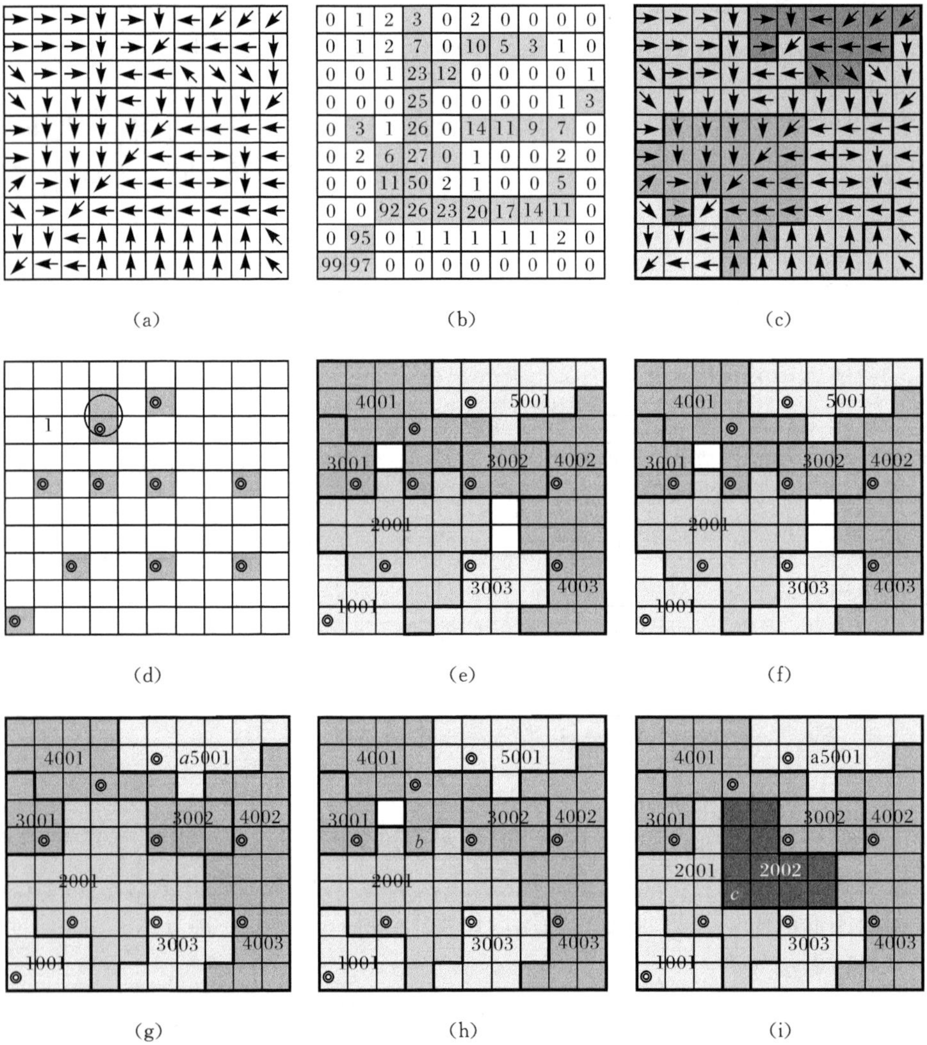

图 3.12　在等流时带内部划分子流域示例

(5) 叠加人工控制点后的子流域拓扑关系如图 3.14 所示。

图 3.12 所示为一个河道阈值为 3、子流域阈值为 5 的在等流时带内部划分子流域的例子。图 3.12(a)为根据 DEM 资料填洼后判断出来的各栅格的水流方向；图 3.12(b)为各栅格的累积汇流值；图 3.12(c)为根据 DEM 值推算出来

的等流时带；图3.12(d)中的圆圈为判断出来的等流时线上出口控制点位置；图3.12(e)为根据图3.12(d)的各控制点向上游遍历的子流域；图3.12(f)为最终的子流域划分及编码。图3.12(g)～(i)为在子流域内叠加人工控制点的示例。当人工控制点在图3.12(g)中的a点时，由于子流域5001的面积与以a点为子流域出流点的同等流时带内的面积差小于子流域阈值，所以不单独划分子流域，而将人工控制点a的出流作为子流域5001的出流量；当人工控制点在图3.12(h)中的b点时，b点在第二条等流时带内的控制面积小于子流域阈值，则b点在第二条等流时带内的控制面积划入子流域4001，而将人工控制点b的出流作为子流域4001的出流量，子流域4001的面积相应扩大，而子流域2001的面积相应减小；当人工控制点在图3.12(i)中的c点时，重新以c点为子流域出流控制点在第二条等流时带内划分子流域，并对子流域编码进行相应修改。

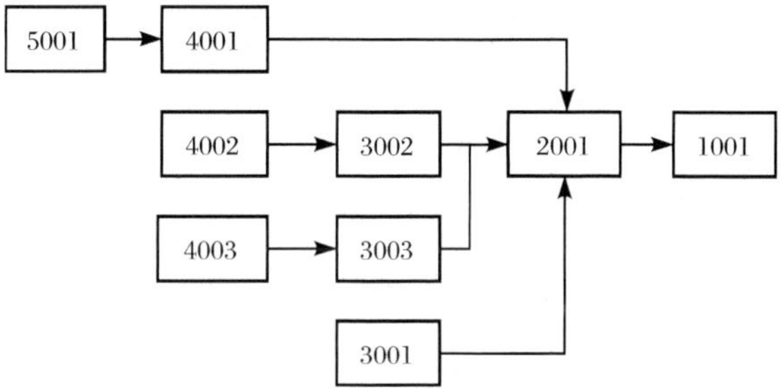

图3.13 以图3.12为例建立的天然状态下各子流域拓扑关系

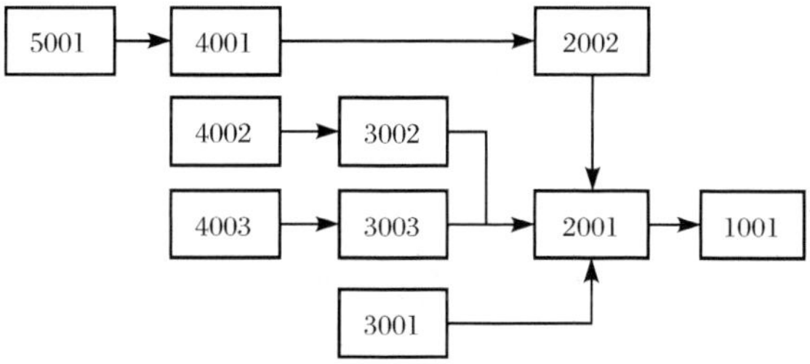

图3.14 以图3.12(i)为例，叠加人工控制点后的各子流域拓扑关系

2) 建立子流域拓扑关系

建立人工各子流域拓扑关系的方法与建立天然拓扑关系的方法相近。首先计算人工引水渠道传输水量所需的时间，时段与天然河道等流时线的时段相同，并记录此时间，以方便水量配置过程的使用。再建立各子流域之间的人工拓扑关系。至此在河网上建立了天然和人工双拓扑关系。

3.4 土壤类型和土地利用分布概化

3.4.1 下垫面条件变化对水循环的影响

不同的土壤类型对流域的产流机制有较大的影响。例如，砂土具有较高的下渗率，而黏土的下渗率较低。典型试验研究表明，土地利用/土地覆被变化对水循环水平衡及洪水的影响非常明显，称为土地利用/土地覆被变化的水文效应。

虽然流域植被覆盖变化对水文的影响因流域面积、气候和植被类型等因素的不同而有差异，但就流域内（由不合理的土地利用引起的）植被减少而造成的河流沉积增加、流域蓄水能力损失、洪水风险、水质下降、水处理成本增加，以及对水生生物危害等具有相似性。由表 3.1 可见，森林面积的减少及城市化的发展使得地表径流增加、发生洪涝灾害的可能增加、水质下降；而围垦水域、旱地改水田等人类活动也改变了流域的水文响应。

因此在水资源模拟模型中有必要将子流域中不同的土壤类型、土地利用状态概化后引入模型，用以模拟由人类活动造成的下垫面变化及相应的水文响应。

表 3.1 土地利用/土地覆被变化的水文效应

土地利用变化	地表径流	河川径流	径流系数	蒸发	洪涝	水土流失	水质
连片大面积森林遭受破坏	增加	减小	增加	减小	增加	增加	下降
城市不透水面积增加	增加	减小	增加	减小	增加	减小	下降
围垦水域	减小	减小	增加	减小	增加	增加	下降
旱地改水田	减小	增加	减小	增加	增加	减小	下降

3.4.2 遥感信息反演

遥感技术是 20 世纪 60 年代迅速发展起来的一门综合性探测技术。它利用物体对电磁波谱具有不同反射率和不同发射率的特性，在不接触物体的情况下，通过仪器接收记录和分析处理这些反射和发射信息来识别和探测物体。

任何物体都具有反射和辐射电磁波的特性，其大小主要取决于物体本身的物理与化学性质，以及来自外界的电磁波辐射强度。在不同波长处，物体反射和辐射的强度有所不同，这种随波长的不同而强度各异的特性，称为地物的波谱特性或光谱特性。

地物的波谱特性是遥感技术的重要理论依据，因为它既为传感器工作波段的选择提供依据，又是遥感数据正确分析和判读的理论基础。同时，也可作为利用计算机进行数字图像处理和分类时的参考标准。时间特性主要是反映在不同时期被测地物波谱特性的变化。而地物间空间特性的明显差异，主要是被测各地物的波谱特性不同所造成的。

1. 地物的反射波谱特性

地物对外来电磁波都具有反射、透射和吸收作用。在太阳辐射下，根据能量守恒原理，入射到物体上的电磁波能量 E 等于物体的反射能量 E_γ、吸收能量 E_a 和透射能量 E_τ 之和，即

$$E=E_\gamma+E_a+E_r \tag{3.17}$$

式(3.17)两边都除以 E，则

$$\frac{E_\gamma}{E}+\frac{E_a}{E}+\frac{E_\tau}{E}=1 \tag{3.18}$$

令

$$\frac{E_\gamma}{E}=\gamma,\quad \frac{E_a}{E}=a,\quad \frac{E_\tau}{E}=\tau$$

定义 γ 为反射率，a 为吸收率，τ 为透射率，于是有

$$\gamma+a+\tau=1 \tag{3.19}$$

对于地物来说，绝大部分是非透明的，即 $\tau=0$，因此有

$$\gamma=1-a \tag{3.20}$$

由式(3.20)可知，吸收率小的地物，其反射率大；反之，其反射率小。

地物反射率的大小与入射光的波长、入射角的大小，以及地物表面颜色和粗糙程度有关。一般来讲，反射入射光能力强的地物，反射率大，传感器记录的亮度值就大，在遥感影像上呈现的色调就浅；反射入射光能力弱的地物，反射率小，传感器记录的亮度值就小，在遥感影像上呈现的色调就深。这些色调的差异是区分不同物体的重要标志。常见的地物反射率见表 3.2。

表 3.2 常用的地物反射率

地表覆盖分类	短波反射率	地表覆盖分类	短波反射率
水面	0.05～0.15	草地	0.20～0.26
森林	0.11～0.16	裸地	0.10(湿)～0.35(干)
高棵农作物	0.15～0.20	积雪	0.60(旧)～0.90(新)
低棵农作物	0.20～0.26	雪冰	0.30～0.55
水田	0.08～0.26	城市地面	0.25～0.35

不同地区在不同波段的反射率不同，也即在不同波段的遥感影像上呈现的色调不同，这是区分不同类型地物的基础。例如，利用 0.4～0.5μm 波段的遥感图像可以把沙漠与小麦、湿地区分开；利用 0.7～0.9μm 波段的遥感图像可以将小麦与

湿地区分开。因此,对不同的研究对象,可根据它们的光谱特征,选择最佳波段、最佳的摄影季节和摄影时间的遥感图像进行解译(判读)。

还应指出,物体反射率与地物所处的地理位置有关。这是因为地理位置不同,其太阳高度角也不同。太阳高度角有周日变化,使物体的反射率也存在周日变化。由此可见,在空间对地物进行遥感时,同时配合进行实地测定该地面的地物反射光谱是必不可少的。

2. 地物的发射波谱特性

任何物体当它的温度高于热力学零度(−273℃)时,就存在分子热运动,都有向周围空间辐射一定能量的能力。在红外波段,这种辐射称为热辐射。在微波波段,则称为微波辐射。通常地物发射电磁波的能力是以发射率作为测量标准的,而地物的发射率又是以黑体辐射作为基准的。

地物的发射率随波长变化而改变的规律,称为地物发射波谱或发射光谱。每一种地物在一定温度时,都有一定的发射率,各种地物的发射率不同。这种地物发射率的差异是红外遥感技术的重要依据。表 3.3 表示常温下一些地物在 8~14μm 的发射率。

表 3.3 几种主要地物在常温下热红外波段的发射率

地物	发射率	地物	发射率	地物	发射率	地物	发射率
人皮肤	0.98~0.99	石英	0.627	灌木	0.98	−10℃水	0.98
木板	0.98	砂岩	0.830	麦地	0.93	霜	0.98
柏油路	0.93	花岗岩	0.780	稻田	0.89	水(蒸馏)	0.96
土路	0.83	玄武岩	0.906	黑土	0.87	冰	0.96
粗钢板	0.82	长石	0.819	黄黏土	0.85	雪	0.85
炭	0.81	石墨	0.980	草地	0.84		
铝(光面)	0.04	安山岩	0.770				

由于遥感技术具有观测范围大,观测目标直观、全面的优点,所以很快被测绘、地矿、农业、林业、气象、水利、海洋和环境等部门广泛应用并取得许多成果。在本节中通过遥感资料的反演获取研究区域的土壤类型和土地利用资料,不仅更新速度快而且价格低廉。

3. 遥感信息的反演

1) NDVI

随着遥感技术的发展,植被指数已被广泛用来定性和定量评价植被覆盖及其生长活力。常用的植被指数有比值植被指数(ratio vegetation index,RVI)、差值植被指数(difference vegetation index，AVI)、多时相植被指数(multi-temporal vegetation index，MTVI)、归一化差异绿度指数(normalized difference green index，NDGI)等。尽管许多新的植被指数考虑了土壤、大气等多种因素并得到发展，但是应用最广泛的还是 NDVI，NDVI 在植被指数中仍占有重要地位。

NDVI 常被用来进行区域和全球的植被状态研究，是两个光谱带差与和的比值。一个光谱带是可见光光谱，另一个是近红外光谱。NDVI 提供了植物旺盛状态的估计和植物随时间的平均状态变化过程。NDVI 接近于 0，表示只有少量或几乎没有植物生存，NDVI 接近于 1(0.6～0.9)，表示绿叶植物密度较大。

$$\mathrm{NDVI}=\frac{\mathrm{NIR}-\mathrm{Visible}}{\mathrm{NIR}+\mathrm{Visible}} \tag{3.21}$$

式中，NIR 为近红外光谱；Visible 为可见光光谱。

NDVI 既可用来诊断植被参量——叶面积指数(leaf area index，LAI)、植被覆盖率、生物量、光合有效辐射吸收系数(absorbed photosynthetic active radiation，APAR)等，又可用来分析植被生长过程——净初级生产力(net primary productivity，NPP)和蒸散(蒸腾)等。

NDVI 资料有很多不同的空间和时间分辨率，具有不同的时段，大致可以分为如下几种。

(1) 长序列 NDVI 集，包括 NOAA-AVHRR 长时间序列(1981 年至今)粗分辨率(8～16km)集；TM 长序列(1984～2003 年)小尺度(几米)集。

(2)高质量、短序列集，包括 MODIS-TERRA 短序列(2000 年至今)中等分辨率(250～1000m)集；SPOT-VGT 短序列(1998 年至今)高分辨率(几米)集。

使用 NDVI 资料可以推求出 LAI 用于计算植物的截留和蒸腾损失。本书使用的是 SiB2 法[128]由 NDVI 推求 LAI：

$$\mathrm{SR}=\frac{1+\mathrm{NDVI}}{1-\mathrm{NDVI}} \tag{3.22}$$

$$\mathrm{FPAR}=\mathrm{FPAR}_{\min}+(\mathrm{FPAR}_{\max}-\mathrm{FPAR}_{\min})\frac{\mathrm{SR}-\mathrm{SR}_{\min}}{\mathrm{SR}_{\max}-\mathrm{SR}_{\min}} \tag{3.23}$$

$$\mathrm{LAI}=(1-F_{\mathrm{cl}})\mathrm{LAI}_{\max}\frac{\ln(1-\mathrm{FPAR})}{\ln(1-\mathrm{FPAR}_{\max})}+F_{\mathrm{cl}}\mathrm{LAI}_{\max}\frac{\mathrm{FPAR}}{\mathrm{FPAR}_{\max}} \tag{3.24}$$

式中，SR 为红外光与可见光的比值；FPAR 为植被冠层对接收的所有光合有效辐射的吸收比例；$\mathrm{SR}_{\min}$和 $\mathrm{SR}_{\max}$为 NDVI 总值的 5%和 98%；F_{cl}为植被比例。

2) 土壤水分

现代遥感技术可以被用来测定土壤水分。但目前用遥感技术测定的土壤水分数据还不能广泛地应用于水文学，主要是因为目前缺少数据系列和最佳的卫星系统。大多数情况下，科学家只是被限制在从短期航空摄影中获得数据，或者是对 SMMR 和 SSM/I 无源微波卫星进行分析。尽管现有的无源微波系统对土壤水分监测的最优波长还无法确定，但研究表明在植被稀少的地区可以用此方法得到很有价值的土壤水分值。由于 SSMR 无源微波卫星系统具有 C 波段辐射计(土壤水分监测的优良设备)，所以，在对土壤水分监测方面，用 SSMR 要比用 SSM/I 观测的数据好得多，不足的是，其记录仅限于 1982～1987 年。为了提高其观测精度，可以在无源微波卫星系统中使用电子操纵稀疏布阵辐射仪(electronically scanned thinned array radiometer，ESTAR)的光圈合成器。

利用遥感技术对土壤水分的监测从宏观上可分为两大类：①利用微波遥感手段对地表土壤湿度进行直接测量；②依据可见光红外波段遥感资料，利用热惯量、作物缺水指数、距平植被指数等方法，获得地表能量和作物生长状况等信息，然后建立与土壤水分的相关函数/经验公式，从而计算土壤水分。

最近几年，SAR 系统的开发极大促进了应用遥感技术测定土壤水分的技术和方法。例如，目前正在运行的欧洲遥感(ERS-1)C 波段、日本地球资源卫星(JERS. 1)L 波段 SARS 及加拿大的 RADASAT(C 波段)等。尽管人们都认为具有 L 波段的卫星系统对反映土壤水分而言是最好的，但是，ERS-1 的结果也表明该卫星在土壤水分监测方面也具有这种能力。

3) 地面温度

地面温度是一个重要的水文、气象参数，它影响大气、海、陆之间的显热和潜热交换。海(地)温资料，尤其是大空间尺度、长时间序列的温度资料，是诸多研究领域不可或缺的基础资料。20 世纪 60 年代末，科学家开始用卫星红外波段测量海面温度(sea surface temperature，SST)。随着遥感技术的迅猛发展，利用卫星资料获取海面温度的技术逐渐趋于成熟。而陆地表面的情况较海洋复杂得多，例如，作物覆盖地区与休耕地温度差别十分明显。但从实际应用角度来说，很多应用对陆地温度的精度要求不高，因此地面温度的反演成为当前的研究热点之一。目前，用于地面温度反演的比较成熟的算法有分裂窗算法、热惯量方法等。从辐射数据反演地面温度须解决以下三个问题：①大气扰动的去除；②地表比辐射率订正；③由卫星过境时刻的温度向全天平均温度的推算。

4. 基于遥感影像的土地利用/土地覆被分类

遥感影像通过亮度值或像元值的高低差异(反映地物的光谱信息)及空间变化(反映地物的空间信息)来表示不同地物的差异，这是区分不同影像地物的物理基础。遥感影像分类就是利用计算机通过对遥感影像中各类地物的光谱信息和空间信息进行分析，选择特征，将图像中每个像元按照某种规则或算法划分为不同的类别，然后获得遥感影像中与实际地物的对应信息，从而实现遥感影像的分类。遥感图像分类方法一般有非监督分类法、监督分类法和基于知识的决策树分类法。

1）非监督分类法

非监督分类的前提是假定遥感影像上同类物体在同样条件下具有相同的光谱信息特征。非监督分类法不必对影像地物获取先验知识，仅依靠影像上不同类地物光谱信息（或纹理信息）进行特征提取，再统计特征的差别来达到分类的目的，最后对已分出的各个类别的实际属性进行确认。非监督分类主要采用聚类分析方法，聚类是将一组像素按照相似性归成若干类别，即“物以类聚”。它的目的是使属于同一类别的像素之间的距离尽可能小而不同类别的像素间的距离尽可能大[129]。目前，非监督分类器比较常用的是重复自组织数据分析技术（iterative self-organizing data analysis technique，ISODATA）、K 均值聚类（K-means 法）和链状方法。

2）监督分类法

监督分类法是基于遥感图像上样本区内地物类别属性已有的先验知识，利用这些样本类别的特征作为依据来识别非样本数据的类别。那些先验的样本区被称为训练区，其用途是训练判别函数及进行分类精度评定。监督分类包括利用训练区样本建立判别函数的学习过程和将待分像元代入判别函数进行判别的过程。比较常用的监督分类法有很多，如最小距离分类法、平行六面体法、马氏距离法、最大似然法，还有神经网络法、支持向量机法和决策树法。下面分别对这几种分类法做简单的描述：

（1）最小距离分类法。利用训练样本数据计算每一类的均值向量和标准差向量，然后以均值向量作为该类在特征空间中的中心位置，计算输入图像中每个像元到各类中心的距离，到哪一类中心的距离最小，该像元就归入哪一类。

（2）平行六面体法。根据训练样本的亮度值形成一个 n 维的平行六面体数据空间，其他像元的光谱值如果落在平行六面体任何一个训练样本所对应的区域，就被划分到其对应的类别中。

（3）马氏距离法。计算输入图像到各训练样本的协方差距离，最终协方差距离最小的，即为此类别。

（4）最大似然法。最大似然法是经常使用的监督分类法之一，它是通过求出每个像素对各类别的归属概率，将该像素分到归属概率最大的类别中去的方法。最大似然法假定训练区地物的光谱特征和自然界大部分随机现象一样，近似服从正态分布，利用训练区可求出均值、方差及协方差等特征参数，从而可求出总体的先验概率密度函数。当总体分布不符合正态分布时，其分类可靠性将下降，这种情况下不宜采用最大似然法[129]。

（5）神经网络法。神经网络法是指用计算机模拟人脑的结构，用许多小的处理单元模拟生物的神经元，用算法实现人脑的识别、记忆和思考过程。

(6) 支持向量机法。支持向量机法是一种建立在统计学习理论(statistical learning theory,SLT)基础上的机器学习方法。它采用结构风险最小化原则代替经验风险最小化原则,在解决小样本、非线性及高维模式识别问题中表现出许多特有的优势。支持向量机法可以自动寻找那些对分类有较大区分能力的支持向量,由此构造出分类器,可以将类与类之间的间隔最大化,因而有较好的推广性和较高的分类准确率。

3) 基于知识的决策树分类法

基于知识的决策树分类法是基于遥感影像数据及其他空间数据,通过专家经验总结、简单的数学统计和归纳方法等,获得分类规则并进行遥感分类。分类规则易于理解,分类过程也符合人的认知过程。基于知识的决策树分类法可以充分利用其他数据,如DEM、行政区划图、道路网、土地利用图、林相图等作为分类的辅助数据。

4) 土地利用/土地覆被分类流程

遥感影像计算机分类基本流程如下[129]:

(1) 首先明确遥感影像分类的目的及其需要解决的问题,在此基础上根据应用目的选取特定区域的遥感影像,图像选取中应考虑图像的空间分辨率、光谱分辨率、成像时间、图像质量等。

(2) 根据研究区域,收集与分析地面参考信息与有关数据。为提高计算机分类的精度,需要对数字图像进行辐射校正和几何校正(这部分工作也可能由提供数字图像的卫星地面站完成)。

(3) 对图像分类方法进行比较研究,掌握各种分类方法的优缺点,然后根据分类要求和图像数据的特征,选择合适的图像分类方法和算法。根据应用目的及图像数据的特征制定分类系统,确定分类类别,也可以通过监督分类方法,从训练数据中提取图像数据特征,在分类过程中确定分类类别。

(4) 找出代表这些类别的统计特征。

(5) 为了测定总体特征,在监督分类中可选择具有代表性的训练场地进行采用,测定其特征。在非监督分类中,可以用聚类等方法对特征相似的像素进行归类,测定其特征。

(6) 对遥感图像中各像素进行分类,包括对每个像素进行分类和对预先分割均匀的区域进行分类。

(7) 分类精度检验。在监督分类中将已知的训练数据及分类类别与分类结果进行比较,确认分类的精度及可靠性。在非监督分类中,采用随机抽样方法,分类效果的好坏需经实际检验或利用分类区域的调查材料、专题图进行核查。

(8) 对判别分析的结果统计检验。

3.4.3 土壤类型和土地利用在子流域内的概化

在获取了流域的土壤类型和土地利用资料后，需要将流域内部各栅格的主要土壤类型和土地利用状况引入模型并概化。本书中假设每一个规则栅格的土壤类型及土地利用是相同的，并采用将子流域内不同的土壤类型和土地利用离散为不同的组合方法进行概化。

(1) 对每一个子流域，假设其内部有 n 种土地利用和 m 种土壤类型，则两者的组合共有 $n \times m$ 种情形。

(2) 将子流域再次离散为若干区域，每个区域代表子流域内的一种土地利用和土壤类型的组合，构成基本水文单元。

(3) 该区域所占子流域的比例等于其占所在子流域面积的比例，各区域所产生的径流直接汇入该子流域的河段。

3.5 本章小结

随着人类活动对天然径流演化模式影响的不断加大，将人工侧支用水加入水资源模拟模型中的要求也在不断提高。因此本章提出了一种耦合人工控制点的子流域划分方法。在等流时带内部，将天然分水岭与人工控制点相结合设置子流域的出口控制点，确定各子流域水利工程形成的源汇关系，建立流域“天然-人工”双拓扑结构子流域源汇关系，实现人工控制点与天然河网的耦合。

本章的主要内容如下：

(1) 简单介绍了地理信息系统及数字地面模型的一些基础概念，阐述了近年来地理信息系统在分布式水资源模拟模型中的应用，以便对后续章节的理解奠定基础。

(2) 简单介绍了传统的基于 DEM 提取数字水系的方法，主要介绍了基于 DEM 的单元划分方法、DEM 的预处理方法、流向的判断及河网提取方法等。

(3) 提出了一种利用 DEM 和 DRLN 资料自动提取流域排水结构的算法。在算法中引入链表的概念，并利用遥感影像提取的 DRLN 对自动提取的流域排水结构进行校正。从流域的出口向上游搜索，对于湖泊水库等宽度大于一个栅格的河网地区建立链表，通过图的遍历来确定有河网流过的栅格的水流方向。

(4) 提出了一种新的修正无河网地区高程的方法，对 DRLN 单元流向的局部地域性矫正在流向场中产生的矛盾进行了处理。这样提取的河网是连续的，提取的模拟河网与实际河网的吻合较好，并在一定程度上解决了实际洼地和伪洼地的判别问题。

(5) 为了能在水资源配置模型中处理时延性给水量平衡及时段效益计算带来

的困难，在模拟模型中使用了等流时带的概念，形成天然的时延系统并划分子流域。子流域的划分方法为：首先在整个流域内根据数字河网及各栅格的坡度计算净雨流经各栅格的时间，然后计算各栅格到流域出口栅格点的汇流时间，并划分等流时带。

(6) 提出了一种将人工侧支用水耦合到水资源模拟模型基础框架中的方法。将天然分水岭与人工控制点相结合，设置子流域的出口控制点，对有取水、蓄水工程的子流域，以人工控制点作为子流域的出口断面。使用该方法划分的子流域数量与子流域阈值和人工控制点的数量有关。子流域阈值越大，划分的子流域数量越少；人工控制点越多，相应地，划分的子流域数量也会增加。

(7) 建立了流域“天然-人工”双拓扑结构数字水系，将人工输水工程作为人工河网拓扑结构中的关联。使用该方法建立的子流域双拓扑结构，既可以模拟天然状态下的水循环过程，也可以模拟有人工取用水控制的实际水循环过程。

(8) 在每个子流域内部根据不同的下垫面条件和不同的土壤类型将子流域划分为不同的组合块，以此方法建立的数字河网基础框架可以在水循环模拟过程中进行下垫面变化对水循环的影响研究。

第 4 章　基于“天然-人工”双拓扑结构的水资源模拟

自 20 世纪 50 年代起，水资源模拟模型从解决单一断面或单一流域的水利工程建设的需要逐步发展起来，到 80 年代开始出现相对停滞的阶段，重要原因在于缺乏新的认识和新的信息源。直到 90 年代，随着信息时代的到来，水资源模拟获得了前所未有的新信息源和具有超级功能的计算机技术的支持，又开始出现了新的发展契机。以数字革命为特征的信息技术正在改变人们的工作方式，毋庸置疑，数字技术会给水文研究注入新的活力，为水资源模拟的技术和手段带来一场变革。分布式水资源模拟模型较之其他水资源模拟模型，能更准确地描述水文过程的机理，并能有效地利用地理信息系统和遥感技术提供的大量空间信息[130]。

本章研究了适用于大流域的基于“天然-人工”双拓扑结构的分布式水资源模拟模型的构建方法。在此模型中模拟了天然和人工两个相互影响、相互关联的水循环过程。在天然模拟模块中模拟了降雪融雪、蒸发等能量过程，以及植物截留、下渗、产汇流等陆面水文循环过程；在人工模拟模块中对灌区的水循环过程、城镇的水循环过程及水利工程的调蓄作用等进行了概化模拟。基于“天然-人工”双拓扑结构的分布式水资源模拟模型可以同时模拟天然水循环和人工侧支用水过程，更加真实地反映人类活动频繁地区的水循环过程。

4.1　建模思路及整体框架

4.1.1　建模思路

分布式水资源模拟模型的研制，正经历着从理论研究到实际应用，从小流域到大流域，从单纯的水资源模拟到其他领域的渗透和发展。在较大流域的应用中，基于 DEM 的具有严格物理意义的动力学演算模型，面临着许多问题，如资料缺乏、数据处理量过大、计算时间过长等一系列实际问题。针对这些问题，需要对模型的结构进行简化，达到既能考虑流域空间分布特性又能缩短计算时间，同时满足流域水资源时空演化规律等研究的需要。

1. 建模原则

本书建立的分布式水资源模拟模型的主要用途是为水资源调控模型所使用的。基于模型的用途及调控模型的复杂性，在建模时应遵守如下的建模原则。

1) 应尽量在保证精度的同时使模型简单

本模型建立的目的是为水资源调控模型所使用,而对于较大的流域如果进行水资源调控,则面临着计算量大、优化时间长的问题,因此在建模时应尽量在保证精度的同时使模型简单。

2) 模型参数易于获取

与分布式模型所需要的资料相比,一般的研究区域都面临着研究区域数据相对缺乏、空间尺度大的特点。因此在建模时应尽量使模型参数易于获取,所需的数据应尽可能从常规观测资料或利用 GIS、RS 技术获得。

2. 建模思路

目前,基于 DEM 的流域分布式水资源模拟模型有以下三种建模思路:①应用数值分析来建立相邻网格单元之间的时空关系,这类模型也称为紧密耦合型分布式水资源模拟模型,例如,SHE 模型及其变形,这也是人们所指的具有物理基础的分布式水资源模拟模型;②基于 DEM 推求地形空间变化信息,利用地形信息[如地形指数 $\ln(\alpha/\tan\beta)$]模拟水文响应的特性,并用统计方法求得出口断面流量,这类模型也称为半分布式流域水资源模拟模型,如 TOPMODEL;③在每一个网格单元(或子流域)上应用现有的概念性集总模型来推求净雨,再进行汇流演算,最后求得出口断面流量,这类模型也称为松散耦合型分布式水资源模拟模型,如分布式新安江模型和 SWAT(soil and water assessment tool)模型。

考虑到研究流域的面积及模型的实用性等,本节研究将主要水利工程耦合到各个子流域,构建一个基于 DEM、考虑"天然-人工"双驱动因素对流域水资源影响的大陆尺度分布式水资源模拟模型,对于天然因素的模拟主要是模拟天气、能量过程和陆面水循环过程;对于人工因素的模拟主要是对灌区的水循环过程、城镇地区的用水循环过程、人工生态林的水循环过程及水利工程的调蓄作用进行概化模拟。

4.1.2 整体框架

水在太阳辐射能的作用下从海洋和陆面蒸发,由液态水变成水蒸气,之后由大气环流输送到大气中,遇冷凝结后以雨或雪的形式降落到海洋或陆面。而陆面上的降水在太阳能、重力势能和土壤吸力的驱动下,经植被冠层截留、地表洼地储留、地表径流、蒸发蒸腾、入渗、壤中流和地下径流等迁移转化过程,一部分重返大气,一部分则排入江河,流入海洋,循环往复,形成一个闭合的全球水循环系统。

流域水循环系统是全球水循环系统的重要组成部分。它是流域范围内的水迁移转化过程形成的局部陆面水循环系统。在每个子流域中,下垫面条件不是均一的。当降水发生,它可能被截留,保存在植物的冠层上或落入土壤表层。土壤表层的水或下渗入土壤或形成地表径流。径流很快汇入河道并成为短期河流响应。下渗的水可能保存在土壤中最后蒸发或通过地下通道慢慢地转为地表径流。在流域水循环过程中还包括人类的供、用、耗、排水过程形成的复合水资源循环过程。

本书建立的分布式水资源模拟模型基于“天然-人工”双拓扑结构数字水系，既模拟了天然影响因素对水循环的影响，还模拟了人工侧支用水对水循环的影响，实现了“天然-人工”双驱动因素的耦合模拟。整个流域内部的子流域分为三种类型：无直接人类活动影响的子流域、有人类用水的子流域、有人类调蓄工程控制的子流域。

模型的总体框架如图 4.1 所示，分为数据和参数输入、天然因素的模拟和人工因素的模拟。

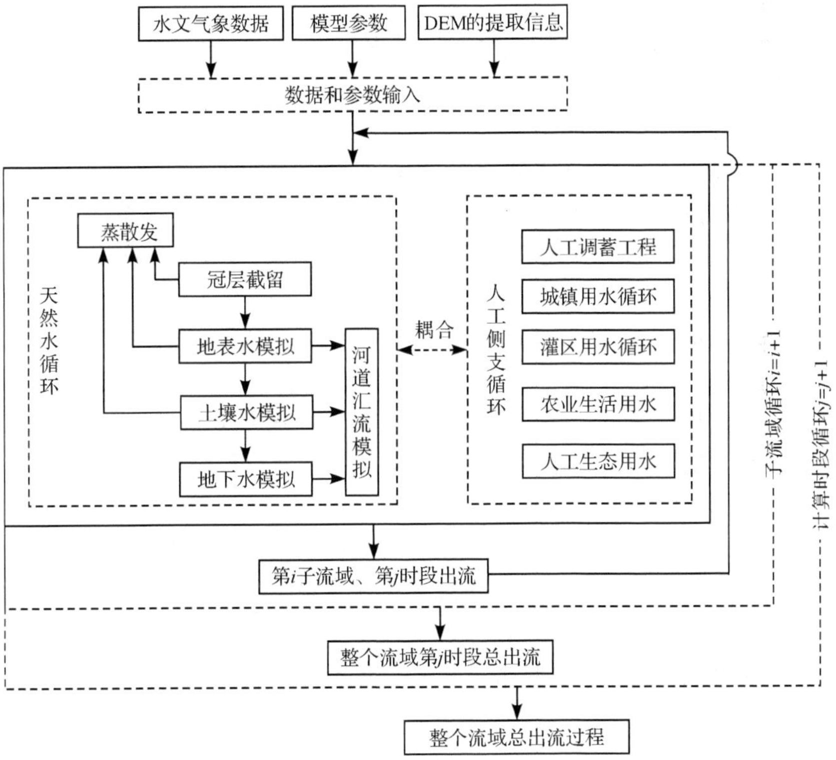

图 4.1　模型的总体框架

1. 数据和参数输入

数据和参数输入主要包括降水、蒸散发，由 DEM 提取的子流域面积、河道分段、河道拓扑信息、子流域编码，灌区面积，河道取水量，水库特征值，初始条件值(土壤含水量、地下水位、河道流量等)和边界条件值(河道、地下水)，模型参数值等。

2. 天然因素的模拟

对于天然因素，模型模拟了天气过程、能量过程及陆面水循环过程。在天气过程的模拟中主要包括降水量、最高气温、最低气温等；能量过程的模拟主要包括太阳辐射、蒸发等；陆面水循环模拟主要包括冠层截留、地表水模拟、土壤水模拟、地下水模拟及河道汇流模拟等。

3. 人工因素的模拟

对于人工因素，模型主要模拟调蓄工程、城镇用水及农业用水过程。在对调蓄工程的模拟中主要包括灌区的水循环过程模拟、城镇地区的水循环过程模拟、人工生态用水循环过程模拟及水利工程的调蓄作用等。

1) 灌区的水循环过程模拟

农业用水主要考虑农业灌溉用水，当农田需要灌溉时，则为农田实施灌溉。根据灌区面积、灌溉水源、灌溉制度等将灌溉用水量分配到计算单元上。而根据作物种类、灌区面积、灌溉方式等，不同的农田会有不同水量回归自然水体。

2) 城镇地区的水循环过程模拟

城市化进程的加速，城镇区域的用水对天然水循环的流态及产汇流关系都产生了巨大的影响。城镇地区用水量大且集中，形成了一个相对独立的水循环过程。城镇地区的用水主要包括生产型单元用水及消耗型单元用水，这些用水单元的污水排放也会对下游以及整个流域的水循环过程产生影响。

3) 人工生态用水循环过程模拟

人工生态的水循环关系变化主要表现在除接受天然降水外，不透水面积上产生的地表径流可能作为林草等人工生态的入流水量，参与到人工生态的水循环过程中；为保持生态稳定，维护绿洲生态平衡，需要对湖泊湿地进行人工补水，对人工林地进行灌溉，这些水量主要来自地表引水渠道和排水沟道，形成一个复合水循环过程。

4) 水利工程的调蓄作用

调蓄工程受人类活动影响较大，因此在考虑人工因素模拟的过程中，将调蓄工程作为一个主要的模拟对象。基于前述方法划分的子流域，在模型中如果子流域内存在水库等调蓄工程，假设水库位于该子流域的出口处，并作为一个独立的结点。水库调度根据水库初始状态、库容关系曲线、水库调度规则及连续方程等进行计算，并作为下游河道的入流。

4.2 地表能量平衡

太阳辐射能和重力势能是流域水循环的主要驱动力，所以能量的输入在准确模拟水量平衡时显得尤为重要。水一旦以降水的形式引入系统，有效的能量对陆地水循环起到主要的控制作用。受温度和日照影响较大的过程包括蒸发、降雪和融雪。陆面上的植物生长也在很大程度上受能量输入的影响。

太阳注入地球能量的一部分在大气中被吸收、散射，一部分被云层反射回去，另外50%～60%到达地表。太阳能是大气、海洋运动的原动力。对水循环起主要控制作用的不仅包括太阳放射的能量，还有云、大气中的水蒸气及其他微量气体发射的波段，它包括可见光，以及紫外线和红外线的一部分。根据波长范围的不同，通常把主要处于可见光谱区的太阳辐射称为短波辐射，而把完全处于红外光谱区的地面和大气辐射称为长波辐射。

从全球平均来看，地表面吸收长短波放射能量的80%由地表面上的蒸发来消耗。水的蒸发所使用的能量称为潜热。从地表面上蒸发的水蒸气在风的紊流作用下扩散，由上升气流运送到上空，然后在上空凝结形成云，那时会释放出潜热温暖空气，因此水蒸气输送也称为潜热输送。云变成雨雪又降到地面上，由此伴随着水循环，巨大能量从地表被输送到大气中。

地表能量交换系统示意图如图4.2所示。系统的能量平衡方程为

$$I_n + A_e = G + H + \mathrm{LE} + B + A_d \tag{4.1}$$

式中：I_n 为净辐射；A_e 为人工热排出量；G 为土壤热通量；H 为显热通量；LE 为潜热通量；B 为用于植被光合作用和生物量增加的能量，其数值很小，一般可以忽略；A_d 为平流项，是由空气或水平向流动引起的能量净损失，除绿洲和湖泊外通常忽略。I_n 可以通过天文辐射用经验公式求得，也可通过遥感的方法求得。G 是土壤热传导性和垂直温度梯度的函数。因为不可能利用遥感手段获得温度梯度，所以求解 G 的数值模型一般都将土壤划分为若干层。这就需要对土壤属性有详细的了解，常规气象资料一般均能获得满意的 G 值。遥感上的应用，一般是将 G/I_n 作为植被覆盖状况（vegetation index，VI）或叶面积指数的函数。

4.2.1 太阳辐射量

一般的气象观测站通常观测日照，因此可以根据日照资料来推算日短波放射量，首先引入一些基本变量：

$$E_0 = 1 + 0.033\cos[(2\pi d_n/365)] \tag{4.2}$$

$$\delta = \arcsin\left\{0.4\sin\left[\frac{2\pi}{365}(d_n - 82)\right]\right\} \tag{4.3}$$

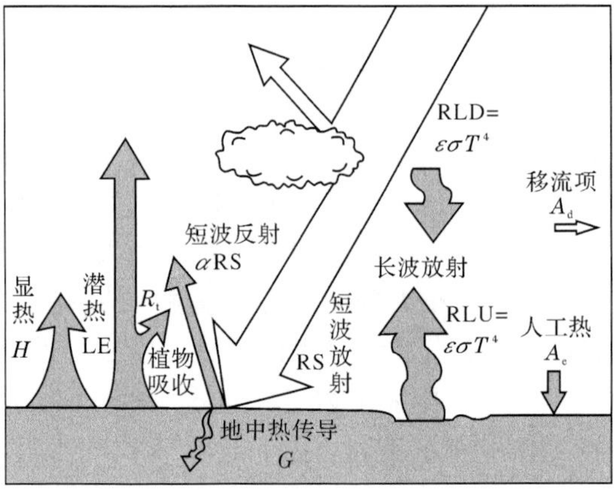

图 4.2　地表能量交换系统示意图

$$\cos\theta_z = \sin\delta\sin\varphi + \cos\delta\cos\varphi\cos\omega t \tag{4.4}$$

$$I_0 = I_{SC} E_0 \cos\theta_z \tag{4.5}$$

$$T_{SR} = +\frac{\arccos(-\tan\delta\tan\varphi)}{\omega} \tag{4.6}$$

式中，E_0 为地球轨道偏心率校正因子；d_n 为 Julian 日数，每年的 1 月 1 日为第 1 天，到 12 月 31 日为第 365 天，2 月都假设为 28 天；δ 为太阳高度角；θ_z 表示地球上的观察者到太阳与观察者到天顶连线之间的夹角；φ 为纬度；ω 为地球旋转的角速度(0.2618rad/h)；I_{SC}为太阳常数[4.921MJ/(m^2·h)]；T_{SR}为一天日出发生的时间，对于此公式适用范围为 66.5°N～66.5°S。

则在一天内落在一个平面上的最大可能太阳辐射为

$$I_{MX} = 30E_0[\omega T_{SR}\sin\delta\sin\varphi + \cos\delta\cos\varphi\sin(\omega T_{SR})] \tag{4.7}$$

4.2.2　大气对太阳辐射的影响

太阳是经大气层至地球上任一物体的能源，也是被动式遥感系统中主要的辐射源。太阳表面温度约为 6000K，内部温度更高。太阳辐射中辐射能按波长的分布，称为太阳辐射光谱。

太阳辐射以电磁波的形式，通过宇宙空间到达地球表面(约 1.5×10^8km)。全程时间约为 500s。由于地球自转，每天仅以半个球面承受到太阳辐射。在地球表面上各部分承受太阳辐射的强度也是不相等的，当太阳至地球的距离处于平均距离时，太阳辐射到达地球大气的上界，辐射通量密度约为 135.2mW/cm^2，该数值称为太阳常数。太阳辐射先通过大气圈再到达地面。由于大气对太阳辐射有一定的吸收、散射和反射，所以投射到地表面上的太阳辐射强度比太阳常数小。

太阳辐射通过大气层到达地表面时，约有 30%被云层和其他大气成分反射回宇宙空间，约有 17%被大气中气体分子吸收，约有 22%被大气散射。因此，仅有 31%的太阳辐射直射到地面。

大气对太阳辐射的吸收和散射具有波段的选择性，在太阳波谱上，有的波段被吸收和散射，相应波段的辐射能量不能到达地面。有的波段则部分被吸收和散射，另一部分到达地面。有的未被吸收和散射，几乎全部到达地面。各波段到达地面的透过率见表 4.1。

表 4.1　各波段到达地面的透过率

波长范围/μm	透过率 τ/%	波长范围/μm	透过率 τ/%	波长范围/μm	透过率 τ/%
0.15～0.20	<25	2.05～3.00	>80	25～90	40～50
0.30～0.40	70	3.50～5.00	60～70	1000～1800	40
0.40～0.70	>95	4～8	>80	2000～5000	50～70
0.70～1.10	80	10～11	>80	8000～1000000	100
1.40～1.90	60～95	15～23	<10		

4.2.3　日净辐射

净辐射需要测定短波和长波或热辐射量的输入和反射。净辐射量的计算如下：

$$I_{net}=(1-\alpha)I_{day}+I_b \tag{4.8}$$

式中，I_{net} 为净辐射；I_{day} 为到达地面的短波太阳辐射；α 为短波反射或反照率；I_b 为长波辐射净收入。

1）净短波辐射

净短波辐射定义为$(1-\alpha)I_{day}$。α 为土壤类型、植物覆盖和雪盖的函数。当积雪量超过 0.5mm 时，$\alpha=0.8$；当积雪量少于 0.5mm 时且没有植物生长，则 $\alpha=\alpha_{soil}$。其中，α_{soil} 为土壤反照率。当积雪量少于 0.5mm 且植物生长时：

$$\alpha=\alpha_{plant}(1-cov_{sol})+\alpha_{soil}cov_{sol} \tag{4.9}$$

式中，α_{plant} 为植物反照率，cov_{sol} 为土壤覆盖系数。计算表达式为

$$cov_{sol}=\exp(-5.0\times10^{-5}cv) \tag{4.10}$$

式中，cv 为地面生物总量和残渣，kg/hm^2。

2）净长波辐射

长波辐射是物体根据下述原理发射的：

$$I_R=\varepsilon\sigma T_K^4 \tag{4.11}$$

式中，I_R 为辐射能量；ε 为发射率；σ 为 Stefan-Boltzmann$[4.903\times10^{-9}MJ/(m^2\cdot K^4\cdot d)]$，$T_K$ 为空气的平均温度。

净长波辐射使用式(4.11)的改进来计算：

$$I_b = f_{cld}(\varepsilon_\alpha - \varepsilon_{vs})\sigma T_K^4 \tag{4.12}$$

式中，I_b 为净长波辐射；f_{cld} 为云覆盖调整因子；ε_α 为大气辐射；ε_{vs} 为植物或土壤辐射。

$$f_{cld} = a\frac{I_{day}}{I_{MX}} - b \tag{4.13}$$

式中，a 和 b 为常数；I_{day} 为日太阳辐射；I_{MX} 为一日最大可能太阳辐射。

式(4.12)中的两种辐射可以联合入一项，净辐射 ε' 用式(4.14)计算：

$$\varepsilon' = \varepsilon_a - \varepsilon_{vs} = -(a_1 + b_1\sqrt{e}) \tag{4.14}$$

式中，a_1 和 b_1 为常数；e 为一天的水汽压力。联合式(4.12)～式(4.14)，用式(4.15)计算净长波辐射：

$$I_b = -\left(a\frac{H_{day}}{H_{MX}} - b\right)(a_1 + b_1\sqrt{e})\sigma T_K^4 \tag{4.15}$$

4.3　气象资料模拟

Lahmer 等[131, 132]研究了水文气象等输入对中尺度和大尺度水资源模拟的影响，结果表明，中尺度和大尺度的水资源模拟中，水文气象资料是中尺度和大尺度水资源模拟的关键因素之一，因此气象资料是水资源模拟中一个主要的输入模块。

在模拟过程中需要的大量气象资料，主要包括降水、温度、日照、风速等。气象资料的输入对模型模拟的准确性影响较大，因此应尽量使用实测资料。而对于缺少资料地区，本书提出了使用基于统计资料的自动生成模块。

4.3.1　实测资料生成

由于气象资料受大气系统和下垫面条件的影响存在时间和空间的变化，而观测数据往往是不同时间间隔的站点观测数据，在应用分布式水资源模拟模型时为考虑水循环动力学机制和空间变异影响，需要对气象资料进行空间和时间上的展布。

1. 空间展布

空间展布，又称为空间插值。大气状态在空间上是连续分布的，各种不同尺度的天气系统有序地配置在空间上。因此，首先要利用的是气象要素的空间信息。各种气象要素空间展布的方法主要有泰森多边形法、距离反比加权平均法和Kriging 法等。各要素在空间上进行展布后，还可以根据高程变化对要素进行高程修正。

(1) 泰森多边形法。泰森多边形法又称为最近距离法，是各气象要素空间展布常用的方法。其基本思想十分简单：无观测地点的各要素值等于离其最近观测点的要素值。泰森多边形法的插值步骤包括：①定义一组控制站点；②相邻三个站点间连接成三角形；③找出所有控制站点的外边界凸体多边形；④对每个三角形的每条边画垂直平分线；⑤这些垂直平分线构成的多边形便是泰森多边形。泰森多边形内所有位置的所插要素值等于该多边形内气象站点的要素值。

(2) 距离反比加权平均法。距离反比加权平均法以插值点与样本点间的距离为权重进行加权平均，离插值点越近的样本点赋予的权重越大。若以格点到观测点的大圆半径的平方反比作为权重系数，称为距离平方反比法。计算公式为

$$Z(s_0)=\sum_{i=1}^{N}\lambda_i Z(s_i) \tag{4.16}$$

$$\lambda_i=\frac{d_i^{-b}}{\sum_{i=1}^{N}d_i^{-b}} \tag{4.17}$$

式中，$Z(s_0)$为待估点 s_0 处的气象要素值；N 为位于待估点周围用来确定待估点气象要素参证站个数；$Z(s_i)$为位于 s_i 处的第 i 个参证站的气象要素值；λ_i 为第 i 个参证站的权重；d_i为第 i 个参证站与待估点之间的距离；b 为权重指数。当$b=0$时，则为算术平均插值法；$b=1$ 时，为距离反比法；$b=2$ 时，则为广泛应用的距离平方反比法。距离反比加权平均法的优点是简单直观，缺点是未考虑要素的固有特征。

(3) Kriging 法。Kriging 法来源于地统计学。地统计学由法国统计学家 Matheron 创立[133]，它的应用范围十分广泛。地统计学已在地球物理、地质、生态、土壤等领域应用。气象领域的应用主要是进行降水、温度等要素的最优内插的研究[134～136]。

地统计学研究的变量是区域化变量。所谓区域化变量就是由在某一区域或范围内的空间位置所取的不同数值构成的变量。它是以空间坐标为自变量的随机变量及其随机函数。区域化变量不需要多次重复观测的样本，是只需取值一次的变量。地统计学中区域化变量是在空间不同位置上取样，两相邻样本值不一定相互独立，而是具有某种程度的空间相关性。地统计学除了使用平均值、标准差、相关系数等数学特征量外，更重要的是使用变异函数及其参数来研究区域化变量的空间分布特征。

变异函数是描述区域化变量结构性和随机性特有的基本手段。设区域化变量 $Z(x_i)$和 $Z(x_{i+h})$分别是 $Z(x)$在空间位置 x_i 和 x_{i+h}上的观测值[$i=1,2,\cdots,N(h)$]，变异函数由式(4.18)进行估计：

$$\gamma(h)=\frac{1}{2N(h)}\sum_{i=1}^{N(h)}\left[Z(u_i)-Z(u_i+h)\right]^2 \tag{4.18}$$

式中，$N(h)$为分隔距离为 h 的样本量。变异函数是在假设 $Z(x)$为区域化变量且满足平稳条件和原假设的前提下定义的。数学上可以证明，变异函数大时，空间相关性减弱，反之亦然。Kriging 法存在的主要问题有运算量大、半方差函数推求复杂且没有最好方法，以及变量空间变化统计特征的一些假定会对结果造成影响等。

2. 时间展布

时间展布，又称为时间插值。气象要素随时间的演变具有连续性，因此需从时间方向上抽取信息进行插值。各种气象要素时间展布的方法主要有时间序列分析、人工神经网络、动态数据自忆模型。

(1) 时间序列分析。时间序列分析认为观测序列是系统运动的轨迹，时间序列中蕴藏着丰富的信息，它既刻画了系统本身的状态变化，又是外环境影响的结果。时间序列分析常用的有自回归(autoregressive model，AR)、滑动平均(moving average，MA)和自回归滑动平均(auto-regressive moving average model，ARMA)模型等。用在资料插值中的主要是 AR 模型。例如，t_i 时刻的 x_i 值缺测，可以先给定一个初估值，然后建 AR 模型，由模型算得 x_i 值，再建模……直到前后两次插值之差小于给定的允许误差。AR 模型和 ARMA 模型的缺点是插值容易偏向均值。

(2) 人工神经网络。1990 年以来，人工神经网络(artificial neural network，ANN)在气象中得到更加广泛应用。ANN 模型中的参数是通过对观测序列的训练而获得的，因此无疑可以应用 ANN 来进行资料插值。至今，在气象中主要应用回传网络(back propagation，BP)进行资料插值计算，由于它可以设置中间层，模型的可塑性大，所以 BP 网络对历史资料拟合是有很好的效果[137,138]。

(3) 动态数据自忆模型。引进记忆函数 $\beta(r,t)$，对大气运动方程进行积分，运用微积分中的分部积分和中值定理可推导出如下差分-积分方程[139,140]

$$\beta(r,t)x(t)-\beta(r,t_{-p})x(t_{-p})-\sum_{i=-p}^{0}[\beta(r,t_{i-1})-\beta(r,t_i)]x^m(t_i)$$
$$-\int_{t_{-p}}^{t}\beta(r,\tau)F(x,\lambda,\tau)\mathrm{d}\tau=0 \tag{4.19}$$

式中，x 为物理量；λ 为参数；F 为源函数或空间项；p 为回溯阶，初始时刻为 t_0。式(4.19)被称为描述系统运动的自忆性方程。如果用历史观测资料确定了记忆函数 β，就可用式(4.19)来进行积分。以差分-积分方程(4.19)为基础构建的模式称为自记忆模式。取等间隔采样 Δt，即 $t_i= t_0+i\Delta t(i=1,0,1,-2,-p)t_0$ 为初值；$t_0+\Delta t$为预报时刻。式(4.4)中的中值取为前后时刻值的平均值，积分由求和替代，则待求时刻 t_i的插值为

$$x(t_i)=\frac{x(t_1)}{\alpha_i}-\frac{\left[\alpha_{-p}x(t_{-p})+\cdots+\alpha_0 x(t_0)+\sum_{i=-p}^{0}\theta_i F(t_0+i\Delta t)\Delta t\right]}{\alpha_i} \tag{4.20}$$

式中,源函数可取自系统运动的微分方程,也可由量测序列反导出一个微分方程[141]。当取为大气运动方程时,由此可发展出一种新的四维同化格式。动态数据自忆模型是一种有潜力的插值技术。

4.3.2　自动生成资料

对于缺失实测数据或缺少实测资料的地区可以使用天气发生器来模拟该地区的气候资料序列。天气发生器又称为天气数据模拟模型,是研究某个地区天气或气候的一般特征,并根据这些统计特征模拟该地区天气数据的模型。天气发生器是一种随机模型,可模拟的气象要素主要有降水量、最高气温、最低气温、太阳辐射等。

天气发生器可以模拟某个地区年、月、日序列的气象数据模型。对于不同时间尺度应该使用不同的模型进行模拟,本书主要阐述了日序列气象数据的模拟方法。对于日序列的气象数据模拟,可以模拟单点的气象数据,也可以模拟一个区域的气象数据资料。

1. 自动生成降水资料

降水的模拟主要包括以下两个过程:①首先是降水发生的模拟, 即确定当天是否产生降水,用干、湿日来表示。②干、湿日序列确定下来后,如果为干日,则日降水量为 0;如果为湿日,则要进行日降水量的模拟。

1) 降水发生的模拟

降水发生的模拟模型主要有马尔可夫链和间隔长度法两种。马尔可夫链法又分为一阶马尔可夫链和高阶马尔可夫链。一阶马尔可夫链法因其简单、实用而成为大多数天气发生器采用的模拟模型。一阶马尔可夫链模型通过比较一个由使用者输入的某天可能湿的随机数(0.0－1.0)来定义一天为干或湿来产生降水。在间隔长度法中,日降水量被认为是一个变间隔长度的干湿转换过程。假设干湿转换是独立的,同时干湿转换可以满足不同的分布,且分布的参数在季节内是常数或根据傅里叶级数而变化。

2) 降水量的模拟

用于模拟日降水量的模型包括两参数 Gamma 分布、混合指数分布等。最常用的方法为两参数 Gamma 分布。其分布密度为

$$f(x)=\frac{x^{\alpha-1}\mathrm{e}^{-x/\beta}}{\beta^{\alpha}\Gamma(\alpha)} \tag{4.21}$$

式中,α 的大小决定了 Gamma 分布的形状;β 为尺度参数,在 α 一定的前提下,其

大小主要决定于序列的均方差 σ。它们之间有关系式：

$$\beta=\frac{\sigma}{\sqrt{\alpha}} \tag{4.22}$$

因而 β 的大小决定了 Gamma 分布的尺度(分散度)。

混合指数分布模拟日降水量的方法是如果某天被判定为湿的，则降水量由一个非正态分布或一个修正的指数分布产生。例如，在 SWAT 模型中，模拟日降水量的公式为

$$R_{\mathrm{day}}=\mu_{\mathrm{mon}}+2\sigma_{\mathrm{mon}}\frac{\left[\left(\mathrm{SND}_{\mathrm{day}}-\frac{g_{\mathrm{mon}}}{6}\right)\left(\frac{g_{\mathrm{mon}}}{6}\right)+1\right]^{3}-1}{g_{\mathrm{mon}}} \tag{4.23}$$

式中，R_{day} 为给定一天的降水量；μ_{mon} 为本月日平均降水量；σ_{mon} 为月平均日降水量标准差；$\mathrm{SND}_{\mathrm{day}}$ 为计算的标准正偏差；g_{mon} 为本月日降水量的偏态系数。

2. 其他气象资料

在水资源模拟和农业用水模拟过程中，除需要降水资料外，还需要温度和日照等作为能量输入。在陆面水循环模拟过程中还需要湿度等气象资料。

很多研究人员对温度和日照的模拟进行了大量的研究工作，在模拟的过程中逐渐加入对变量之间存在的反相关及变量自身的自相关关系的影响。最高温度、最低温度和日照多由正态分布产生。考虑干或湿的条件对温度和日照的影响，当模拟降水条件时，最高温度和日照将相应下调，反之相应上调。调节的量将满足生成的数据的月平均值与实际输入的数值相同。

对于日平均湿度的模拟可通过三角分布来进行。与温度和日照相同，日平均相对湿度由干或湿天做相应调整。

在使用彭曼公式计算日蒸发时，需要日平均风速资料。日平均风速由已知的月平均风速通过改进指数方程生成。日平均风速由式(4.24)生成：

$$\mu_{10\mathrm{m}}=\mu\mathrm{wind}_{\mathrm{mon}}[-\ln(\mathrm{rnd}_1)]^{0.3} \tag{4.24}$$

式中，$\mu_{10\mathrm{m}}$ 为当天的平均风速；$\mu\mathrm{wind}_{\mathrm{mon}}$ 为当月的平均风速；rnd_1 为 0～1.0 的随机数。

4.3.3 气象资料的高程修正

在控制大气环流的诸多因子中，地形是重要的一个方面，由于各地海拔和地面受热条件不同，直接影响地表和高空的温度、压强、湿度的分布；另一方面，地形作为大气运动的障碍物，对其产生动力作用，主要表现为迫使气流产生绕流和翻越运动，改变气流运动的速度和方向。地形对风场的改变直接影响动量、热量和水汽的输送，进而影响其他气象要素场的分布。

在模型中对各气象要素进行空间展布时没有考虑地形对各气象要素的影响，

因此展布出来的资料存在一定的偏差。本书依据地形对降水和温度进行调整。

对降水的调整是降水偏差修正后的降水点高程和未修正的降水量点高程的函数：

$$R_1 = R_{day} + (EL_1 - EL_{gage})plaps, \quad R_{day} > 0.01 \tag{4.25}$$

式中，R_1 为某点修正后的降水量；R_{day} 为该点修正前的降水量；EL_1 为该点实际的高程；EL_{gage} 为该点修正前降水量相应的高程值；plaps 为降水偏差率。

在对流层内，气温一般随高度逐步递减。因此在对温度进行修正的时候可以延用这个规律。

$$T_1 = T_v - (EL_1 - EL_{gage})\gamma \tag{4.26}$$

式中，T_1 为某点修正后的温度；T_v 为该点修正前的温度；γ 为气温随高程的变化率，一般取 0.5～0.7。

而对于湿度和风速可以使用与降水量高程修正相似的方法。

4.3.4　降雪和融雪

如果流域所处位置包括高纬度地区或高山带，则降水会分为雨和雪。降雪、积雪及冰雪冻融过程是流域水文的重要特性。由于降雪和融雪的存在，流域水文过程同时受水量平衡和热量平衡的控制。

在考虑降雪和融雪的过程中，需要考虑的基本问题包括以下几个：①降雨和降雪的分辨。当气温低于某一阈值的时候，降水将以雪的形式出现，即使是同一场雨，也会由于不同高程上的温度不同，而同时存在雨和雪两种形态。②积雪和融雪的判断。降雪如果不能立即融化，就形成积雪，而积雪在什么条件下融化，取决于流域积雪的热状态和热量平衡。③积雪量的估计。如果没有达到融化条件，则降雪将以积雪的形式储存在流域内，积雪形成一个特定的蓄水体。这个蓄水体对流域水文过程起着一定的调蓄作用，其蓄量即积雪量的估计是流域水量平衡的重要组成。④融雪量的估计。当条件满足时，积雪开始融化。这时重要的是要估计在一定时段内的融雪量，以便确定流域水文的输入过程和对此输入的响应。

1. 降雨和降雪的分辨

模型根据日平均温度将降水划分为雨或冻雨/雪。需要定义一个温度阈值，用来区分雨或雪。如果日平均温度低于温度阈值，则降水定义为雪，且降雪相应的水量将加到积雪上。

2. 积雪和融雪的判断

融雪受气温、积雪温度、融化率和积雪区域控制。在判断是否产生融雪时，首先计算积雪温度。积雪温度是日平均温度的函数，并滞后于空气温度的变化。前一天积雪温度对当天积雪温度的影响受控于滞后因子 l_{snow}。滞后因子的选取在本质上应能反映积雪的密度、深度、方位和其他影响积雪温度的因子。计算积雪温度的公式如下：

$$T_{snow(d_n)} = T_{snow(d_{n-1})}(1 - l_{snow}) + \bar{T}_{av} l_{snow} \tag{4.27}$$

式中，$T_{snow(d_n)}$ 为计算当天的积雪温度；$T_{snow(d_{n-1})}$ 为前一天的积雪温度；l_{snow} 为滞后因子。当 l_{snow} 接近 1 时，则当天的日平均温度对积雪温度的影响较大，而前一天的影响较小。

在积雪温度不超过融雪温度阈值时，融雪不会发生，本书中融雪温度阈值取 0。

3. 积雪量的估计

积雪所含水量用雪水当量表示。降雪发生积雪增加，雪融化或升华则积雪减少。平衡公式为

$$\text{SWE}(d_n) = \text{SWE}(d_{n-1}) + R_{day} - E_{sub} - \text{SWE}_{mlt} \tag{4.28}$$

式中，$\text{SWE}(d_n)$ 为计算当天的积雪水量；$\text{SWE}(d_{n-1})$ 为前一天的积雪水量；R_{day} 为当天的降水量（仅当平均气温低于降雪温度阈值时增加）；E_{sub} 为升华的水量；SWE_{mlt} 为当天融化的雪量。

4. 融雪量的估计

融雪的能量平衡方程可表达为

$$Q_m = R_s(1-\alpha) + \varepsilon\sigma T^4 - \varepsilon_0\sigma T_{snow}^4 - \text{LE} - H + G + A_d - \Delta U/\Delta t \tag{4.29}$$

式中，Q_m 为融雪消耗的能量；R_s 为到达积雪表面的短波放射量；α 为积雪表面短波反射率；T 为平均气温；T_{snow} 为积雪表面温度；σ 为 Stefan-Boltzmann 常数；ε 为大气长波放射率；ε_0 为积雪长波放射率；LE 为潜热通量；H 为显热通量；G 为进入积雪底部的地中传导热通量；A_d 为移流项（包括空气水平向流动引起的能量输入和降雨带入的能量）；ΔU 为积雪温度升高增加的蓄热量；Δt 为时间步长。

在以日为时段进行融雪计算时，由于 G、A_d 和 $\Delta U/\Delta t$ 相对其他能量很小，可忽略不计。由式(4.29)转变为

$$Q_m = R_s(1-\alpha) + \varepsilon\sigma T^4 - \varepsilon_0\sigma T_{snow}^4 - \text{LE} - H \tag{4.30}$$

进而融雪量可由下述经验公式估算：

$$\text{SWE}_{mil} = 0.270 Q_m \tag{4.31}$$

对融雪量的计算除了可以使用能量平衡法，还可以采用经验的度日因子法。

$$\text{SWE}_{mlt} = M_f(T_a - T_{mlt}), \quad T_a > T_{mlt} \tag{4.32}$$

式中，M_f 为度日系数，即每天每摄氏度正气温的融雪量；T_a 为平均气温；T_{mlt} 为融化临界温度。

4.4　天然因素的模拟

4.4.1　蒸散发

蒸散发是水文循环中的一个重要环节，很大程度上影响着陆地表面降水和辐射能的重新分配，在水量平衡中占有重要地位。实际的蒸散发主要包括植物蒸腾损失、土壤蒸发、水体表面与植物表面蒸发。

蒸发量主要受气候条件、植被条件和土壤特性的影响。植被一般是非均匀分布的，并且在一个地区是异类分布的，这些都会造成蒸散发的不同。另外对落叶植物分布较广的地区，植物落叶后会造成叶面积指数和反射率的变化，会对实际蒸散发产生季节性的变化。

1. 日蒸散发

在水文实践中，用于估算日平均潜在蒸发和实际蒸发的公式有很多。例如，Penman 公式、Slatyer 和 Mcilroy 公式、Priestley 和 Taylor 公式、Penman-Monteith 公式等。所有这些方法均有一定的理论基础，但对气象数据有不同的要求。不同的方程可表达为以下通用形式：

$$\mathrm{LE}=\beta\left[A\frac{\Delta}{\Delta+\gamma'}(I_{\mathrm{n}}-G)+B\frac{\gamma}{\Delta+\gamma'}f(u)(e_{\mathrm{a}}^{*}-e_{\mathrm{a}})\right]\tag{4.33}$$

式中，LE 为潜热通量，L 为水的汽化潜热，E 为蒸发；β 为蒸发可利用水分的函数；Δ 为饱和水气压对温度的导数；I_{n} 为太阳净辐射量；G 为传入地中的热通量；e_{a} 为水汽压；e 为饱和水汽压；γ 为空气湿度常数（标准温度和气压条件下 $\gamma=0.67\mathrm{kPa/K}$）；$f(u)=a+bu$，$u$ 为风速。A、B 和 γ' 均是系数，不同的计算公式中有不同的取值。

在这些公式中，Penman 公式通常用来计算自由水面或高植被（如树木）的可能蒸发量，即蒸发能力，需要四项气象数据——太阳辐射量、风速、气温和水汽压；Priestley 和 Taylor 公式适用于计算区域平均或均匀植被覆盖地区的参照作物可能蒸发量，需要两项气象数据——太阳辐射量和气温。

2. 一种蒸散发模型

在计算实际蒸发量时，需要考虑作物的生长状态。但由于下垫面条件的变化，如果作为大流域分布式水资源模拟的输入，就会存在由资料缺乏造成的计算困难。因此本书介绍一种使用遥感资料与气候资料来推求大流域分布式水资源模拟的蒸散发计算方法。

模型中考虑的蒸散发过程主要包括植物蒸腾和土壤蒸发两部分。蒸发过程示意图如图 4.3 所示。

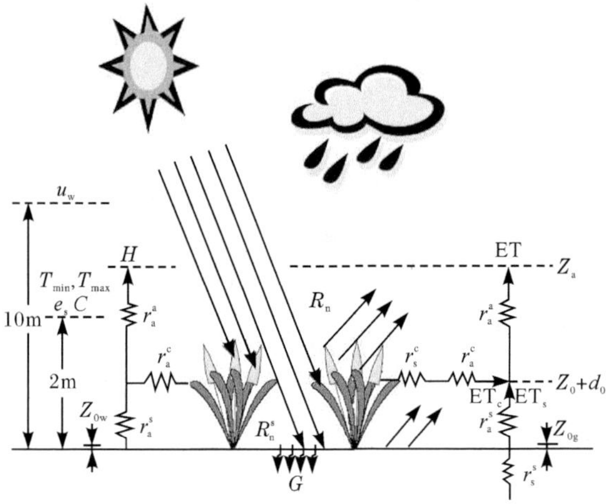

图 4.3 蒸发过程示意图

图 4.3 中，r_s^c 和 r_a^c 分别为叶面气孔总阻抗和边界层总阻抗；r_a^s 和 r_a^a 分别为土壤到植物冠层的空气动力学阻抗和冠层到参考高度的空气动力学阻抗；r_s^s 为土壤表面阻抗；Z_0+d_0 为冠层的有效高度；Z_a 为参考高度，$Z_a=h_c+2m$，h_c 为作物高度；R_n 和 R_n^s 分别为冠层以上的净辐射量和土壤表面的净辐射量；G 为土壤热通量；ET_c 为冠层的蒸腾量；ET_s 为土壤的蒸发量；ET 为总的蒸散发量；H 为感热量；T_{max} 和 T_{min} 分别为当天的最高气温、最低气温；e_a 为实际水汽压；C 为云层覆盖率；u_w 为在 Z_w 高度的风速；h_w 为观测高度(通常 $Z_w=10m$，$h_w=2m$)。

$$LET=C_c ET_c+C_s ET_s \tag{4.34}$$

$$ET_c=\frac{\Delta(R_n-G)+[(24\times3600)\rho c_p(e_s-e_a)-\Delta r_a^c(R_n^s-G)]/(r_a^a+r_a^c)}{\Delta+\gamma[1+r_s^c/(r_a^a+r_a^c)]} \tag{4.35}$$

$$ET_s=\frac{\Delta(R_n-G)+[(24\times3600)\rho c_p(e_s-e_a)-\Delta r_a^s(R_n-R_n^s)]/(r_a^a+r_a^s)}{\Delta+\gamma[1+r_s^s/(r_a^a+r_a^c)]} \tag{4.36}$$

$$C_c=\frac{1}{1+(R_c R_a)/[R_s(R_c+R_a)]} \tag{4.37}$$

$$C_s=\frac{1}{1+(R_s R_a)/[R_c(R_s+R_a)]} \tag{4.38}$$

$$R_a=(\Delta+\gamma)r_a^a \tag{4.39}$$

$$R_c=(\Delta+\gamma)r_a^c+\gamma r_s^c \tag{4.40}$$

$$R_s=(\Delta+\gamma)r_a^s+\gamma r_s^s \tag{4.41}$$

式中，L 为水的汽化潜热；C_c 和 C_s 分别为作物蒸腾量和土壤蒸发量所占比例；e_s 为饱和水汽压；Δ 为饱和水汽压对温度的导数；ρ 为常压下空气平均密度；C_p 为空气的比定压热容；γ 为空气湿度常数；其他的变量如图 4.3 所示。

对于式(4.35)中的参数 L、e_s、Δ、ρ 和 C_p 可以简单地使用与气候资料相关的计算方法：

$$L=2.501-0.002361T_s \tag{4.42}$$

$$e^0(T)=0.6108\exp\left(\frac{17.27T}{T+237.3}\right) \tag{4.43}$$

$$e_s=\frac{e^0(T_{max})+e^0(T_{min})}{2} \tag{4.44}$$

$$\Delta=\frac{4098\left[0.6108\exp\left(\frac{17.27T}{T+237.3}\right)\right]}{(T+237.3)^2} \tag{4.45}$$

$$\rho=\frac{P}{T_{K_v}R} \tag{4.46}$$

$$P=101.3\left(\frac{293-0.0065z}{293}\right)^{5.26} \tag{4.47}$$

$$\gamma=\frac{C_pP}{\varepsilon L} \tag{4.48}$$

式中，T_s 为地表温度；$e^0(T)$ 为温度为 T 时的饱和水汽压；P 为温度为 20℃时的标准大气压；T_{K_v} 为大气的实际温度，$T_{K_v}=1.01(273+T)$；R 为指定气体常数，0.287kJ/(kg · K)；z 为海拔高度；ε 为水蒸气分子与干空气分子重量的比值。$C_p=1.013\times10^{-3}$ MJ/(kg · ℃)；$L=2.45$MJ/kg；$\varepsilon=0.622$，代入式(4.48)得 $\gamma=0.665\times10^{-3}P$。

对于水面蒸发采用 Penman 的风速公式，令 $r_s=0$ 代入 Penman-Monteith 公式：

$$ET=\frac{\Delta}{\Delta+\gamma}0.408(R_n-G)+\frac{\gamma}{\Delta+\gamma}2.624(1+0.536u_2)(e_s-e_a) \tag{4.49}$$

式中，u_2 为 2m 高处的风速。

3. 模型参数的确定

在上述模型中还有 5 个阻抗参数需要确定。

1) 空气动力学阻抗

空气动力学阻抗 r_a^s 和 r_a^a 的推求方法有很多。Shuttleworth 和 Wallace[142] 采用 K 理论来确定全部覆盖和裸地两种情况下的空气动力学阻抗，中间的情况采用线性内插的方法求得；Shuttleworth 和 Gurney[143] 又在裸地上采用理想高度的假设来求算。本模型采用的是 Shuttleworth 和 Gurney 提出的方法，为了避免迭代计算，而忽略了稳定度的影响，计算方法如下：

$$r_a^s=\frac{h_c\exp(n)}{nK_h}[\exp(-nz_{0g}/h_c)-\exp\{-n(z_0+d_P)/h_c\}] \tag{4.50}$$

$$r_a^a=\frac{1}{\kappa u_*}\ln\left(\frac{z_a-d_0}{h_c-d_0}\right)+\frac{h_c}{nK_h}[\exp\{n[1-(z_0+d_P)/h_c]\}-1] \tag{4.51}$$

式中，h_c 为植被高度；n 为植被的扩散衰减常数；K_h 为冠层顶部的扩散衰减系数；z_{0g} 为地面粗糙高度，与植被的种类有关；z_0 为首选粗糙高度，$z_0=0.13h_c$；d_P 为首选 0 平面位移（$0.63h_c$）；κ 为 Karman 常数（$k=0.41$）；u_* 为摩擦速率；z_a 为基准高度；d_0 为冠层 0 平面位移。所有的参数确定使用下述方法[144,145]：

$$K_h=\kappa u_*(h_c-d_0) \tag{4.52}$$

$$u_*=\frac{\kappa u_a}{\ln\left[\frac{(Z_a-d_0)}{z_0}\right]} \tag{4.53}$$

$$d_0=\begin{cases}h_c-z_{0c}/0.3, & \text{LAI}\geqslant 4\\ 1.1h_c\ln[1+(c_d\text{LAI})^{1/4}], & \text{LAI}<4\end{cases} \tag{4.54}$$

$$z_0=\min\{0.3(h_c-d_0),z_{0g}+0.3h_c(c_d\text{LAI})^{0.5}\} \tag{4.55}$$

$$z_{0c}=\begin{cases}0.13h_c, & h_c\leqslant 1\\ 0.139h_c-0.009h_c^2, & 1<h_c<10\\ 0.05h_c, & h_c\geqslant 10\end{cases} \tag{4.56}$$

$$c_d=\begin{cases}1.4\times 10^{-3}, & h_c=0\\ \dfrac{[-1+\exp(0.909-3.03z_{0c}/h_c)]^4}{4}, & h_c>0\end{cases} \tag{4.57}$$

$$n=\begin{cases}2.5, & h_c\leqslant 1\\ 2.306+0.194h_c, & 1<h_c<10\\ 4.25, & h_c\geqslant 10\end{cases} \tag{4.58}$$

式中，u_a 为参考高度的风速；z_0 为冠层的粗糙高度；z_{0c} 为紧密冠层的粗糙高度；c_d 为每片叶子的平均阻力系数。

2）叶面气孔总阻抗和边界层总阻抗

叶面气孔总阻抗不仅受 LAI 的影响，还受周围环境的影响。它的计算方法经常被表示为

$$r_s^c=\frac{r_{\text{STmin}}}{\text{LAI}_e\prod_i F_i(X_i)} \tag{4.59}$$

式中，LAI_e 为有效 LAI；X_i 为影响叶面气孔的周围环境变量；$F_i(X_i)$ 为 X_i 的压力函数，$0\leqslant F_i(X_i)\leqslant 1$；$r_{\text{STmin}}$ 为在理想条件下的最小单叶面气孔阻抗。按 Gardiol 等[146]的方法，计算 LAI_e 的方法如下：

$$\mathrm{LAI_e}=\begin{cases}\mathrm{LAI}, & \mathrm{LAI}\leqslant 2\\ 2, & 2<\mathrm{LAI}<4\\ \mathrm{LAI}/2, & \mathrm{LAI}\geqslant 4\end{cases} \tag{4.60}$$

对于环境压力，如果忽略二氧化碳浓度的影响，则确定方法如下：

$$F_1(S)=\frac{dS}{c+S} \tag{4.61}$$

$$F_2(D)=\begin{cases}1-0.409D, & \text{低秆作物}\\ 1-0.238D, & \text{高秆作物}\end{cases} \tag{4.62}$$

$$F_3(T)=\begin{cases}1, & T\geqslant 298\\ 1-16\times 10^{-3}(298-T)^2, & 273<T<298\\ 0, & T\leqslant 273\end{cases} \tag{4.63}$$

$$F_4(\theta)=\begin{cases}1, & \theta\geqslant\theta_f\\ \dfrac{\theta-\theta_r}{\theta_f-\theta_r}, & \theta_f<\theta<\theta_r\\ 0 & \theta\leqslant\theta_r\end{cases} \tag{4.64}$$

其中，式(4.61)显示了日照的影响，S 为太阳辐射通量；$d=1+c/100$；对于森林 c 取 100，对于作物 c 取 400；式(4.62)显示了水汽压的影响，并将高秆作物和矮秆作物分别考虑，其中 $D=e_s-e_a$；式(4.63)显示了气温的影响，当气温高于 25℃时，叶面气孔不受限制全开，当气温低于 0℃则全关，当气温为 0～25℃时使用线性插值；式(4.64)显示了土壤含水量的影响，θ 为土壤含水量；θ_f 为在田间持水量；θ_r 为凋萎含水量。

3) 土壤表面阻抗

由于土壤的复杂性，不可能建立一个垂直分辨率很高的土壤模型。缺少对不同土壤类型的参数研究，很难在大流域使用公式计算。因此在本模型中将土壤分为上下两层。上层为干层，下层为饱和层。土壤的表面阻抗的意义可以解释为从湿层通过干层扩散的阻抗。在确定土壤阻抗时采用经验方法。

4.4.2　截留

植物截留是降水在植物枝叶表面吸着力、承托力、水分重力及表面张力等作用下储存于植物表面的现象。降水初期，水滴降落在植物枝叶上被枝叶表面截留；在降水过程中，截留不断增加，直至满足最大截留量。植物枝叶截留的水分，当水滴重量超过表面张力时，便落至地面。截留过程延续整个降水过程，积蓄在枝叶上的水分不断被新的降水更替，降水停止后截留水量最终消耗于蒸发。

影响植物截留的因素可分为两类：一类是植物本身的特征；另一类是气象、气候因素。前者反映了植物的截留容量，后者决定了植物的实际截留量。因此，植物截留量的大小不仅与植物的种类、生育阶段有关，而且与降水量、降水强度有关。植物不同，截留量不同；植物生育阶段不同，截留量也不同。植物生长最旺盛时期的最大截留量，称为最大截留容量。植物截留与降水量的一般关系是：降水量较小时，截留损失大；降水量较大时，截留损失小，随着降水量的增大截留损失逐渐趋于稳定。

植物截留与降水强度的一般关系是：降水初期，水滴全部截留于枝叶表面，截留量与降水强度无关；对给定的稳定降水强度，有一个与之对应的最大稳定截留量；随着降水强度的增加，截留量增大，最后趋于一个常值，即植物最大截留量。

冠层截留能力的计算有多种经验公式。考虑本模型的建模原则，在计算植物截流时，尽量使用容易获得且更新快的遥感数据作为植物种类及生长时段的数据输入。因此利用美国地质调查局提供的 IGBP(international geosphere biosphere programme)图像来获得流域土地覆盖类型数据。IGBP 将全球土地覆盖类型分为 17 类，通过建立土地覆盖类型与参数 SR_{max}(植被及根系最大截留量)之间的关系，我们可以通过 IGBP 土地覆盖类型图来确定研究流域上每个栅格的 SR_{max} 的取值。在单元栅格 i 上 t 时段的降水量 $P_i(t)$ 扣除截留量 $SR_i(t)$，得净雨量 $P_{0i}(t)$。

$$P_{0i}(t)=\max\{0,[P_i(t)-SR_i(t)]\} \tag{4.65}$$

用来描述植物截留能力的物理参数是植物蓄积容量 IC，IC 与植物叶面积指数(LAI) 和地表的平均植被覆盖率 VCF 有关。实际的截留量 $SR_i(t)$ 由式(4.66)决定：

$$SR_i(t)=\min\{IC_i(t),P_i(t)\} \tag{4.66}$$

另一个简单计算 $SR_i(t)$ 的方法是用 $P_i(t)$ 乘一个系数来表示，即

$$SR_i(t)=C_{ic}P_i(t) \tag{4.67}$$

式中，C_{ic} 为截留因子，且 $C_{ic}<1$。

4.4.3 下渗与土壤水分运动

下渗是指水分通过土壤表面垂直向下进入土壤的运动，它是降水径流形成过程中的重要一环，不仅直接影响地面径流量的大小，也影响地下水补给蒸散发、土壤侵蚀和化学物质的运移等。

1. 下渗的物理现象

降水落在干燥的地面上，首先受到土粒的分子力作用，被吸附于土粒表面，形成薄膜水。待表面土壤中薄膜水得到满足后，下渗水就填充土壤间的空隙，并且在表面张力的作用下，形成毛管力。在毛管力和重力作用下，下渗水分在土壤孔隙中作不稳定运动，并逐步充填土粒孔隙。一旦表层土壤中毛细管水满足后，若地表仍有积水，则继续下渗的水分填充较大孔隙，使表层土壤含水量达到饱和。

此时，表层饱和土的毛管力方向向下，水分在毛管力作用下向下层土壤运动；同时，孔隙中的自由水在重力作用下，沿孔隙向下流动。水分在重力作用下向下运行，称为渗透，如果地表仍有积水，则下渗继续。下渗使土壤水分不断增加，饱和层厚度扩展，使饱和层和下层之间形成一个湿润层。湿润层内土壤含水量向深层递减。湿润层的前缘称为下渗锋面。随着下渗锋面向下进展，毛管力逐渐减小，下渗锋面到达一定深度趋于稳定，此后，下渗继续，水分主要在重力作用下进行渗透。下渗锋面到达一定深度趋于稳定后，孔隙中的重力水不会滞留在土壤中，因受重力作用继续向下运动，补充下层土壤含水量。如果地下水埋藏深度不大，重力水可能渗透整个包气带，补给地下水，形成地下径流。

2. 土壤水特性

土壤通常由三相物质，即固态土壤颗粒、液态水和空气构成。土壤中的水分存在形式包括吸湿水、薄膜水、毛管水和重力水。受土壤分子力的作用，吸湿水难以被植物利用，因此土壤中对植物有效的水分是重力水、毛管水和一部分薄膜水。土壤颗粒之间所有孔隙的体积与土壤总体积之比，称为孔隙率。土壤中水分所占体积与土壤总体积之比称为土壤体积含水率。土壤颗粒对周围水分的吸附力和毛管力之和称为土壤吸力，其负值称为土壤水势。

土壤水特性的主要参数有以下几个：

(1) 饱和含水率。土壤中所有孔隙都充满水时的土壤含水率。由于土壤水分中空气气泡的存在，饱和含水率实际略小于土壤孔隙率。尽管如此，下渗模拟计算时常将两者视为相等。

(2) 田间持水率。土壤中所能保持的最大毛管悬着水对应的土壤含水率。土壤含水率超过田间持水率，水分便以重力水的形式向下运动。

(3) 凋萎系数。植物根系无法从土壤中吸取水分而开始凋萎时的土壤含水率，又称为剩余含水率或残留含水率。

(4) 饱和导水率。又称为饱和水力传导系数，指土壤达到饱和含水率时的导水率。

颗粒粒径小于 2mm 的土壤通常分为三类：砂土、壤土和黏土。不同种类的土壤具有不同的水分特性，通常通过室内或室外试验确定。

3. 下渗模型

影响下渗率的因素有很多，包括地表土壤条件、植被覆盖状况、土壤特性及土壤含水率等。自 20 世纪初以来，涌现出许多描述地表土壤下渗的计算模型，在流域水资源模拟模型中常采用的三种下渗模型为 Green-Ampt 模型、Horton 模型和 Philip 模型。这三种模型均基于一定的假设条件，并都具有一定的物理概念。

1) Green-Ampt 模型

Green-Ampt 模型假设入渗时存在一个湿润锋将上部饱和土壤与下部非饱和土壤分离开来，应用 Darcy 定律和水量平衡原理建立的 Green-Ampt 模型如下：

$$f=k\left(1+\frac{A}{F}\right) \tag{4.68}$$

$$F=kt+A\ln\left(\frac{A+F}{A}\right) \tag{4.69}$$

$$A=(\mathrm{SW}+h_0)(\theta_s-\theta_0) \tag{4.70}$$

式中，f 为入渗率；F 为累积入渗量；SW 为湿润锋处的土壤吸力；k 为湿润区土壤导水率；θ_s 为湿润区土壤体积含水率；θ_0 为初始土壤含水率；h_0 为地表积水深；t 为时间。

SW 取决于土壤类型和土壤特性，使用式(4.71)计算：

$$\mathrm{SW}=\int_0^{s_0} k_r(\theta)\,\mathrm{d}s \tag{4.71}$$

式中，θ 为土壤体积含水率；s 为土壤吸力；$k_r(\theta)=k(\theta)/k_s$ 为土壤相对导水率；s_0 为初始土壤吸力。

1978 年，Chu 将 Green-Ampt 下渗模型扩展到非稳定降水时的下渗计算，提出以下模型。

地表发生积水之前：

$$f=I \tag{4.72}$$

$$F=F_{t-\Delta t}+I\Delta t \tag{4.73}$$

地表发生积水之后：

$$f=k\left(1+\frac{A}{F}\right)$$

$$F-F_P=k(t-t_P)+A\ln\left(\frac{A+F}{A+F_P}\right) \tag{4.74}$$

式中

$$F_P=\frac{A}{I_P/K-1} \tag{4.75}$$

$$t_P=t_{n-1}+\frac{F_P-F_{n-1}}{I_P} \tag{4.76}$$

$$A=(\mathrm{SW}+h)(\theta_s-\theta_0) \tag{4.77}$$

其中，I 为积水之前的降水强度；Δt 为时间步长；$F_{t-\Delta t}$ 为前时段末的累积下渗量；F_P 为地表开始积水时的累积下渗量；t_P 为地表开始积水的时刻；I_P 为地表开始积水时的降水强度；h 为地表积水深；t 为时间。

另外，1981 年，Moore 和 Eigel 提出了稳定降水条件下的两层土壤 Green-Ampt 模型。1996 年，Jia 和 Tamai 提出了非稳定降水条件下多层土壤下渗 Green-Ampt

模型的一般形式，并指出 Mein-Larson 模型和 Moore-Eigel 两层土壤下渗模型均是 Green-Ampt 模型一般形式的特例。

2) Horton 模型

Horton 研究发现，以某个初始下渗率开始的下渗过程，其下渗率会随时间呈指数递减，直至达到某一稳定的下渗率，提出下渗公式：

$$f(t)=f_c+(f_0-f_c)e^{-at} \tag{4.78}$$

式中，a 为递减常数。

3) Philip 模型

Philip 针对半无限均质土壤一维垂直下渗的情况，当地表土壤的水势及含水率保持不变时，使用 Boltzmann 变换函数 $B(\theta)=zt^{-1/2}$，将 Richards 方程转化为常微分方程，推导出累积下渗量随时间变化的关系式为

$$F(t)=St^{1/2}+k_s t \tag{4.79}$$

式中，S 为土壤吸湿率，是土壤吸力的函数；k_s 为土壤的饱和导水率。

将方程式求导，得出如下方程：

$$f(t)=\frac{1}{2}St^{-1/2}+k_s \tag{4.80}$$

式中，右边两项分别表示土壤吸力和重力对下渗的贡献。当时间足够长时，下渗率将趋近于土壤的饱和导水率。

4.4.4　地表径流

1. 饱和产流面积的确定

降水满足冠层截留等初损以后，下渗进入土壤包气带。只有包气带的土壤含水量达到田间持水量后，多余的水分中才有一部分以重力水的形式，通过大孔隙直接进入地下水层，引起地下水位抬升。由于垂直排水及侧向水分运动，一部分流域面积地下水位抬升至地表面成为饱和面，在这种饱和地表面积(即源面积)上将产生饱和坡面流。在近表层土壤水力传导度大及坡面重力梯度大时形成壤中流。

根据以上分析，本书建立的模型采用 Beven 提出的方法确定产流面积和产流量。其中，土壤饱和缺水量计算方程的推导应用了连续方程和 Darcy 定律，并基于 TOPMODEL 的基本假设：①流域存在一个有稳定供水的饱和层面积；②饱和层的水位总是与坡面平行，即饱和层有效水力梯度与局部地表坡度($\tan\beta$)相等；③土壤水力传导度的坡面分布与缺水量或地下水埋深呈指数关系；④土壤刚饱和时的传导度 T_0 在整个流域上相等，最终推导出模型的基本方程：

$$D_i=\bar{D}+m[\lambda-\ln(\alpha/\tan\beta)] \tag{4.81}$$

式中，D_i 为流域局部点的土壤缺水量；$\bar{D}$ 为流域平均缺水量；m 为土壤剖面图中有效深度；α 为单位等高线的汇水面积；$\tan\beta$ 为局部坡度；$\ln(\alpha/\tan\beta)$ 为地形指数；λ 为 $\ln(\alpha/\tan\beta)$ 的流域空间分布平均值：

$$\lambda = \frac{1}{A}\sum_i A_i \ln(\alpha/\tan\beta) \tag{4.82}$$

式(4.81)表明流域内任一点的土壤缺水量由流域平均缺水量和地形指数 $\ln(\alpha/\tan\beta)$ 确定。计算出 D_i 后，$D_i \leqslant 0$ 的面积就是饱和源面积，在这些面积上将产生饱和坡面流。同时，式(4.81)还表明地形指数较大的面积上越容易达到饱和。

2. 产流计算

流域产流计算的关键在于揭示流域产流面积的变化规律。流域产流面积的变化取决于降水量或降水强度的空间分布，以及包气带含水量或下渗容量的空间分布。目前，我国的研究人员通过超渗产流模式的流域下渗容量分配曲线和蓄满产流模式的流域蓄水容量分配曲线来解决产流面积变化问题，将以上两曲线为基础的产流模型耦合在一起得到综合的流域产流模型。然而，流域蓄水容量分配曲线和流域下渗容量分配曲线并不能指明流域中具体位置的包气带田间持水量和地面下渗能力。因此，它们不能在降水空间分布不均匀的情况下使用。

TOPMODEL 的理论基础是变动产流面积的概念，模型中产流面积的大小和位置是通过土壤饱和缺水量来确定的，流域各点的土壤饱和缺水量由流域平均饱和缺水量和各点的地形指数 $\ln(\alpha/\tan\beta)$ 进行计算，因此 TOPMODEL 可以直观地反映产流面积的大小和分布。为了提高模型计算效率，TOPMODEL 假定地形指数相同的区域具有相同的水文响应，用地形指数面积分布曲线来将流域划分为一系列计算单元[147]。从产流机制上看，TOPMODEL 的核心是蓄满产流模式，对于有超渗产流模式的植被较差、土层较薄的干旱地区、半干旱半湿润地区或者湿润地区，TOPMODEL 的使用受到了限制，实际应用效果并不理想。针对这一问题，在 TOPMODEL 模型结构中增加了超渗产流模块，并将 TOPMODEL 模型结构中的一层蒸发模块改进为两层蒸发模块，使 TOPMODEL 的产流理论更完善，应用更广泛。

每一类地形指数计算单元垂向分为三层：植被根系层、重力排水层和饱和含水层。产流计算分为地面径流和地下径流两部分，改进的 TOPMODEL 模型结构如图 4.4 所示。水分通过降水由大气进入土壤，经过植被根系截留后，剩余部分作为净雨进入重力排水层；在重力作用下，水分沿垂向进入饱和含水层，水分在饱和含水层的出流形成基流；当土壤非饱和层蓄满后，水分溢出形成饱和坡面流。地面径流包括超渗产流(R_{E})和饱和产流(R_{SAT})两部分，超渗产流量取决于降水强度和前期土湿，饱和产流量取决于土壤含水量。

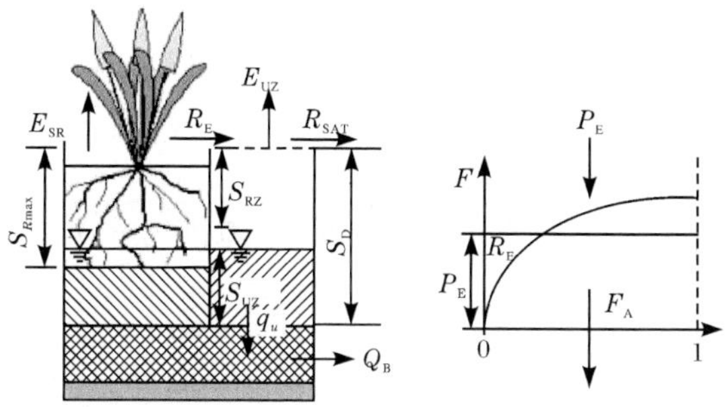

图 4.4　改进的 TOPMODEL 模型结构示意图

1) 蒸散发计算

本书采用两层蒸发模型进行计算，蒸散发先发生在植被根系层，当植被根系层水分蒸发完后，重力排水层中水分将会受到蒸散发损失，具体计算公式为

$$E_{SR_i}(t)=\begin{cases}E_P(t), & S_{R\max_i}-S_{RZ_i}(t)>E_P(t)\\ S_{R\max_i}-S_{RZ_i}(t), & S_{R\max_i}-S_{RZ_i}(t)\leqslant E_P(t)\end{cases} \tag{4.83}$$

$$E_{UZ_i}(t)=\begin{cases}0, & S_{R\max_i}-S_{RZ_i}(t)>E_P(t)\\ [E_P(t)-E_{SR_i}(t)]\dfrac{S_{UZ_i}(t)}{S_{D_i}}, & S_{R\max_i}-S_{RZ_i}(t)\leqslant E_P(t)\end{cases} \tag{4.84}$$

式中，E_P 为蒸发能力，mm；E_{SR} 为植被根系层蒸发量，mm；E_{UZ} 为土壤非饱和层蒸发量，mm。

2) 超渗产流

超渗产流量为净雨量扣除实际下渗量，即

$$R_{E_i}(t)=P_{E_i}(t)-F_{A_i}(t) \tag{4.85}$$

式中，R_E 为超渗产流量，mm；P_E 为净雨量，mm；F_A 为实际下渗量，mm。

实际下渗水分直接补充植被根系层，因此植被根系层土壤缺水量为

$$S_{RZ_i}(t)=\begin{cases}0, & F_{A_i}(t)>S_{RZ_i}(t-1)\\ S_{RZ_i}(t-1)-F_{A_i}(t), & F_{A_i}(t)\leqslant S_{RZ_i}(t-1)\end{cases} \tag{4.86}$$

当植被根系层土壤含水量满足田间持水量后，多余的水分进入重力排水层，因此重力排水层蓄水量为

$$S_{UZ_i}(t)=\begin{cases}S_{UZ_i}(t-1)+F_{A_i}(t)-S_{RZ_i}(t-1), & F_{A_i}(t)>S_{RZ_i}(t-1)\\ S_{UZ_i}(t-1), & F_{A_i}(t)\leqslant S_{RZ_i}(t-1)\end{cases} \tag{4.87}$$

当 $S_{UZ_i}(t)>S_{D_i}$ 时，即重力排水层蓄水量 S_{UZ_i} 大于饱和缺水量 S_{D_i} 后，剩余的水分使地下水水位抬升至地表形成饱和坡面流。

$$R_{\mathrm{SAT}_i}=S_{\mathrm{UZ}_i}(t)-S_{\mathrm{D}_i} \tag{4.88}$$

地面径流量 R_{S} 为超渗产流量 R_{E} 和饱和产流量 R_{SAT} 之和：

$$R_{\mathrm{S}_i}(t)=R_{\mathrm{E}_i}(t)+R_{\mathrm{SAT}_i}(t) \tag{4.89}$$

3) 土壤非饱和层重力排水

水分以一定的速率垂直进入饱和含水带，重力排水量为：

$$q_{\mathrm{v}_i}(t)=\frac{S_{\mathrm{UZ}_i}}{S_{\mathrm{D}_i}T_{\mathrm{d}}} \tag{4.90}$$

式中，q_{v} 为重力排水量；T_{d} 为时间常数；S_{UZ_i} 为单元栅格 i 上 t 时段的土壤非饱和层蓄水量；S_{D_i} 为单元栅格 i 上 t 时段的土壤非饱和层缺水量。

4) 土壤饱和层出流

在饱和含水带中，水分通过侧向运动形成基流 Q_B：

$$Q_B(t)=Q_0\mathrm{e}^{-\frac{\overline{S_{\mathrm{D}}}}{m}} \tag{4.91}$$

$$Q_0=T_0\mathrm{e}^{-\lambda} \tag{4.92}$$

式中，Q_0 为 $\overline{S_{\mathrm{D}}}$ 是 0 时的流量，$\mathrm{m^3/s}$；$\overline{S_{\mathrm{D}}}$ 为流域平均缺水量，m；m 为土壤剖面图中有效深度；λ 为流域平均地形指数；T_0 为土壤饱和导水率。

T_0 作为参数，认为同土壤中黏土、沙土和壤土含量满足关系：

$$T_0=P_{沙}T_{0沙}+P_{黏}T_{0黏}+P_{壤}T_{0壤} \tag{4.93}$$

式中，$P_{沙}$、$P_{黏}$ 和 $P_{壤}$ 分别为栅格土柱中沙土、黏土和壤土的百分含量；$T_{0沙}$、$T_{0黏}$ 和 $T_{0壤}$ 分别为 T_0 在沙土、黏土和壤土中的取值。

对计算 t 时刻的地面径流量 $R_{\mathrm{S}_i}(t)$，求面积加权平均得该时刻流域平均地表径流量：

$$Q_{\mathrm{OF}}(t)=\sum_{i=1}^{n}R_{\mathrm{S}_i}(t)A_i \tag{4.94}$$

式中，Q_{OF} 为流域平均地表径流量，mm；A_i 为第 i 类地形指数对应的部分面积比；n 为地形指数分类数目。

综上所述，流域平均产流总量 Q_{OUT} 为

$$Q_{\mathrm{OUT}}(t)=Q_{\mathrm{OF}}(t)+Q_{\mathrm{B}}(t) \tag{4.95}$$

4.4.5 汇流

计算出流域平均产流量 Q_{OUT} 后，通过等流时线法进行汇流演算，求出各子流域出口处的流量过程。然后将子流域流量过程通过河道汇流演算，即可得到流域总出口处的流量过程。

由于在本书中子流域的划分方法是在等流时带的基础上再划分子流域，所以每个子流域内部的产流都会在同一个时段流入下一个子流域。分别计算各时段产流量在流域出口形成的流量过程。在不考虑流域河槽的调蓄作用的情况下，将

同时出现在出口的流量直接叠加，得整个流域的模拟流量过程。

4.5　人工影响因素的模拟

随着经济的发展，人类活动越加频繁，进而对天然的水资源循环过程产生了巨大的影响。因此如果要更加准确地模拟水循环过程，就不得不模拟人工侧支的用水过程。人工侧支用水与天然水循环的不同主要表现在灌区的水循环过程、城镇区域的水循环过程、人工生态用水循环过程及水利工程的调蓄作用等。

4.5.1　灌区水循环模拟

农业生产是人类改造自然的一项主要活动之一。人类大力发展农业导致下垫面的巨大变化，对天然的水循环过程有显著的影响。耕种方式、种植作物种类及灌溉方式不同都会对水循环过程产生不同的影响，进而农业灌溉的回归水亦有较大差别，这些都是通过灌区的水循环来表现的。灌区水循环过程如图4.5所示。

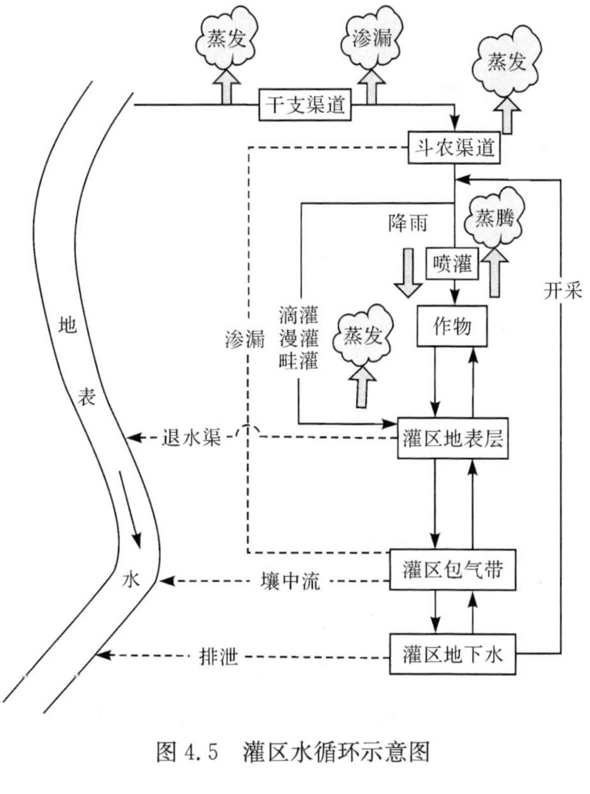

图 4.5　灌区水循环示意图

1. 灌区水循环概化

在灌区水循环系统中，人类活动的干扰主要表现在农田耕作、引水渠道和排水渠道的开挖，以及用于开采地下水的打井活动等方面。从灌区水分循环的转化角度来说，为了使土壤保持适宜的含水量，当土壤水分不足时就要进行灌溉，将地表水或地下水转化为土壤水，以弥补降水量与农作物需水量之间的差额，排水则是排除过剩的土壤水分。这种人工灌溉和排水的方式改变了原有的天然水循环系统，取而代之的是人工与天然共同作用下的复合水循环系统。

首先，水从河道引出以各级渠道为载体分布于农田田面上，由原来在河道中的汇流过程变成分散过程。若是打井抽水就会改变地下水的径流分布过程，使得天然状态下的地下水径流通过集中抽水分布在田面上。在农田排水时，灌溉退水由最末一级排水沟向干沟汇流的过程实际上是一个完全人工控制的汇流过程，若不存在各级沟道，则退水仍按照天然状态下的汇流机制进行。正是由于排水沟的存在，人为创造了原本并不存在的人工汇流过程。但是，无论是灌溉还是降水，水循环系统在田面上所发生的改变仅是各循环通量数量的变化，或者是产汇流层次和方向的变化，而水循环仍然遵循天然水循环的转换机理，就田面降水而言，若无人类干扰因素存在，则水分在田面所在的原有区域按天然水循环过程进行，但是由于田埂、田面平整、渠道和排水沟道等人类物化活动的存在，改变了降水在田面上的入渗、产流通量和汇流方向。灌区水循环系统概化图如图 4.6 所示。

2. 灌溉模拟

农田上的水循环过程一方面遵守着原始的天然水循环转换机理，另一方面又在人类活动干扰下改变其循环通量数量或产汇流方向，两者相互融合，不可分割。

农田的水循环可以概化为如下的水量平衡方程：

$$W_{毛}+P-W_{作物}=W_{回归} \tag{4.96}$$

式中，$W_{毛}$ 为从地表水或地下水直接提取的灌溉水量；P 为降水量；$W_{作物}$ 为作物生长需水量；$W_{回归}$ 为灌区的回归水量。

作物需水量就是作物生长发育过程中所需的水量，一般包括生理需水和生态需水两部分。生理需水是指作物生命过程中各项生理活动(蒸腾、光合作用和构成生物体系等)所需要的水分。生态需水是指给作物正常生长发育创造良好生活环境所需要的水分，如调节土壤温度、影响肥料分解、改善田间小气候等所需要的水分。由于难以测定和计算上述各项需水量，在生产实践中用作物的蒸腾量和棵间蒸发量来表示作物需水量，又称为腾发量。$W_{作物}$ 可以根据实验数据确定，也可以根据式(4.97)计算：

$$W_{作物}=\alpha E_{水} \tag{4.97}$$

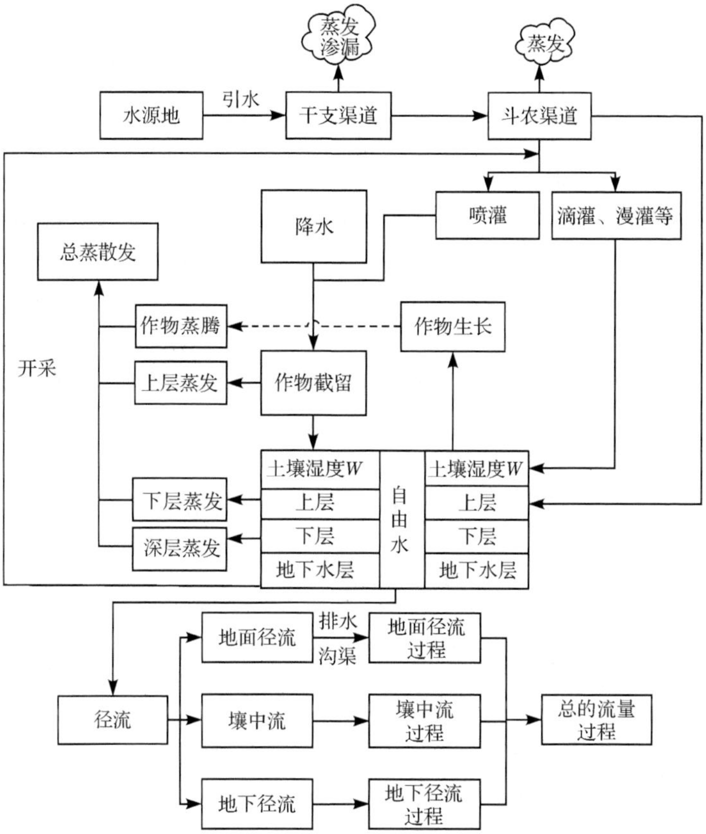

图 4.6　灌区水循环系统概化图

式中，$E_{水}$ 为相应作物某生育阶段的水面蒸发量(水面蒸发换算系数引用附近水文气象部门资料)；α 为作物在某生育期的需水系数。

$W_{回归}$ 包括地表水回归量、地下水回归量及在土壤中蓄存的水量，即

$$W_{回归}=W_{地表}+\Delta W_{土壤}+W_{地下} \tag{4.98}$$

式中，$W_{地表}$ 为由于降水量较大或采用大水漫灌的方式灌溉产生的地表水回归量；$\Delta W_{土壤}$ 为计算起讫时间土壤含水量的变化量；$W_{地下}$ 为通过地下水回归的水量。而 $\Delta W_{土壤}$ 与 $W_{地下}$ 都是由下渗产生的，与下渗量之间的关系为

$$W_{渗}=W_{作物}+W_{地下}+\Delta W_{土壤} \tag{4.99}$$

$W_{渗}$ 包括两部分：一部分是各级渠道的渗漏损失；一部分是农田田面的下渗损失，即

$$W_{渗}=W_{渠渗}+W_{田渗} \tag{4.100}$$

$W_{田渗}$ 在人类对农田进行了翻耕等操作后会有一定的提高，但主体仍遵循土壤

的下渗能力。

$$W_{田渗}=ft \tag{4.101}$$

式中，f 为土壤的下渗率；t 为时段长。对于水田，f 为一个稳定的下渗率；对于旱田则是一个变值。

直接确定 $W_{渠渗}$ 存在一定的困难，在一般的计算中是使用渠系水利用系数进行相应的转换。渠系水利用系数 η 通常指净灌溉用水量 $W_{净}$ 与毛灌溉用水量 $W_{毛}$ 之比。

$$\eta=\frac{W_{净}}{W_{毛}} \tag{4.102}$$

设 $\eta_{干}$、$\eta_{支}$、$\eta_{斗}$、$\eta_{农}$ 分别表示干、支、斗、农各级渠道（同时输水）的加权平均有效利用系数，则

$$\eta=\eta_{干}\eta_{支}\eta_{斗}\eta_{农} \tag{4.103}$$

同时输水的同级渠道，其加权平均有效利用系数根据定义：

$$\eta=\frac{\sum W_{净}}{\sum W_{毛}} \tag{4.104}$$

式中，$\sum W_{毛}$ 为同时工作的同级渠道渠首毛流量之和；$\sum W_{净}$ 为同时工作的同级渠道渠尾净流量之和。

η 的大小与各级渠道长度、沿线土质和水文地质条件、工程配套和衬砌情况、灌溉管理水平等因素有关。η 的确定可在渠道运用过程中实测。我国目前已建灌区 η 值一般只有 0.45～0.6。

因此确定灌区的毛灌溉水量后，就可以根据水量平衡方程确定农田回归水量。

灌区的用水可以引自不同的水源，如果水源地是河道，在模拟过程中设置附加变量。这些变量的设置是为了防止因灌溉引水而使得河道干涸。取自河道或水库的灌溉用地表水，在河道汇流计算时以负的横向流入的形式扣除灌溉引水量。

4.5.2 城镇地区水循环模拟

随着城市化的发展，城市规模不断扩大、人口持续增长、人类活动不断加剧，城市下垫面性质也相应改变。与此同时，城市的生产活动和特殊地面结构对天然状态下的水资源造成了巨大的影响，形成城镇地区特殊的水循环过程。

1. 城镇地区用水循环概化

城镇地区的水循环主要包括天然的降水径流关系和人类供用耗排的水循环

关系。城镇地区用水过程示意图如图 4.7 所示。很多学者在城市化对天然河系的影响方面做了很多研究工作。天然的降水径流关系在天然因素的影响模拟模块进行了模拟，这里只模拟人类供用耗排水循环过程。城镇地区的人类用水主要通过自来水管网分配给各用水单元。用水单元又分为消耗型用水单元和生产型用水单元。消耗型用水单元主要包括家庭、学校和机关等；生产型用水单元主要包括工厂等。

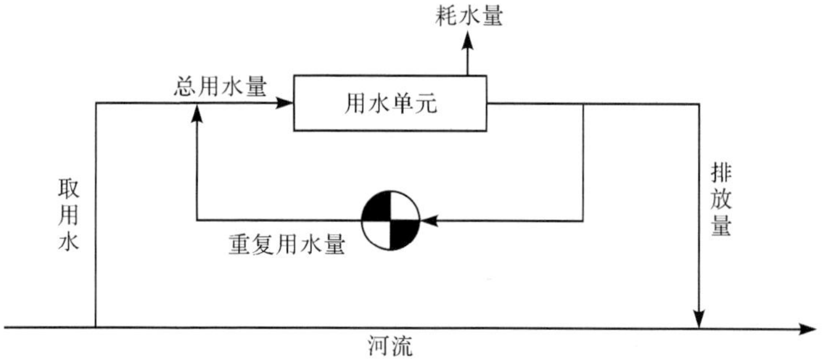

图 4.7　城镇地区用水过程示意图

城镇地区用水系统中，仍保留着入渗、蒸发等天然水循环系统的特征，但更多的却是人工创造了一个水量循环通道，两者相互作用形成城镇用水循环复合系统。城镇地区用水循环系统概化图如图 4.8 所示。引用地表水或开采地下水后，在输送过程中，一部分水量渗漏损失掉，进入土壤和地下水中，其余部分由输水管网进入用水单元。生产型用水单元在产品制造过程中，部分水量转化为“虚拟水”由产品带走，还有一部分水量消耗于蒸发，余者部分被处理重新回到用水单元，一部分进入排污管道。消耗型用水单元将分配的水量一部分消耗使用，余者进入污水处理系统，部分被处理以中水回用，另一部分进入排污管道。排污管道同输水管道一样也存在着管道渗漏，渗漏水量进入土壤和补充地下水，其余排水量最终通过排水系统排入承纳体。

2. 城镇地区水循环模拟

城镇地区的水循环可以概化为如下的水量平衡方程：

$$W_{取}+W_{重复}-W_{工业}-W_{耗}-W_{损}=W_{排放} \tag{4.105}$$

式中，$W_{取}$ 为从取水口引取的水量；$W_{重复}$ 为经污水处理可以重复利用的水量；$W_{工业}$ 为生产型用水单元的耗用水量；$W_{耗}$ 为消耗型用水单元在用水过程中消耗的水量；$W_{损}$ 为输水管路渗漏而损失的水量；$W_{排放}$ 为由污水管路排放回承纳水体的水量。

在某一城镇地区，$W_{损}$ 受技术水平、自来水管网漏水率的影响，可以按总取水量的一定比例损失，记为

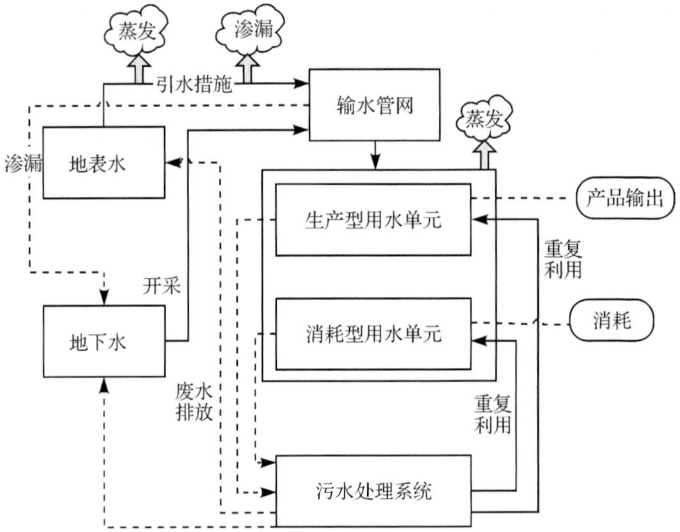

图 4.8　城镇地区用水循环系统概化图

$$W_{损}=\eta_{损}W_{取} \tag{4.106}$$

式中，$\eta_{损}$ 为自来水管网渗漏率。

从取水口引取的水量一部分供给生产型用水单元，一部分供给消耗型用水单元，即

$$W_{取}=W_{生产}+W_{消耗} \tag{4.107}$$

重复利用水量受工业发展水平、产业结构、产品结构、技术工艺及设备水等多因素的综合影响，按用水量的一定比例进行计算，即

$$W_{重复}=\eta_{重复}W_{取} \tag{4.108}$$

而重复利用水量又重新分配给生产型用水单元和消耗型用水单元，即

$$W_{重复}=W_{生产重}+W_{消耗重} \tag{4.109}$$

生产型用水单元内的耗用水量 $W_{工业}$ 在计算过程中存在一定的困难，在本书中选用万元工业增加值耗水量与工业增加值的乘积来计算，即

$$W_{工业}=B_{工业}q_{万元} \tag{4.110}$$

式中，$B_{工业}$ 为万元工业增加值；$q_{万元}$ 为万元工业增加值耗水量。

消耗型用水单元内消耗的水量 $W_{耗}$ 相当于消耗型用水单元总用水量的一部分，即

$$W_{耗}=\eta_{耗}(W_{消耗}+W_{消耗重}) \tag{4.111}$$

在确定了一个城镇地区的引用水量，以及生产型单元和消耗型单元分配水量后，即可求出其排放回承纳水体的水量。而公式中的几个效率参数都可以根据具体城镇的历年用水数据求出。

4.5.3　水利工程调蓄作用模拟

人类为了防洪，减少洪涝灾害的损失，在河道上修建大量的水库等调蓄工程。水库的主要作用是防洪、发电。水库在水文循环中的主要作用是改变水资源的时空分配，对水量的变化影响很小。水库的入流可以由库区的天然水循环模拟模型计算得到。在大流域中必须考虑梯级水库的联合调蓄作用。水库必须从上游到下游逐级计算，水库调蓄示意图如图 4.9 和图 4.10 所示。

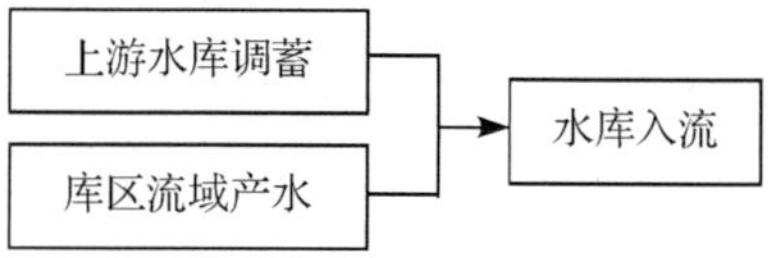

图 4.9　梯级水库调蓄示意图

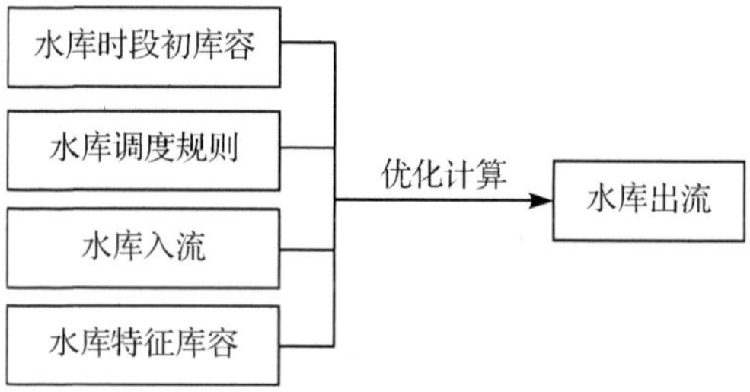

图 4.10　单个水库调蓄示意图

水库调蓄计算的目的是在入库洪水过程、库容曲线、泄洪建筑物的型式尺寸及调度规则确定的条件下，推求下泄流量过程和库水位过程。水库调蓄演算的实质就是联合求解下述水量平衡方程和蓄泄方程：

$$\begin{cases} V_t = V_{t-1} + 0.5(Q_t - q_t)\Delta t \\ q_t = f(V_t) \end{cases} \tag{4.112}$$

式中，V_{t-1} 为 $t-1$ 时刻水库的库容；V_t 为 t 时刻水库的库容；Q_t 为 t 时刻水库的入库流量；q_t 为 t 时刻水库的出库流量。水量平衡方程决定了彼此之间的相互关联。从起调条件开始，逐时段连续求解上述两个方程，由入库洪水过程求得库位（或蓄量）过程和下泄流量过程，这就是调蓄计算所遵循的基本原理。由于方程中含有时段末的蓄量和泄量，而泄量又是蓄量的函数，故不能直接求解。水库调蓄计算方法根据所研究的问题可分为一般算法和优化算法两类：一般算法包括试算法、数值解法、半图解法、简化三角形法等；优化算法包括动态规划法（包括其派生算法）、线性规划法、非线性规划法及简化的逐步调整优化法等。本节采用对分搜索法试算进行水库调蓄计算。

模型主要考虑了调度过程中的三种控制条件：①库水位在某一范围内时，控泄某一流量；②给定水库闸门的启闭过程；③给定水库的出流过程。同时按以下原则计算出流量：水位小于或等于汛限水位且入流小于汛限水位相应的泄流量时，拦蓄洪水，向汛限水位回蓄；库水位大于汛限水位但小于蓄洪限制水位时，泄流量按以上三种约束的要求泄流；库水位大于防洪限制水位时，敞开所有闸门泄洪，直至库水位回落到防洪限制水位。

针对每个时段的调度主要考虑以下几个方面：

(1) 水库的死库容，即水库不能低于死库容运行。

(2) 水库的汛限水位，即水库汛期允许兴利蓄水的上限水位，也是汛期水库防洪调度时的起调水位。

(3) 生态需水最小流量，即水库的出流应大于最小生态需水流量。

(4) 发电效益最大化，在满足防洪要求后充分考虑发电的效益。

在优化过程中还应区分汛期和非汛期，在汛期应满足如下条件：

(1) 若水库水位在汛限水位与死水位之间，出库流量等于机组满发流量，不足的水量由水库补充。

(2) 若水库到死水位，多余的水量存入水库中直至水库蓄至汛限水位时。

(3) 若水库水位大于汛限水位，出库等于入库。

(4) 若水库水位小于死水位时，当入库流量大于等于机组满发流量时，出库流量等于机组满发流量，多余的水存入水库中，当入库流量小于机组满发流量时，出库等于入库。

对于非汛期，应满足如下条件：

(1) 若水库水位在正常水位与死水位之间，水库按照生态需水最小流量出库，不足的水由水库补充，多余的水存入水库中。

(2) 若水库水位大于正常水位，出库等于入库。

(3) 若水库水位小于死水位：若入库流量小于生态需水最小流量，出库等于入库；若入库流量大于等于生态需水最小流量，出库等于生态需水最小流量。

4.5.4 其他用水模拟

1. 农村生活用水

农村生活用水与城镇生活用水类似，但其取水并不是集中供水，而是分散打井。在模型中，农村人畜用水量均全部消耗掉，无水量回归河道及补给地下水，耗水量就等于取用水量，同时另有少量废水排泄于庭院、农田或荒地，直接消耗于蒸发。

2. 人工生态用水

为保持生态稳定，维护绿洲生态平衡，需要对湖泊湿地进行人工补水，这些水量主要来自地表引水渠道和排水沟道。一方面，渠道和沟道引水改变了原水流在河道中的演进方式；另一方面，人工补水造成湖泊面积增大，湖泊周围滩地成为湖泊的一部分，原有滩地上的产汇流关系发生变化，同时人工补给也使湖泊水循环中地表水与地下水之间的转换关系在量上发生了相应的变化。

林草等人工生态的水循环关系变化主要表现在除接受天然降水外，不透水面积上产生的地表径流可能作为林草等人工生态的入流水量，参与到人工生态的水循环过程中，使得蒸发量变大，径流量减少。

无论是人工补给湖泊还是林草，在水循环系统产汇流过程改变的同时，水循环通量也发生相应的变化，如降水入渗、蒸发等原属于天然水循环系统中的成分，仍然遵循天然水循环转换的规律而没有发生改变，即天然水循环系统和人工水循环系统相互融合。其处理方法与灌溉用水模拟方法相同。

4.6 本章小结

本章建立了基于“天然-人工”双拓扑结构的水资源模拟模型。在建模的过程中既考虑了不同下垫面条件对水循环的影响，还考虑了人工侧支用水，如工业用水、农业灌溉用水、生活用水等对水循环的影响，以及水利工程对取水、输水及蓄水的调控，使得模型可以耦合天然及人工两种因素对水循环的影响。

本章所做的具体工作如下：

(1) 模型中的气象资料模块对降水、温度等气象资料进行了时间和空间上的展布，以便于资料与模拟模型的耦合；无资料或资料缺乏地区则研究某个地区天气或气候的一般特征，并根据这些统计特征建立该地区气象数据的模型，用以模拟该地区的气候，并对降水和温度依据高程变化进行了调整。

(2) 模型中的能量模块模拟了太阳辐射、蒸散发及降雪融雪。太阳辐射模拟了太阳的长短波辐射；将遥感资料用于蒸散发的模拟，为资料短缺地区的蒸散发模拟提供了理论基础；降雪融雪部分模拟了降雨和降雪的分辨；积雪和融雪的判断；积雪量的估计和融雪量的估计等。

(3) 陆面水文循环过程主要模拟了植物截留、下渗、产流及汇流等过程。植物截留量的计算使用遥感资料；产流计算中使用了TOPMODEL模型的原理将每一类地形指数计算单元垂向分为三层——植被根系层、重力排水层和饱和含水层。产流计算分地面径流和地下径流两部分，单元栅格土柱在垂直方向上分为土壤非饱和层和土壤饱和层。水分在土壤饱和层的出流形成基流；当土壤非饱和层蓄满后，水分溢出形成饱和坡面流。地面径流包括超渗产流和饱和产流两部分。流域的汇流使用的是等流时带汇流方法。

(4) 对灌区的水循环过程进行了概化，并根据水量平衡方程对灌区的水循环过程建立了模拟模型。但是无论是灌溉还是降水，水循环系统在田面上所发生的改变仅是各循环通量数量的变化，或者是产汇流层次和方向发生变化，而水循环却仍然遵循天然水循环的转换机理。

(5) 对城镇地区的水循环过程进行了概化，并建立了模拟模型。将城镇地区的用水单元概化为生产型用水单元和消耗型用水单元两种。城镇地区用水系统中，仍保留着入渗、蒸发等天然水循环系统的特征，但更多的却是人工创造了一个水量循环通道，两者相互作用形成城镇用水循环复合系统。

(6) 模拟了水利工程的调蓄作用对水循环的影响。主要模拟了水库的调蓄作用，联合求解水量平衡方程和蓄泄方程，并建立了汛期与非汛期的优化约束条件。对于农村生活用水则不考虑回归过程，生态用水模拟河道外部分的模拟方法采用与农业灌溉相似的方法。

第 5 章　分布式水资源模拟模型参数率定

水资源模拟模型包括模型结构和模型参数两个方面。确定模型结构称为系统的结构识别:在确定的系统结构下,率定模型的参数称为系统的参数识别。两者合称为系统识别。模型参数率定是通过对历史资料的模拟分析,确定预报方案中的模型参数。模型参数率定的目标是寻求模拟客观系统的最满意的模型和最佳参数,参数率定是模型识别的主要环节。

模型参数率定是一个十分复杂且困难的问题,特别是概念性流域水资源模拟模型的参数率定。分布式水资源模拟模型包含的参数一般可分为三类:①具有明确物理意义的参数,可直接测量或用物理实验和物理关系推求;②纯经验参数,可通过实测资料反求;③具有一定物理意义的经验参数,可先按物理意义确定参数值的范围,然后按实测资料确定其具体数值。对于以上②③类参数的确定,需要用参数识别算法来求解。

由于模型中很多参数具有不可测性或难以通过客观手段确定,所以需要拟定一套初始参数值来计算产汇流过程,然后与实测过程进行比较,通过人工或自动参数优化方法做优化调试,以误差最小为原则,确定最优的参数值。模型参数率定,就是根据特定的目标函数(或目标准则)确定一套固定的参数寻找法则,由这套法则可以估计模型的参数值。它包括四个基本步骤:①估计参数初值;②模型计算;③准则判断;④寻找新的参数值。

5.1　目标函数及评价指标

5.1.1　模型率定目标函数

在模型参数率定的优化识别中,目标函数的选取直接影响优化结果和优化的计算速度。根据不同需要可以选取不同的目标函数。常用的目标函数有如下几类。

(1) 用以控制水量平衡,多采用反映模拟流量过程与实测流量过程水量误差的目标函数:

$$\mathrm{Obj}_1 = \left| \frac{\sum_{i=1}^{n} Q_{\mathrm{obs}}(i) - \sum_{i=1}^{n} Q_{\mathrm{cal}}(i)}{\sum_{i=1}^{n} Q_{\mathrm{obs}}(i)} \right| \tag{5.1}$$

式中，Q_{obs}为实测流量；Q_{cal}为计算流量。

(2) 用以提高汛期高水过程的模拟精度，多采用反映流量过程线拟合程度的目标函数：

$$\mathrm{Obj}_2=\frac{\sum_{i=1}^{n}\left|Q_{\mathrm{obs}}(i)-Q_{\mathrm{cal}}(i)\right|}{\sum_{i=1}^{n}Q_{\mathrm{obs}}(i)} \tag{5.2}$$

(3) 用以反映实测与模拟流量过程的滞时程度，同时也能够提高低水过程的模拟精度，多采用整个研究期内流量相对误差的对数均值：

$$\mathrm{Obj}_3=\frac{1}{n}\sum_{i=1}^{n}\log\left[\left|\frac{Q_{\mathrm{obs}}(i)-Q_{\mathrm{cal}}(i)}{Q_{\mathrm{obs}}(i)}\right|+1\right] \tag{5.3}$$

应用多目标参数优选方法时，模型率定可由式(5.4)描述：

$$\min\{F_1(\theta),F_1(\theta),\cdots,F_p(\theta)\},\quad \theta\in\Theta \tag{5.4}$$

式中，Θ为模型参数解空间，一般根据模型参数的物理意义给出每个参数的取值范围。由式(5.4)得出的结果，一般情况下并不是唯一的解，而是包含了所有非支配解优化点的集合，对于集合中的任意θ_i有以下规律：①对于所有支配解θ_j，集合中至少存在一非支配解θ_i，使得$F_k(\theta_i)<F_k(\theta_j)$，$k=1,2,\cdots,p$；②在集合中找不到一组解$\theta_j$，使得$F_k(\theta_i)>F_k(\theta_j)$，$k=1,2,\cdots,p$。由上述①可知，模型参数空间可以划分为两种情况，即非支配解与支配解。由②可知，在非支配解集合里没有哪一组参数比其他任何一组参数都好，只是说这组参数所反映的水文过程的某些方面特征比其他参数准确。

因此，在利用多目标参数自动优选率定模型时，关键问题在于如何综合考虑各个目标函数之间的平衡协调关系，如何对各个目标函数进行组合得到一个综合目标函数。式(5.5)给出了一个总体目标函数：

$$F(\theta)=\left[(F_1(\theta)+A_1)^2+(F_2(\theta)+A_2)^2+\cdots+(F_p(\theta)+A_p)^2\right]^{1/2} \tag{5.5}$$

式中，A_i为对应于每一个目标函数给定的一个常数，通过它来调整各个目标函数在总体目标函数中的权重。然而，由于各个目标函数在总体目标函数中的权重还取决于函数本身，所以并不能简单地通过给定一个常数就能很好地协调各目标函数之间的平衡关系。例如，令$\forall A_i=0$，则实际上相当于将较大的权重赋给了函数值较大的目标函数。因此，为了综合评价，对不同的目标函数赋不同的值进行参数优选，使得式(5.5)中$F_i(\theta)+A_i$项到原点的距离相等，该方法称为距离函数法，A_i值由式(5.6)给出：

$$A_i=\max\{F_{j,\min},j=1,2,\cdots,p\}-F_{i,\min},\quad i=1,2,\cdots,p \tag{5.6}$$

5.1.2 模型模拟效率评判准则

在使用模型进行预报前，应该先对模型的有效性进行检验判断，评价模型应用好坏对于模型能否应用于实际预报是很重要的。由于在水文实际应用中，很难有充足的资料进行独立于模型参数率定的检验，因而，常使用率定参数的数据来评判模型应用的好坏。

不管是分布式物理模型，还是数据驱动型模型，都应满足以下条件：精确性、连贯性及多功能性。精确性是指模型的率定误差小；连贯性指模型的准确度与参数估计值随样本的不同而保持一致，即检验结果好；多功能性则指在多个应用中，即使模型评价参数不是直接依赖于率定阶段的目标函数，模型仍有较高的精度并保持连贯性，即模型的通用功能强。当然要同时满足这几个条件并非易事，需要较为严格的论证。一个模型是否满足连贯性及多功能性需严格的数学推理，一般在模型的建立过程中很难加以考虑。而精确性可以通过一定的指标加以定性或定量的评价。

由于水资源系统比较复杂，存在各种不确定因素，很难找到非常通用的指标，对各个模型进行统一评判，所以对于水资源系统模拟模型，不存在什么最好的质量评价指标。迄今为止，水利科学家提出并讨论过许多指标，但至今还没有一个指标可以满足所有用户的需求。

性能指标一般包括两类：图形指标和数值指标。图形指标提供非常直观的模拟结果信息，通过实测值与计算值的过程线对比图，可以很快从图形中发现模型中存在的问题，告诉模型设计者模型的总体表现如何，哪部分拟合较好，哪部分的精度有待提高，以便对症下药。这种指标的使用已越来越广泛。但在利用图形指标较难做出判断的情况下，如两种模型表现相近，一种模型的枯水期模拟得好，另一种模型丰水期拟合得好时，需选用合适的数值指标对不同模型进行定量评价。目前常用的数值指标有均方差、标准均方差、绝对平均误差、最大绝对误差、有效性指数、平均偏差、涨洪段平均误差、水量相对误差等。目前评判模型应用好坏的准则通常有两个，即 Nash 和 Sutcliffe 提出的 Nash 效率系数（确定性系数）NSE 和水量相对误差（洪量相对误差）RE：

$$\mathrm{NSE} = 1 - \frac{\sum_{i=1}^{m}(Q_{\mathrm{obs},i} - Q_{\mathrm{cal},i})^2}{\sum_{i=1}^{m}(Q_{\mathrm{obs},i} - \bar{Q}_{\mathrm{obs}})^2} \tag{5.7}$$

式中，$\bar{Q}_{\mathrm{obs}}$ 为实测流量平均值。

$$\mathrm{RE} = \frac{\sum_{i=1}^{m} Q_{\mathrm{obs},i} - \sum_{i=1}^{m} Q_{\mathrm{cal},i}}{\sum_{i=1}^{m} Q_{\mathrm{obs},i}} \times 100\% \tag{5.8}$$

5.2 分布式水资源模拟模型参数率定方法

与传统的集总式水资源模拟模型相比，分布式水资源模拟模型能够反映水文要素在空间上的变化，因此应用越来越广泛。但在拥有众多优点的同时，也存在参数过多难以率定的问题。以 SWAT 模型为例进行说明，SWAT 模型作为一类典型的分布式水资源模拟模型，在国内外的应用十分广泛。同大多数分布式水资源模拟模型类似，SWAT 模型的参数很多(200 多个)，绝大部分参数具有明确的物理含义，可以根据实测的数据(如 DEM、土地利用和土壤类型等) 进行确定。但是，在实际应用中 SWAT 仍然有许多参数尚待率定。仅仅在最基本的径流模拟中，仍有 20 多个比较敏感的产流和汇流参数需要率定。造成这种状况的根本原因在于模型的不确定性，包括模型的基本假设、输入数据的误差和分辨率、带来的模型参数计算真值的偏差。

对于某一特定的流域，当水资源模拟模型和目标函数选定以后，优选算法的选择对模型参数的最终取值起决定性作用，参数优选方法一般分为局部寻优法与全局寻优法。局部寻优法通过给定参数初值，给定搜索步长，通过计算新的目标函数值，逐步用较优的点代替次优的点，在给定终止条件的前提下，经过反复试算逐步确定参数最优点。由于水资源模拟模型大多数是非线性的，模型的响应面是多峰的，也就是说在参数空间里有若干个局部极低点，所以局部寻优法对参数初值的要求较高，给定不同的参数初值，常会得到不同的优选结果。因此采用局部寻优法很难确定优选结果是否为全局最优。全局最优法能有效地对参数空间内的多个极值点进行综合考虑，从整个参数空间中寻求全局最优解，全局最优法分为确定优选、随机优选及两者综合的方法，由于非线性水资源模拟模型的目标函数值的连续性不明确，所以参数优选中最常用的是随机优选法与综合优选法。如基因算法是一种基于自然基因和自然选择机制的寻优方法。该法按照“择优汰劣”的法则，将适者生存与自然界基因变异、繁衍等相结合，从各参数的若干可能取值中，逐步求得最优值。下面将介绍目前水资源模拟模型参数率定中常用的几种方法。

5.2.1 试错法

试错法就是常说的人工调试法，其基本原则是设定一组参数，比较模型输出的计算值与实测值，对比分析，调整参数直到达到最优。这种方法的主要特点是在“寻找新的参数值”中，需要了解每个参数对输出值的灵敏性，分析误差趋势，根据人的先验知识判断估计。这种判断、估计不是唯一的，也不是十分有把握的，有时甚至是错误的，所以称为试错法。

人工率定主要通过试错法确定模型参数。这对于有经验的率定者来说，比较容易得到较好的参数率定值；但对于缺少经验的率定者来说，费时费力。

5.2.2　传统数学优化方法

目前，应用于模型参数优化的数学方法很多，如无约束优化方法中的变量轮换法、单纯形法、最速下降法、牛顿法和共轭梯度法等；有约束优化方法中的拉格朗日乘子法、惩罚函数法和梯度投影法等。由于流域水资源模拟模型参数的优化一般具有多参数同时优化、目标函数难以用模型参数表达和不可能通过目标函数对参数求导求解最优值等特点，所以，流域水资源模拟模型参数的优化需要选择优化过程中仅要求目标函数值而不需目标函数导数等量值的多参数优化方法。

目前，在水资源模拟模型参数优选中应用最为广泛的方法是 Rosenbrock 法、改进单纯形法和基因算法。

1. Rosenbrock 法

Rosenbrock 法由 Rosenbrock 于 1960 年提出，是一种迭代寻优的过程。该方法的基本原理是以要优化的 n 个参数构造一个 n 维的正交坐标系，$S_1(k)$，$S_2(k)$，…，$S_n(k)$，表示 n 个坐标上的搜索方向，$k=0,1\cdots$表示寻优的循环次数，通过目标函数计算，确定新一轮寻优的起始点，并计算每个参数新的搜索方向和步长。如此循环，直到满足优化终止条件。寻优计算的具体步骤如下：

(1) 根据各参数的物理意义和合理的取值范围，确定各参数的初始值，即定义寻优函数曲面上起始点 $X^{(0)}$，利用轮换坐标法对每一个参数沿其坐标轴方向搜索，按照单一变量方法进行寻优，所有变量寻优结束后，一轮寻优计算结束，得到一个新的寻优起始点 $X^{(1)}$。

(2) 在开始新的一轮优化计算前，先确定新的寻优方向。假如从起始点 $X^{(k)}$ 到点 $X^{(k+1)}$，则 $X^{(k)}$ 和 $X^{(k+1)}$ 两点的连线可能指向最优点，因此以该线作为下一步优化计算的基本寻优方向，其他各参数新的寻优方向均与该线垂直，并且各方向之间相互垂直。这样一组新的寻优方向可由 Gram-Schmidt 正交公式计算确定。

$$
\begin{aligned}
S_1^{(k+1)} &= X^{(k+1)} - X^{(k)} = \beta_1^{(k)} p_1^{(k)} + \beta_2^{(k)} p_2^{(k)} + \cdots + \beta_n^{(k)} p_n^{(k)} \\
S_2^{(k+1)} &= \beta_2^{(k)} p_2^{(k)} + \cdots + \beta_n^{(k)} p_n^{(k)} \\
&\vdots \\
S_n^{(k+1)} &= \beta_n^{(k)} p_n^{(k)}
\end{aligned} \tag{5.9}
$$

式中，$\beta_j^{(k)}$ 为 $X^{(k)}$ 到 $X^{(k+1)}$ 之间在 $S_j^{(k)}$ 方向上的距离；$p_j^{(k)}$ 为 $S_j^{(k)}$ 方向上的计算步长。第一次优化计算时取各方向的单位向量(e_j)为各寻优方向的计算步长

($p_j^{(0)}$)。此后各方向的计算步长则由式(5.10)确定。

$$
\begin{aligned}
w_1 &= S_1^{(k+1)} \\
p_1^{(k+1)} &= w_1 / \| w_1 \| \\
w_2 &= S_2^{(k+1)} - [(S_2^{(k+1)})^T p_1^{(k=1)}] p_1^{(k+1)} \\
p_2^{(k+1)} &= w_2 / \| w_2 \| \\
&\vdots \\
w_n &= S_n^{(k+1)} - \sum_{j=1}^{n-1} [(S_n^{(k+1)})^T p_j^{(k+1)}] p_j^{(k+1)}
\end{aligned} \tag{5.10}
$$

如果 $\beta_j^{(k)}=0$,则取第 j 个方向的上一次搜索方向为本次搜索的方向,按照单一变量方法对每一个参数沿其坐标轴方向进行寻优计算,所有变量寻优结束后,得到一个新的寻优点 $X^{(k+1)}$。

(3)重复步骤(2),直到精度满足寻优计算,满足收敛标准,退出寻优计算。

一般地,优化计算收敛的标准有三条:(1)搜索步长小于给定的值;(2)前后两次寻优的目标函数值之差小于给定的值;(3)等于最大允许迭代次数。

该方法的特点是每一轮寻优计算都改变每一个参数的寻优方向和计算步长,因此寻优计算速度较快。

2. 改进单纯形法

1962 年 Spendley 等提出单纯形法(simplex),Nelder 和 Mead 针对该法不能加速搜索,以及在曲谷中或曲脊上进行搜索遇到的困难,对搜索方法进行了改善。改进后的方法允许改变单纯形的形状。它是以待率定的 n 个模型参数构造一个 $(n-1)$ 边的多边形,在优化过程中,该多边形按照一定规则逐步向最优目标函数移动,循环搜索直至给定的优化条件满足。寻优计算的具体步骤如下。

(1) 根据各参数的物理意义和合理的取值范围,确定各参数的初始值,即定义寻优函数曲面上起始点 $X^{(0)}$,设模型有 n 个待优化参数:

$$X^{(0)} = (x_1^{(0)}, x_2^{(0)}, \cdots, x_n^{(0)}) \tag{5.11}$$

$$
\begin{bmatrix}
x_1^{(0)} & x_1^{(0)}+d_1 & x_1^{(0)}+d_2 & \cdots & x_1^{(0)}+d_2 \\
x_2^{(0)} & x_2^{(0)}+d_2 & x_2^{(0)}+d_1 & \cdots & x_2^{(0)}+d_2 \\
x_3^{(0)} & x_3^{(0)}+d_2 & x_3^{(0)}+d_2 & \cdots & x_3^{(0)}+d_2 \\
\vdots & \vdots & \vdots & & \vdots \\
x_n^{(0)} & x_n^{(0)}+d_2 & x_n^{(0)}+d_2 & \cdots & x_n^{(0)}+d_1
\end{bmatrix} \tag{5.12}
$$

以 $X^{(0)}$ 为一个顶点,构造 n 个顶点 $(n-1)$ 条边的多边形。式(5.12)中 d_1 和 d_2 是确定多边形大小的控制参数。

(2) 计算并比较多边形各顶点的目标函数值,找出目标函数最大的顶点,记为

$x_h^{(k)}$，其中，h 为顶点编号，k 为寻优循环次数，将 $x_h^{(k)}$ 用其反射点 $x_{\text{new}}^{(k)}$ 代替，以构成一个新的多边形。$x_{\text{new}}^{(k)}$ 由式(5.13)和式(5.14)计算确定。

多边形重心：

$$x_{\text{c}}^{(k)} = \frac{1}{n}\Big(\sum_{i=1}^{n+1} x_i^{(k)} - x_{\text{h}}^{(k)}\Big) \tag{5.13}$$

反射点：

$$x_{\text{new}}^{(k)} = 2x_{\text{c}}^{(k)} - x_{\text{h}}^{(k)} \tag{5.14}$$

(3) 重复步骤(2)，如果最新确定的多边形顶点(反射点)，在下一次循环中目标函数最大(在构成新的多边形时将被消除)，则求次最大目标函数的反射点，并由此取代次最大目标函数的顶点。

在循环中，多边形的移动绕着某顶点转，则缩小多边形的大小后，再循环寻优。重复步骤(2)、(3)，直到满足精度要求或达到寻优计算规定的其他指标。

3. 基因算法

基因算法是一种基于自然基因和自然选择机制的寻优方法。该算法按照“择优汰劣”的法则，将适者生存与自然界基因变异、繁衍等相结合，从各参数的若干可能取值中，逐步求得最优值。基因算法不同于上述两种优化方法，它不是从参数的给定起始点按确定的搜索方向直接对参数值本身寻优，而是随机地从参数的搜索空间中选取 m 个点，以参数值的二进制码进行操作，从选取的 m 个点中随机地选取两点，并赋以产生较小目标函数值的点较高的概率，按某一随机方式(有时可加入随机扰动)生成两个新点，一直到生成 m 个新点为止。通常，生成的 m 个新点有望比原有的 m 个点更接近于最优值域。

5.2.3 几种常用的全局优化算法

由于分布式水资源模拟模型需要率定的参数较多，且大多数参数又要考虑空间变异性，所以用传统的优化方法往往存在计算上的维数灾难，而且即使忽略计算的时间问题，传统的优化方法也很难搜索到全局最优解。几种全局优化算法的深入研究极大地推动了分布式水资源模拟模型参数率定的发展。

1. 遗传算法

遗传算法(genetic algorithm，GA)是借鉴自然界的生物进化规律(适者生存、优胜劣汰的遗传机制)演化而来的一种自适应全局优化概率搜索算法，该算法是由美国 Holland 等于 1975 年提出的，并由 Goldberg 进一步发展完善。遗传算法不限制模型结构、优化准则、参数数目、约束条件等，在搜索过程中能自动获取和积累有关搜索空间的知识，并自适应地控制搜索过程以求得最优解，尤其适合于处理传统搜索方法难以解决的高度复杂的非线性问题及多参数优化问题。其主要特点是直接随机寻优，即直接对结构对象进行操作，不存在函数连续性和可导性限制；具有内在的隐并行性和更好的全局寻优能力；采用概率化的寻优方法，能自动获取和指导优化的搜索空间，自适应地调整搜索方向，不需要确定的规则。但其主要缺点在于计算效率低，需要迭代很高的次数才可能接近最优解。另外，使用二进制编码，需频繁地编码和解码，计算量大。

1）基本遗传算法

基本遗传算法（simple genetic algorithm，SGA）只使用选择算子、交叉算子和变异算子三种基本遗传算子，其遗传进化操作过程简单，容易理解，是其他遗传算法的基础，它不仅给各种遗传算法提供了一个基本框架，而且具有一定的应用价值。

基本遗传算法可定义为一个 8 元组：

$$\mathrm{SGA}=(C,E,P_0,M,\Phi,\Gamma,\Psi,T) \tag{5.15}$$

式中，C 为个体的编码方法；E 为个体适应度评价函数；P_0 为初始群体；M 为群体大小；Φ 为选择算子；Γ 为交叉算子；Ψ 为变异算子；T 为遗传算法运行的终止代数。

SGA 的主要运行步骤如下：

（1）根据问题的决策变量与目标函数，依据一定原则，确定个体编码与适应度函数。

（2）初始化设置进化代数 $t=0$，设置最大进化代数 T，随机产生 M 个个体作为初始群体 $P(0)$。

（3）计算群体 $P(t)$ 中各个个体的适应度。

（4）根据各个个体的适应度，把当前群体中适应度较高的一些优良个体遗传到下一代群体中。

（5）将群体中个体随机配对，对每一对个体，以交叉概率 P_c 执行交叉操作。

（6）对群体中的每一个个体，以一较小的变异概率 P_m 执行变异操作。群体 $P(t)$ 经过选择、交叉、变异运算之后得到下一代群体 $P(t+1)$。

（7）若 $t<T$（最大进化代数），则 $t=t+1$，转步骤（3）；若达到收敛条件或 $t\geq T$，则输出当前最优个体，终止计算。

很多学者又针对 SGA 的缺点提出了很多种改进的遗传算法。

2）多目标优化

在分布式水资源模拟模型的参数率定中，遗传算法面临的是多目标优化问题，即目标函数不仅要求总水量平衡，而且要在时间过程上拟合好；不仅要求径流过程要好，而且要求蒸发、土壤水等过程要好；不仅要求单一的流域出口过程要好，而且要求中间检验站点要好。复杂的多目标优化问题给遗传算法带来挑战。

如何将目标函数进行有效的综合是首要难题，目前遗传算法求解多目标问题中常用的方法有以下几种。

(1) 权重法。将所有的目标函数乘以不同的权重，再加和作为有待优化的单一目标。

$$\min\sum_{i=1}^{k}\omega_i f_i(\bar{x}) \tag{5.16}$$

式中，$f_i(\bar{x})$为第 i 个目标函数；ω_i 为第 i 个目标函数的权重；k 为总的目标函数个数。

不同的权重将得到不同的结果，因此用权重法求解多目标问题就是采用各种不同的权重，从而得到一组解，但是这时仍然需要决策者从这些可行解中根据自己的要求做出最佳选择。在我们没有足够的关于此问题的信息时，无法确定合适的权重系数。此时得到的任何最优解都是权重系数的函数。由多次不同权重的计算来生成非劣解集。这种方法非常简单，易于使用，但是有时会丢失非劣解集平面的凹陷部分，这是一个相当严重的问题。需要指出的是，权重系数虽然可以反映各个目标函数值的重要性，但是并不成比例关系。如果希望权重可以与目标函数成比例，那就需要将它们转化成统一的单位。

(2)目标规划法。确定每个目标函数所要达到的值，将这些要求作为额外的约束条件，目标函数就转化为求目标函数值与相应预期值之间的最小差距。

$$\min\sum_{i=1}^{k}\left|f_i(\bar{x})-T_i\right| \tag{5.17}$$

式中，T_i 为第 i 个目标函数的预期值。

如果所决定的目标点在可行域内，这种方法可以得到一个非劣解，同时由于明确了所要搜索的目标，所以计算效率很高。它的主要缺点是需要决策者事先给定各目标函数的目标值，而且还需要对搜索空间的形状很了解。此外，如果可行域很难接近，那么这种方法的效率将会变得非常低。

(3) 目标达成法。给出各个目标函数值 $f_1, f_2, \cdots, f_k$ 低于或高于预期值 b_1，$b_2, \cdots, b_k$ 时的权重向量 $\omega_1, \omega_2, \cdots, \omega_k$，最优解表示目标是否可以实现。目标达成法有不少缺点，其中最主要的一点就是在计算过程中有可能会出现错误的选择。例如，假设有两个点，一个点的目标函数值相同，而另一个有差别，却可能有相同的目标达成值，这意味着对于遗传算法来说二者没有优劣之分。

(4) ε-Constraint 法。这种方法提出对所有目标函数中首要的一个进行最小化，而将其余各个目标函数视为在某种程度上 ε_i 可以违反的约束条件，然后通过选取不同的 ε_i 可以得到非劣解集。

对第 r 个目标函数进行最小化：

$$f_r(\bar{x}^*)=\min_{x\in F} f_r(\bar{x}) \tag{5.18}$$

附加约束条件为

$$f_i(\bar{x}) \leqslant \varepsilon_i, \quad i=1,2,\cdots,k, \quad i \neq r \tag{5.19}$$

对于不同的 ε_i 重复上述过程，直到得到决策者满意的解为止。

根据问题的需要也可能要求选取不同的目标函数，并且可以先用其他的方法针对每一个目标函数进行优化，求出它的最佳值，以此作为参考来确定 ε_i。

该方法最明显的缺点就是耗时太长，而且如果某个问题具有太多目标函数时，针对其进行编码可能会有很大困难，甚至不可能。这种方法还试图找到一些较非劣解稍次的解，但是在某些实际问题中是不合适的。尽管如此，该方法相对简单，在研究的最初阶段还是很常见的。

此外，还有权重平均排序法（weighted average ranking，WAR）、多目标遗传算法（multiple objective genetic algorithm，MOGA）、非控分选遗传算法（non-dominated sorting genetic algorithm，NSGA）、基于小生境的遗传算法（niched pareto genetic algorithm，NPGA）等。

2. 模拟退火算法

模拟退火算法（simulated annealing，SA）是一种基于热力学的退火机理而建立的随机搜索算法，其思想最早是 1953 年由 Metropolis 等提出的。模拟退火使用基于概率的双方向随机搜索技术，当基于邻域的一次操作使当前解的质量提高时，模拟退火接收这个被改进的解作为新的当前解；在相反的情况下，模拟退火以一定的概率 $\exp(-\Delta C/T_e)$ 接收相对当前解来说质量较差的解作为新的当前解。其中，ΔC 为邻域操作前后解的质量差，T_e 为退火过程的控制参数。

模拟退火算法已在理论上被证明是一种以概率 1 收敛于全局最优解的全局优化算法，具有较强的局部搜索能力，但其参数难以控制，其主要问题有三个：①初始温度的设置问题；②退火速度问题；③温度更新问题。

模拟退火算法和遗传算法都是概率搜索算法，在目前的研究工作中，很多学者将两者结合，取长补短，开发出性能良好的新的全局搜索算法。下面介绍一种遗传模拟退火混合算法，是将模拟退火算法作为遗传算法一个新算子融入遗传算法运行过程中，其具体步骤如下。

(1) 设模拟退火初始温度为 T_0，遗传算法当前群体中的个体 i 记为 $X^i=(X_1^i,\cdots,X_j^i,\cdots,X_l^i)$，$l$ 为个体编码串的长度。设当前进化代数 t 对应的温度更新函数为 T_e：

$$T_e=\frac{T_0}{t^\theta} \tag{5.20}$$

式中，$\theta \geqslant 1$ 为给定常数。

(2) 通过式(5.21)产生随机向量 $Z^i=(z_1^i,\cdots,z_j^i,\cdots,z_l^i)$

$$z_j^i=\left[\frac{r_1}{|r_1|}\right]\cdot T_e\cdot\left(\frac{1}{|r_1|^{\theta}}-1\right),\quad j=1,2,\cdots,l \tag{5.21}$$

式中，r_i 为(0,1]上均匀分布的随机数。

(3) 在 X^i 的基础上产生一个新的试探解 $Y^i=X^i+Z^i$，并计算其对应的适应度 $F(Y^i)$ 和新试探解被接受的概率。

$$p_a=\min\left\{1,\exp\left[\frac{f(X^i)-f(Y^i)}{\psi T_e}\right]\right\} \tag{5.22}$$

式中，ψ 为对目标函数进行适当比例变换的常数。式(5.22)适合于目标极小化，对于目标极大化可进行相应改变。

(4) 产生一个在(0,1]上均匀分布的随机数 r_2，若 $r_2\leqslant p_a$，则接受新试探解，即置 $X^i=Y^i$。对种群中的个体 $X^i(i=1,2,\cdots,l)$ 均进行步骤(3)与(4)的操作。

3. SCE-UA 算法

SCE-UA(shuffled complex evolution-university of Arizona)算法是 1992 年 Duan 等在综合了遗传算法、单纯形法与最速下降算法等优点的基础上提出的一种稳健的高效全局优化算法。它引入了种群杂交的概念，在应用于非线性优化问题时具有很好的效果，且输入参数较少。SCE-UA 算法是目前对于非线性复杂的分布式水资源模拟模型采用随机搜索方法寻优最为成功的方法之一。

SCE-UA 算法基于确定性的复合形搜索技术和自然界中的生物竞争进化原理相结合的概念，用以解决高维参数的全局优化问题，且不需要显式的目标函数或目标函数的偏导数。与传统的遗传算法相比，SCE-UA 算法将总体划分成几个复合形，在不同方向上对可行空间进行更自由、更广阔的探测(搜索)，而且允许产生不止一个引力区(收敛区)的可能性。通过共享每个复合形独立获得的信息，从而增强了后代的存活能力。SCE-UA 算法的提出基于以下四种概念：①确定性和概率论方法相结合；②在全局优化及改善方向上，覆盖参数空间的复合形点的系统演化；③竞争演化；④混合复合形。

SCE-UA 算法的关键部分为竞争的复合形进化算法(competitive complex evolution algorithm，CCE)，在复合形进化算法中，每个复合形的顶点都是潜在的父辈，都有可能参与产生下一代群体。每个子复合形的作用如同一对父辈。随机方式在构建子复合形中的应用，使得在可行域中的搜索更彻底。以优胜劣汰为思想的竞争原则被引入子复合形的构建过程中。SCE-UA 算法的特点如下：①在多个吸引域内获得全局收敛点；②能够避免陷入局部最小点；③能有效地表达不同参数的敏感性与参数间的相关性；④能够处理具有不连续响应表面的目标函数，即不要求目标函数与导数的清晰表达；⑤能够处理高维参数问题。

SCE-UA 算法的流程如图 5.1 所示。SCE-UA 算法解最小化问题具体步骤如下：

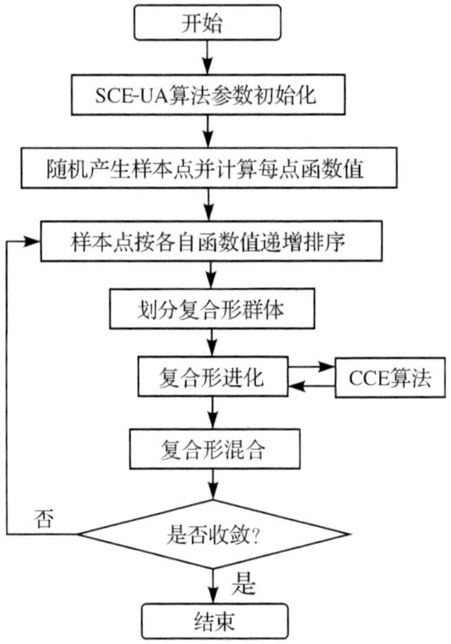

图 5.1　SCE-UA 算法流程

步骤 1　初始化。假定待优化问题是 n 维问题，选取参与进化的复合形个数 $p(p\geqslant 1)$ 和每个复合形所包含的顶点数目 $m(m\geqslant n+1)$，计算样本点数目 $s=pm$。

步骤 2　产生样本点。在可行域内随机产生 s 个样本点 $x_1,\cdots,x_s$，分别计算每一点 x_i 的函数值 $f_i=f(x_i)$，$i=1,\cdots,s$。

步骤 3　样本点排序。将 s 个样本点 (x_i,f_i) 按函数值升序排列，排序后仍记为 (x_i,f_i)，$i=1,\cdots,s$，其中 $f_1\leqslant f_2\leqslant\cdots\leqslant f_s$，记 $D=\{(x_i,f_i),i=1,\cdots,s\}$。

步骤 4　划分复合形群体。将 D 划分为 p 个复合形 $A_1,\cdots,A_p$，每个复合形含有 m 点，其中 $A^k=\{(x_j^k,f_j^k)\mid x_j^k=x_{k+m(k-1)},f_j^k=f_{j+m(k-1)},j=1,\cdots,m\}$，$k=1,2,\cdots,p$。

步骤 5　复合形进化。按复合形进化算法分别进化各个复合形。

步骤 6　复合形混合。将进化后的每个复合形的所有顶点组合成新的点集，再次按函数值 f_i 升序排列，排序后仍记为 D，对 D 按目标函数的升序进行排列。

步骤 7　收敛性判断。如果满足收敛条件则停止，否则返回步骤 4。

其中竞争的复合形进化算法的具体步骤如下。

步骤 1　初始化。选取 q，α 和 β，这里 $2\leqslant q\leqslant m$，$\alpha\geqslant 1$，$\beta\geqslant 1$。

$$p_i=\frac{2(m+1-i)}{m(m+1)},\quad i=1,\cdots,m \tag{5.23}$$

步骤 2　分配权重。对第 A^k 个复合形中的每个点分配其概率质量，这样较好的点就比稍差的点有较多的机会形成子复合形。

步骤3　选取父辈群体。从 A^k 中按照概率质量分布随机地选取 q 个不同的点 $u_1,\cdots,u_q$，并记录 q 个点在 A^k 中的位置 L。计算每个点的函数值 v_j，将 q 个点及其相应的函数值放于变量 B 中。

步骤4　进化产生下一代群体。

(1) 对 q 个点以函数值的升序排列，计算 $q-1$ 个点的形心：

$$g=\frac{1}{q-1}\sum_{j=1}^{q-1}u_j \tag{5.24}$$

(2) 计算最差点的反射点 $r=2g-u_q$。

(3) 如果 r 在可行域内，计算其函数值 f_r，转到第(4)步。否则，计算包含 A^k 的可行域中的最小超平面 H，从 H 中随机抽取一可行点 z，计算 f_z，以 z 代替 r，f_z 代替值 f_r。

(4) 若 $f_r<f_q$，以 r 代替最差点 u_q，转到步骤(6)；否则，计算 $c=(g+u_q)/2$ 和 f_c。

(5)若 $f_c<f_q$，以 c 代替最差点 u_q，转到步骤(6)；否则，计算包含 A^k 的可行域中的最小超平面 H，从 H 中随机抽取一可行点 Z，计算 f_z，以 z 代替 u_q，f_z 代替 f_q。

(6)重复步骤(1)～步骤(5)共 α 次。

步骤5　取代。把 B 中进化产生的下一代群体即 q 个点放回到 A^k 中原位置 L，并重新排序。

步骤6　迭代。重复步骤(1)～步骤(5)共 β 次，它表示进化了 β 代，也即每个复合形进化了多远。

Duan 等对 CRS2、SCE-UA(包括 SCE1 和 SCE2)、MSX 这几种不同的全局优化算法进行了试验比较，结果显示 SCE-UA 算法中的 SCE2 参数取值最优。

SCE-UA 算法的参数缺省取值为 $m=2n+1,q=n+1,\alpha=1,\beta=2n+1$。其中 n 为待优化参数的个数，m 为每个复合形的顶点数，q 为子复合形的顶点数，α 为每个子复合形进化后产生的连续后代的个数，β 为每个复合形的进化次数。这样，复合形的个数 p 是参数率定时唯一需要确定的参数，p 的值越大，越适宜于高阶非线性问题。至此，SCE-UA 算法的参数都已确定。

4. 贝叶斯方法

贝叶斯方法或贝叶斯统计方法，起源于1763年英国学者贝叶斯发表的一篇论文《论有关机遇问题的求解》，后经 Savage、Jeffreys、Good、Lindley、Box、Tiao、Berger 等许多学者的不断发展和完善，形成统计学中与频率学派不同的贝叶斯学派。与频率学派相比，贝叶斯参数估计不仅利用了总体信息(即总体属于何种分布信息)和样本信息(即样本数据提供的参数信息),而且用到了先验信息(即在抽样之前有关未知参数的某些信息,主要来源于经验和历史资料)。三种信息的利用是贝叶斯统计学的显著特色。近年来,贝叶斯方法在许多领域有很大的应用和发展,在水资源模拟模型参数估计、径流预报、洪水分析,以及水资源规划与管理等方面应用十分广泛。

贝叶斯方法的主要特点是在获得后验分布后,即使丢失了总体信息和样本信息,也不影响对未知参数的统计推断。基于这一特点可以动态估计水资源模拟模型参数,即设定先验分布,进行观测,可得到第一次估计的结果。继续观测得到新的资料,就可以将第一次估计的后验分布当做第二次估计的先验分布,再运用贝叶斯方法得到第二次的后验分布。连续应用贝叶斯方法,可以不断增加估计参数的信息,从而对参数有更深入的认识。此外,将观测数据的不确定性和由估计与预测中的误差引起的不确定性有效结合起来,是贝叶斯方法的另一大特点。

5. 粒子群算法

粒子群算法[148,149](particle swarm optimization,PSO)是一种模拟群聚生物的行为而得到的群聚智能算法,它最早源于对鸟群捕食行为的研究。在粒子群算法中,每个优化问题的解都是搜索空间中的一只鸟,称为“粒子”。所有的粒子都有一个由被优化的函数决定的适应值,每个粒子还有一个速度决定它们飞翔的方向和距离。在每一次迭代中,粒子通过跟踪两个“极值”来更新自己的速度和位置。第一个就是粒子本身所找到的最优解,这个解称为个体极值 Pbest;另一个极值是整个种群目前找到的最优解,这个极值是全局极值 Gbest。

假设在一个 K 维的目标搜索空间中,有 L 个粒子组成一个群落,其中第 i 个粒子的位置表示为一个 K 维的向量 $X_i=(X_{i1},X_{i2},\cdots,X_{ik})$;第 i 个粒子的个体极值为 $\text{Pbest}_i=(\text{Pbest}_{i1},\text{Pbest}_{i2},\cdots,\text{Pbest}_{ik})$;整个粒子群迄今为止搜索到的最好位置记为 $\text{Gbest}=(\text{Gbest}_1,\text{Gbest}_2,\cdots,\text{Gbest}_k)$;第 i 个粒子的“飞翔”速度也是一个 K 维的向量 $V_i=(V_{i1},V_{i2},\cdots,V_{ik})$。粒子按式(5.25)和式(5.26)来调整自己的位置搜索新解:

$$v_{ik}^{t+1}=\omega_t\times v_{ik}^t+c_1\times r_1\times(\text{Pbest}_{ik}^t-x_{ik}^t)+c_2\times r_2\times(\text{Gbest}_k^t-x_{ik}^t) \tag{5.25}$$

$$x_{ik}^{t+1}=x_{ik}^t+v_{ik}^{t+1},\quad 1\leqslant i\leqslant L,1\leqslant k\leqslant K \tag{5.26}$$

$$\omega_t=\omega_{\max}-\frac{\omega_{\max}-\omega_{\min}}{t_{\max}}\times t,\quad t\text{ 为迭代次数}(t\geqslant 0) \tag{5.27}$$

式中,ω_t 为惯性权重;c_1、c_2为学习常数,通常 $c_1=c_2=2$;r_1 和 r_2 为在[0,1]间的随机数;$\omega_{\max}$为粒子速度权重最大值(一般取 0.9);$\omega_{\min}$为粒子速度权重最小值(一般取 0.4);$t_{\max}$为最大迭代次数;t 为当前迭代次数。

为了防止粒子远离搜索空间,粒子的飞行速度被限制在$[-V_{\max},V_{\max}]$内。

V_{max}是常数，限制了速度的最大值。

式(5.25)中第一部分为粒子先前的速度，它使粒子有在搜索空间中扩张的趋势，从而使算法有全局搜索的能力；第二部分为“认知”部分，表示粒子吸取自身经验知识的过程；第三部分为“社会”部分，表示粒子学习其他粒子经验的过程，表现了粒子间信息的共享与社会协作。

5.3　分布式水资源模拟模型参数灵敏度分析

模型参数的灵敏度分析是研究参数变化所引起的模型响应，是模型参数不确定分析的重要内容之一，也是研发和评价模型不可缺少的重要环节。通过参数灵敏度分析有助于深入理解模型的特性并改进模型结构的稳定性。目前，分布式水资源模拟模型常用的参数灵敏度分析方法包括扰动分析法、区域灵敏度分析(regionalized sensitivity analysis，RSA)方法和广义似然不确定估计(generalized likelihood uncertainty estimation，GLUE)方法。

5.3.1　扰动分析法

目前，扰动分析法在参数灵敏度分析中的应用比较普遍。扰动分析法是一种最简单的参数灵敏度分析方法，即在某个参数最佳估计值附近给定一个人工干扰(如增减 10%)，并计算参数在小范围内产生波动所导致模型输出的变化率。

扰动分析法的计算思路十分简单，但其结果强烈依赖于优化算法的选择。由于优化算法自身结构设计决定了最佳参数估计值，并得到具有特定收敛特征的参数样本。因此，基于最佳估计参数值的灵敏度分析不能完整地描述模型参数的空间分布形态。另外，模型结构复杂性导致参数的相关性，要求在灵敏度分析过程中必须考虑参数之间的相互影响，这也是扰动分析法所无能为力的一个方面。

5.3.2　RSA 方法

RSA 方法是一种有效的全局灵敏度分析方法，由 Hornberge 和 Spear 于 1978 年提出。同时它还是一种基于行为和非行为的二元划分参数识别方法，即给定一组参数，如果系统的模拟满足事先设定的条件，那么这组参数就是可接受的，否则是不可接受的。它的特点是将优化条件进行弱化，根据定量或定性语言描述的条件来决定参数的取舍。

与传统灵敏度分析方法不同，RSA 方法抛弃了寻优思想，考虑参数空间分布的复杂性与相关性，并基于一定准则统计分析大样本随机参数变化下的模型响应。RSA 方法将可接受参数的边缘分布与原始均匀分布进行对比，如果参数对目标函数具有较大的影响，则目标函数对参数应具有较强的筛选能力。因此，可接受参数的分布离原始分布越远,说明该参数对目标函数的影响越显著,其灵敏度越高。

考虑到参数之间相关性的影响,如果某个参数的变化可以通过其他参数的变化抵消,那么可能导致参数值的分布与原始分布的差别并不大。但是,RSA 方法中,由于参数的取值是在封闭的区间内,所以参数在整个区间的取值就不太可能被其他参数同等地抵消。

5.3.3 GLUE 方法

GLUE 方法是一种度量模型不确定性的方法,也是一种全局参数灵敏度分析的方法,由 Beven 于 1992 年提出。

GLUE 方法吸收了 RSA 方法和模糊数学方法的优点,认为与实测值最接近的模拟值所对应的参数具有最高的可信度,离实测值越远,可信度越低,似然度越小。当模拟值与实测值的距离大于规定的指标时,就认为这些参数的似然度为 0。GLUE 方法不同于 RSA 方法对参数集“是”和“否”的二元划分,而是采用似然度对不同的参数进行区分。GLUE 方法既考虑到最优即最好这一直观事实,也避免了采用单一的最优值进行预测而带来的风险。

GLUE 方法与 RSA 方法类似,采用可接受参数的分布与原始分布的对比进行灵敏度分析,GLUE 方法也可用累积似然度进行全局性灵敏度分析。如果参数对目标函数没有显著的影响,那么参数似然度的分布应接近于原始分布,即均匀分布;如果参数取值对似然度的影响较大,则参数似然度的分布与原始分布相差较大。

5.4 本章小结

本章的主要内容是对系统的参数识别方法加以总结和研究。首先介绍了几种常用的目标函数,并确定模型模拟的效率评判标准,之后分别介绍了几种模型参数率定的传统数学优化方法,进而又阐述了几种常用的全局优化算法。由于模型参数的优化具有多参数同时优化、目标函数难以用模型参数表达和不可能通过目标函数对参数求导来求解最优值等特点,所以,流域水资源模拟模型参数的优化需要选择优化过程中仅要求目标函数值而不需目标函数导数等量值的多参数优化方法。在参数的率定过程中,首先使用人工试错法对模型参数进行人工率定,并确定参数的取值范围,再使用参数自动优化方法率定模型的参数,既保证了率定参数满足一定的物理意义,又保证了参数率定的时效性。最后还介绍了几种模型参数灵敏度分析的方法。

第 6 章 用水部门需水预测

由于需水预测与社会经济发展状况、产业结构调整、水市场与水价，以及节水技术措施等多种因素有关，模型的最终目的是为水资源的优化配置提供各子流域不同用水部门的需水量。为能准确地预测各子流域内各部门的需水量，模型需要解决的问题主要有各要素的长期预测、时间展布及空间展布等。需水预测单元包括生活需水量的预测、生产需水量的预测及生态需水量的预测等。

模型实现的总体思路是：①求得各要素在相应水平年的预测值；②将预测值进行空间展布，且展布到每一个网格上；③将预测值进行时间展布；④将预测值根据子流域所在的空间位置聚合到各子流域；⑤对各子流域内的不同用水部门进行需水量预测。

6.1 需水概念及分类

按用水特征，需水可分为河道内和河道外两类需水。按用户或行业特点，需水可分为生活、生产、生态三类需水，见表 6.1。

生活和生产需水又统称为社会经济需水。生活需水是指城镇生活与农村生活所需的水量。生产需水是指有经济产出的各类生产活动所需的水量，包括第一产业的种植业和林牧渔业，第二产业的高用水工业、一般工业、火(核)电工业和建筑业，以及第三产业的商业餐饮业、其他服务业等，见表 6.2。

环境需水是指为了维持生态环境系统一定功能所需要保留的自然水体或需要人工补充的水量。河道内生态环境需水是指维持河流生态系统一定形态和一定功能所需要保留的水(流)量，按维持河道一定功能的需水量和河口生态环境需水量分别计算。河道外生态环境需水是指保护、修复或建设给定区域的生态环境需要人为补充的水量，按城镇生态环境需水、湖泊沼泽湿地生态环境补水、林草植被建设需水和地下水回灌补水分别计算。

水资源需求增长的驱动因素是人口增加与经济发展，制约需求增长因素主要包括水资源条件、水工程条件、水市场条件和水管理条件。当人均水资源量较低时，水资源需求管理是社会可持续发展和水资源可持续利用的必然选择。需求管理的基本政策包括四个层次的内容：在生产力布局时对缺水地区限制大耗水产业的进一步发展，甚至进行转移；在发展过程中不断调整产业结构，形成节水型社会经济结构；调整水价体系，用经济杠杆促进节水、抑制需求；分行业推进各类节水措施，提高行业用水效率。

表 6.1　用水户分类口径及其层次结构

<table>
<tr><th colspan="5">用水户分类</th><th rowspan="2">备注</th></tr>
<tr><th>一级</th><th>二级</th><th colspan="2">三级</th><th>四级</th></tr>
<tr><td rowspan="16">河道外</td><td rowspan="2">生活</td><td colspan="3">城镇居民生活</td><td>仅为城镇居民生活用水，不包括公共用水</td></tr>
<tr><td colspan="3">农村居民生活</td><td>仅为农村居民生活用水，不包括牲畜用水</td></tr>
<tr><td rowspan="12">生产</td><td rowspan="7">农业</td><td rowspan="3">农田灌溉</td><td>水田</td><td>水稻等</td></tr>
<tr><td>水浇地</td><td>小麦、玉米、棉花、蔬菜、油料等</td></tr>
<tr><td>菜田</td><td>菜田</td></tr>
<tr><td rowspan="4">林牧渔畜</td><td>灌溉林果地</td><td>果树、苗圃、经济林等</td></tr>
<tr><td>灌溉草场</td><td>人工草场、灌溉的天然草场、饲料基地等</td></tr>
<tr><td>牲畜</td><td>大、小牲畜</td></tr>
<tr><td>鱼塘</td><td>鱼塘补水</td></tr>
<tr><td colspan="2" rowspan="3">工业</td><td>高用水工业</td><td>纺织、造纸、石化、冶金、化工</td></tr>
<tr><td>一般工业</td><td>除高用水工业和火（核）电工业外的工业行业</td></tr>
<tr><td>火（核）电工业</td><td>循环式、直流式</td></tr>
<tr><td colspan="3">建筑业</td><td>土木工程建筑业、线路管道和设备安装业、装修装饰业</td></tr>
<tr><td colspan="3">第三产业</td><td>第三产业以及城市消防用水及城市特殊用水等</td></tr>
<tr><td rowspan="2">生态</td><td colspan="3">城镇生态环境</td><td>绿化用水、城镇河湖补水、环境卫生用水等</td></tr>
<tr><td colspan="3">农村生态环境</td><td>湖泊沼泽湿地补水、林草植被建设、地下水回灌</td></tr>
<tr><td rowspan="6">河道内</td><td rowspan="4">生产</td><td colspan="3">水力发电</td><td>水力发电业</td></tr>
<tr><td colspan="3">航运</td><td>内河、内湖运输业</td></tr>
<tr><td colspan="3">水产养殖</td><td>自然水体的淡水养殖业（不包括鱼塘），
在河道内生态环境需水中考虑其水量要求</td></tr>
<tr><td colspan="3">其他</td><td>漂木、水上旅游观光等</td></tr>
<tr><td rowspan="2">生态环境</td><td colspan="3">维持河道一定功能</td><td>生态基流、输沙、水生生物等</td></tr>
<tr><td colspan="3">河口生态环境</td><td>冲淤保港、防潮压咸、河口生物</td></tr>
</table>

表 6.2　国民经济和生产用水行业分类

<table>
<tr><th>产业</th><th>6 大类</th><th>15 部门</th><th>行业名称</th></tr>
<tr><td rowspan="2">第一产业</td><td rowspan="2">农业
（农林牧渔业）</td><td>种植业</td><td>种植业</td></tr>
<tr><td>林牧渔业</td><td>林业、畜牧业、渔业</td></tr>
</table>

续表

产业	6 大类	15 部门	行业名称
第二产业	高用水工业	纺织工业	纺织业
		造纸工业	造纸及纸制品业
		石化工业	石油加工及炼焦业
		化学工业	化学原料及化学制品制造业、医药制造业、化学纤维制造业、橡胶制品业、塑料制品业
		冶金工业	黑色金属冶炼及压延加工业、有色金属冶炼及压延加工业、金属制品业
	一般工业	食品工业	食品加工业、食品制造业、饮料制造业
		采掘业	石油和天然气开采业、煤炭采选业、黑色金属矿采选业、有色金属矿采选业、非金属矿采选业、其他矿采选业、木材及竹材采运业
		制造业	烟草加工业，服装及其他纤维制品制造业，皮革、毛皮、羽绒及其制品业，木材加工及竹藤棕草制品业，家具制造业，印刷业、记录媒介的复制业、文教体育用品制造业，非金属矿物制品业，普通机械制造业，专用设备制造业，交通运输设备制造业，电气机械及器材制造业，电子及通信设备制造业，仪器仪表及文化办公用机械业，其他制造业
		其他工业	煤气的生产和供应业、自来水的生产和供应业、电力蒸汽热水生产供应业(非火核电部分)
	火(核)电工业	火(核)电工业	电力蒸汽热水生产供应业(火核电部分)
	建筑业	建筑业	土木工程建筑业、线路管道和设备安装业、装修装饰业
第三产业	第三产业	商业餐饮业	批发和零售贸易业、餐饮业
		其他服务业	交通运输业、仓储业、邮电通信业、农林牧渔服务业、地质勘查、水利管理业、金融保险业、房地产业、社会服务业、卫生体育和社会福利业、教育文化艺术及广播电影电视业、科学研究和综合技术服务业、国家机关、政党机关和社会团体、其他服务业

6.2　需水要素的预测

6.2.1　生活需水

这里所说的生活需水主要是指城镇居民和农村居民生活需水。它的增长速度快，用水高度集中，与人们生活息息相关，关系到千家万户，因此必须给以高度重视，尤其在我国北方，水资源供需矛盾突出，更需及时通过调查，摸清生活需水的现状和发展动向，统筹规划，早做安排，以满足人民生活需水的要求。

1. 生活需水的分类

按用水户分布分为城镇生活需水和农村生活需水。

按供水系统分为自来水供给的生活需水和自备水源供给的生活需水。

按供水水源分为地表水供给（不需调节的地表水与需要调节流量的地表水）、地下水供给（泉水、浅层地下水与深层地下水）、中水供给（经过处理的污水用于生活需水的那部分水）。

2. 城镇生活需水预测

1）影响因素

一个城镇生活用水定额、用水结构与城镇的特点和性质有关。对未来生活需水量的变化预测离不开城镇生活用水的历史和现状。据此应考虑以下因素的变化：住楼房与平房人数在未来水平年所占的比例、供水的普及程度、家庭人员构成变化和家庭收支增加、家庭用水设备（淋浴、洗衣机、冲洗厕所等）、安装户表情况等。

2）预测方法

（1）趋势法或简单相关法。

城镇生活需水，在一定范围内，其增长速度是比较有规律的，因而可以用趋势外延和简单相关法推求未来需水量。

对总需水量的估算，考虑的因素是用水人口数和用水定额。用水人口数以计划部门预测数为准，而用水定额以现状调查数据为基础，分析定额的历年变化情况或用水定额与国民平均收入的相关关系，考虑不同水平年城镇的经济发展和人民生活改善及提高程度，拟订一个城镇不同水平年的用水定额，按式(6.1)计算：

$$W_i = p_0 (1+\varepsilon)^n K_i \tag{6.1}$$

式中，W_i 为某水平年城镇生活用水量，m^3；p_0 为现状人口数，人；ε 为城镇人口计划增长率，%；n 为起始年份与某一水平年份的时间间隔，年；K_i 为某水平年份拟订的人均用水综合定额，m^3/人。有远郊城镇要地区，分市区和远郊城镇两部分分别进行计算，然后汇总为总生活需水量。

（2）分类分析权重变化估算法。

一个城镇生活用水的各用水项目之间存在一定的比例，而且这种比例关系与许多因素有关。同时，各种用户的用水定额会随着时间的推移有所变化。因此，必须对各类用户的权重和定额进行分析，其变化趋势可通过分析历史资料综合考虑各项影响因素来确定，如住房和公共设施规划，供水普及率的变化，用水设备的普及程度，水源、价格等因素，以及有可能节约用水的动向等，从而提出一个合理的权重和用水定额，然后按式(6.2)计算总需水量：

$$W_i = \sum_{i=1}^{h} \varepsilon_i K_i M_i \qquad (6.2)$$

式中，W_i 为某一水平年的总需水量 m^3；ε_i 为某一类用户在某一水平年所占的权重，%；K_i 为某一类用户在某一水平年的单位需水量，m^3/人；M_i 为某一类用户在某一水平年的用水人数，人。

各类用户权重变化可以用趋势外延法和相关法进行外延推算，定额预测考虑历史的变化，并通过典型分解分析累积推算。

根据城镇生活供水系统的水利用系数，在城镇生活净需水量预测基础上进行毛需水量的计算。

3. 农村生活需水预测

通过典型调查，按人均需水标准进行估算，公式为

$$W_{居} = \sum n_i m_i \qquad (6.3)$$

式中，$W_{居}$ 为农村居民生活需水量，m^3；m_i 为人均生活需水标准，m^3/人；n_i 为需水人数，人。

农村居民生活需水标准与各地水源条件、用水设备、生活习惯有关。南方与北方需水标准相差很大，应进行实地调查拟定需水标准。

6.2.2　工业需水

工业需水一般是指工矿企业在生产过程中，用于制造、加工、冷却、空调、净化、洗涤等方面的需水量。

工业需水是城市需水的一个重要组成部分。在整个城市需水中，工业需水不仅所占比例较大，而且用水集中。工业生产大量用水，同时排放相当数量的工业废水，又是水体污染的主要污染源。世界性的需水危机首先在城市出现，而城市水源紧张主要是工业需水问题造成的。因此，工业需水问题已引起各国的普遍重视。

目前，没有哪个工业部门在没有水的情况下会得到发展，因此，人们称"水是工业的血液"。一个城市工业需水的多少，不仅与工业发展的速度有关，还与工业的结构、工业生产的水平、节约用水的程度、用水管理水平、供水条件和水资源的多寡等因素有关。需水不仅随部门不同而不同，而且与生产工艺有关，同时还取决于气候条件等。

1. 工业需水分类

尽管现代工业分类复杂、产品繁多、需水系统庞大、需水环节多，而且对供水水流、水压、水质等有不同的要求，但仍可按下述四种分类方法进行研究。

1）按工业需水在生产中所起的作用分类

按工业需水在生产中所起的作用可分为以下几类：①冷却需水。在工业生产过程中，用水带走生产设备的多余热量，以保证正常生产的需水量。②空调需水。通过空调设备用水来调节室内温度、湿度、空气洁度和气流速度的需水量。③产品需水（或工艺需水）。在生产过程中与原料或产品掺混在一起，有的成为产品的组成部分，有的则为介质存在于生产过程中的需水量。④其他需水。如清洗场地需水量等。

2）按工业需水过程分类

按工业需水过程可分为以下几类：①总需水。工矿企业在生产过程中所需要的全部水量。总需水量包括空调、冷却、工艺、洗涤和其他需水。在一定设备条件和生产工艺水平下，其总需水量基本是一个定值，可以通过计算确定。②取用水（或称补充水）。工矿企业取用不同水源（河水、地下水、自来水、海水或再生水）的总取水量。③排放水。经过工矿企业使用后向外排放的水。④耗用水。工矿企业生产过程中耗用掉的水量，包括蒸发、渗漏、工艺消耗和生活消耗的水量。⑤重复用水。在工业生产过程中，二次以上的用水，称为重复用水。重复用水量包括循环用水量和二次以上的用水量。

3）按水源分类

按水源可分为以下几类：①河水。工矿企业直接从河内取水，或者由专供河水的水厂供水。一般水质达不到饮用水标准，可作为工业生产需水。②地下水。工矿企业在厂区或邻近地区自备设施提取地下水，供生产或生活用的水。在我国北方城市，工业需水中，地下水占相当大的比例。③自来水。由自来水厂供给的水源，水质较好，符合饮用水标准。④海水。沿海城市将海水作为工业需水的水源。有的将海水直接用于冷却设备；有的将海水淡化处理后再用于生产。⑤再生水。城市排出废污水经处理后再利用的水。

4）按工业组成的行业分类

在工业系统内部，各行业之间需水差异很大，由于我国历年的工业统计资料均按行业划分统计，所以按行业分类有利于需水调查、分析和计算。一般可分为高用水工业、一般工业和火（核）电工业三类用户分别进行预测。

高用水工业和一般工业需水可采用万元增加值用水量法进行预测。火（核）电工业分循环式、直流式两种冷却用水方式，采用单位装机容量（万 kW）取水量法进行需水预测，并可以采用发电量单位（亿 kW · h）取水量法进行复核。

有条件的地区可对工业行业进一步细分后进行需水量预测，如分为电力、冶金、机械、化工、煤炭、建材、纺织、轻工、电子、林业加工等。同时在每一个行业中，根据需水和用水特点不同，再分为若干亚类，例如，化工还可划分为石油化工、一般化工和医药工业等；轻工还可分为造纸、食品、烟酒、玻璃等；纺织还可分为棉纺、毛纺、印染等。此外，为了便于调查研究，还可将中央、省市和区县工业企业单列统计。

在划分用水行业时，需要注意以下两点：

(1) 考虑资料连续延用。充分利用各级管理部门的调查和统计资料，并通过组织专门的调查使划分的每一个行业的需水资料有连续性，便于分析和计算。

(2) 考虑行业的隶属关系。同一种行业，由于隶属关系不同，规模和管理水平差异很大，需水的水平就不同。例如，生产同一种化肥的工厂，市属与区(县)所属化工厂单耗用水量相差很多；生产同一种铁的炼铁厂，中央直属与市属的工厂，每生产 1t 铁的需水量也不同。因此工业行业分类既要考虑各部门生产和需水特点，又要考虑现有工业体制和行政管理的隶属关系。

工业需水分类，其中按行业划分是基础，如再结合需水过程、需水性质和需水水源进行组合划分，将有助于工业需水调查、统计、分析、预测工作的开展。通常按行业划分越细，研究问题就越深入，精度就越高，但工作量增加；而分得太粗，往往掩盖了矛盾，需水特点不能体现，影响需水问题的研究和成果精度。

2. 工业需水调查计算

研究城市工业需水必须掌握可靠的第一手资料。但由于过去长期对用水问题不够重视，缺少观测，缺乏资料。因此，工业用水调查是获得用水资料的重要手段，是研究城市需水极其重要的一项工作。

工业需水调查内容主要包括以下几项：①基本情况。包括人口、土地、职工人数、工业结构和布局。历年工业产值及主要工业产品、产量等。②供排水情况。包括供水水源、供水方式、排水出路和水质情况等。③水源情况调查。除自来水用量可直接从自来水公司记载中取得外，各单位自取河水、地下水都要进行调查。用水情况，包括地区的工业发展规划，城市建设发展规模，将来的工业结构及布局，工业产值、产量的计划，供排水工程设施规划等。

工业用水调查不仅提供了工业用水的一般情况，更重要的是，通过调查了解一个地区工业用水的水平，找出合理用水的途径和措施，挖掘工业用水的潜力。同时为工业需水量的计算奠定基础。

1) 工业需水分析计算方法(水平衡法)

一个地区，一个工厂，乃至一个车间的每台用水设备，在用水过程中水量收支保持平衡，即一个用水单元的总需水量与消耗水量、排出水量和重复利用水量相平衡。

$$W_{总} = W_{耗} + W_{排} + W_{重} \tag{6.4}$$

式中，$W_{总}$ 为总需水量，在设备和工艺流程不变时，为一定值，m^3；$W_{耗}$ 为消耗水量，包括生产过程中蒸发、渗漏等损失水量，以及产品带走的水量，m^3；$W_{重}$ 为重复用水量，包括二次以上用水量和循环水量，m^3。

2) 工业需水的指标

重复利用率 η 为重复用水量在总需水量中所占的比例：

$$\eta = \frac{W_{重}}{W_{总}} \times 100\% \tag{6.5}$$

或

$$\eta = \left(1 - \frac{W_{补}}{W_{总}}\right) \times 100\% \tag{6.6}$$

排水率 P 为排出水量在总需水量中所占的比例：

$$P = \frac{W_{排}}{W_{总}} \times 100\% \tag{6.7}$$

耗水率 r 为耗水量在总需水量中所占的比例：

$$r = \frac{W_{耗}}{W_{总}} \times 100\% \tag{6.8}$$

以上三个指标以平衡方程式表示：$\eta + P + r = 100\%$。这三个指标是考核工业需水水平和水平衡计算的重要指标。

3. 工业需水预测

1) 预测方法

工业用水预测是一项比较复杂的工作，涉及的因素较多。一个城市或地区的工业用水的发展与国民经济发展计划和长远规划密切相关。通常采用的方法是：研究工业用水的发展史，分析工业用水的现状，考察未来工业发展的趋向和用水水平的变化，从中得出预测的规律。具体方法一般有以下几种。

(1) 趋势法。用历年工业用水增长率来推算将来工业需水量。

预测不同水平年的需水量预测计算式为

$$S_i = S_0(1 + d)^n \tag{6.9}$$

式中，S_i 为预测某一水平年的工业需水量；S_0 为预测起始年份的工业用水量；d 为工业用水年平均增长率；n 为从起始年份至预测某一水平年份所间隔时间。

一个城市工业用水的增长率与工业结构、用水水平、水源条件等有关。用趋势法预测的关键是对未来用水量增长率的准确确定，需要找出与增长率紧密相连的因素，充分分析过去实际结构，合理确定未来不同水平年的平均用水增长率。一般来说，随用水水平提高、单耗降低、重复利用程度提高、工业用水年平均增长率呈下降趋势。

趋势法推算较简单易行。但是从历年调查资料中分析用水增长率时，必须是选取工业发展稳定阶段，该阶段是相当长的一个时段，并具有准确度较高的用水量数值，便于观察历年用水增长趋势。对异常点要做合理性检查，将异常点省去，消除偶然因素的影响。例如，某一大型耗水性工厂经多年建设，在某一年正式投产使用，使某城市工业用水量骤增至某一个水平。又如，某年遇到连续干旱缺水，水源缺乏，供水量衰减，迫使工业用水减少等。当有一个较长系列的用水资料时，就可以进行详细分析，避免偶然因素，删除异常点，对于特殊情况，应另做分析。

(2) 相关法。工业用水的统计参数(单位用水量、增长率等)与工业增加值有一定的相关关系，如把增加值作为横轴，单位用水量或增长率作为纵轴，进行回归分析，则适合这种相关分析的回归方程有以下形式：

$$\log y = a\log x + b \tag{6.10}$$

$$y = \frac{a}{1 + b\mathrm{e}^{-a\log x}} \tag{6.11}$$

$$y = ax + b \tag{6.12}$$

式中，y 为单位用水量或增长率；x 为增加值；a、b、c 为常数。

工业用水弹性系数为工业用水增长率与工业增加值增长率之比。截至 2000 年，全国工业用水增长率平均值约为 5.4%，工业用水弹性系数约为 0.7。一般预测情况是：工业用水弹性系数，一般地区为 0.6～0.8；工业基础较好或节水潜力较大地区为 0.45～0.65；工业基础薄弱或能源基地为 0.8～1.0。关于工业用水增长率，一般地区都低于 7%；重要能源基地一般也不超过 10%。

(3) 分行业重复利用率提高法。万元增加值用水量和重复利用率是衡量工业用水水平的两个综合指标。一般来说，一个地区或一个工矿企业单位，工业结构不发生根本变化时，万元增加值用水量基本取决于重复利用率。随着重复利用率的不断提高，万元增加值用水量将不断下降。

重复利用率与万元增加值用水量的关系，可用水平衡式推导。根据重复利用率式(6.5)和式(6.6)，得万元增加值用水量为

$$q = \frac{W_{补}}{B} \tag{6.13}$$

式中，B 为增加值；q 为万元增加值用水量。

对于同一行业，只要设备和工艺流程不变，生产相应数量的产品其所需的总用水量不变。例如，某钢厂 1980 年总用水量为 4.5 亿 m^3，增加值为 8 亿元，在设备、工艺流程和产品不变的情况下，以后相应生产 8 亿元增加值总用水量仍为 4.5 亿 m^3。增加值增加，总用水量也随之增加，在这种前提下，可进行下列推导：

$$1 - \eta_1 = \frac{W_{1补}}{W_{总}} \tag{6.14}$$

$$1 - \eta_2 = \frac{W_{2补}}{W_{总}} \tag{6.15}$$

由式(6.14)和式(6.15)可得

$$\frac{1 - \eta_1}{1 - \eta_2} = \frac{W_{1补}}{W_{2补}} \tag{6.16}$$

由式(6.13)得

$$W_{1补}=Bq_1, W_{2补}=Bq_2$$

故得

$$\frac{1-\eta_1}{1-\eta_2}=\frac{q_1}{q_2} \tag{6.17}$$

式中，B、$W_总$ 分别为增加值和总用水量；η_1、$W_{1补}$、q_1 分别为某一时间的重复利用率、补充水量和万元增加值用水量；η_1、$W_{2补}$、q_1 分别为另一时间的重复利用率、补充水量和万元增加值用水量。

一个行业，如果已知现有用水重复利用率和万元增加值用水量，根据该地水源条件、工业用水的水平，如能提出将来可达到的重复利用率，便可利用式(6.17)求出将来的万元增加值用水量，从而比较准确地推求将来的工业用水量。

(4) 分块预测法。分块预测法就是将一个城市(或地区)的工业分成几大块，分别用不同的方法预测将来的用水量。用分块预测一般有以下三种情况。

① 原有工业基础十分薄弱，要大规模发展工业的城市。有的城市现有工业较少，今后要发展成为一个工业城市。这样，工业用水和增加值就很难说按某一速度增长，用水和增加值的关系也不受现状关系的影响。要预测这种城市的工业用水量，用递增法、相关法和重复水利用率提高法都有困难，只能用分块预测法，将整个工业用水分为两大部分：一部分是在原有基础上发展的工业用水，可按上述的三种方法预测；另一部分是各时期新建工业，根据计划新建工厂规模、建成时间，按设计需水量计算。

② 电力工业和其他一般工业分块预测。火电厂用水量比较大，与其他一般工业相比，万元增加值用水量大很多。如果将火电厂用水量和一般工业用水量放在一起预测，就会因火电厂发展规模、速度而影响整个工业用水量。此外，火电厂用水性质和一般工业也不同，一般工业用过的水均有不同程度的污染，不进行污水处理难以作为水源再利用，而火电厂用过的水基本上没有污染，其他工业和城市都可利用。对于一个地区来说，火电厂总用水量大，而消耗水量小，所以应将火电厂用水量和一般工业用水量分别预测。一般工业用水量可按照上述三种方法预测，火电厂用水量可参照有关用水指标进行计算。

③ 特殊工业用水需分别预测。有的城市(或地区)是以某一种采矿产业和能源工业为主，其用水量与一般工业用水量不同。这类地区的工业用水预测就应分成两部分来进行：一部分是一般工业发展用水，可选用上述三种方法之一进行预测；另一部分就是煤炭能源工业，或采矿冶金工业发展用水，应根据计划发展的规模计算水量。

根据工业供水系统的水利用系数，在净需水量预测基础上进行毛需水量的计算。

2) 几种预测方法的评价

影响工业用水的因素很多,每种预测方法都存在一定的局限性。一个城市或一个地区,用什么方法来预测更接近实际,必须进行具体分析,一般情况下要将几种方法进行计算比较。

(1) 趋势法和相关法。这两种方法实质上都是应用数理统计原理,用历史资料进行外延预测今后的情况。其基本条件是:要有相当长的历史资料,工业发展比较稳定。如果在工业发展的过程中,工业结构发生了根本变化,工业用水和增加值发生了突变,就无法分析出趋势和相关关系。所以,相关法和趋势法只适于已经具有一定基础且今后稳步发展的城市。由于趋势法仅单方面考虑了用水量,而相关法则将用水量和工业增加值结合起来分析,多考虑了一些因素,所以相关法比趋势法又进了一步。

(2) 分行业重复利用率提高法。近几年来,许多城市由于水源紧张,供水不足,工业用水得不到保证,采取了节约用水措施,减少工业用水量,使工业生产在用水减少的情况下得到发展。这种情况,预测未来用水必须考虑节约用水的因素,因此趋势法和相关法都不适用。

节约工业用水的方法很多。例如,加强管理,减少跑、冒、滴、漏,改革工艺,改进设备等都可减少用水,但从近几年各城市节约用水的情况来看,最根本的是提高重复利用率。国外也主要看重工业用水重复利用率。在预测工业用水中,考虑提高重复利用率问题是符合工业发展规律的。其理论根据是水平衡式:

$$W_{补} = W_{总} - W_{重} \tag{6.18}$$

如前面所讲,某一行业在一定的设备和工艺流程下总用水量是一定值,$W_{总}$ 不变。那么,由式(6.18)就可以看出 $W_{补}$ 的大小直接取决于 $W_{重}$,也就是取决于重复利用率 η。

现在的问题在于假设的设备不变、工艺流程不变是否合理?对于一个行业,在某一段不长的时期内,设备和工艺不会有巨大的变化,是符合实际的;至于设备和工艺上的一些局部变化,引起 $W_{总}$ 变化是可能的,但这种变化,比提高重复利用率对 $W_{补}$ 的影响要小得多。

综上所述,分行业提高重复利用率法是比较成熟的一种方法,在理论和实践上都比趋势法和相关法更进了一步。

(3) 分块预测法。分块预测法是指根据工业在城市中的发展状态,分不同情况利用不同方法预测,是一种较适宜处理复杂情况的方法。

6.2.3 建筑业和第三产业需水

建筑业和第三产业需水量预测可参照工业需水量预测。建筑业需水预测可采用建筑业万元增加值用水量法,也可采用单位建筑面积用水量法。第三产业需水预测可采用万元增加值用水量法，也可参考城市建设部门分类口径及其预测方法进行复核。根据这些产业发展规划成果，结合用水现状分析，预测各规划水平年的净需水定额和水利用系数，进行净需水量和毛需水量的预测。

建筑业和第三产业需水量年内分配相对比较均匀。对年内用水量变幅较大的地区，通过典型调查进行用水量分析，计算需水月分配系数，确定用水量的年内需水过程。

6.2.4　农业需水

我国是农业大国，农业用水量占总用水量的70%以上。长期以来，由于技术和管理水平落后、灌溉设施老化失修等，目前我国灌溉水的利用率与发达国家相差甚远，农业节水潜力很大。

农业需水包括农田灌溉和林牧渔畜需水。其中农田灌溉的比例较大，是农业需水的主体。与工业、生活需水相比具有面广量大、一次性消耗的特点，而且受气候影响较大，当水资源短缺、水量得不到保证时，一般可以改变作物组成，使需水量减少，压缩农业需水以满足工业和生活需水。因此，农业灌溉需水的保证率低于生活和工业需水的保证率。但菜田需水的保证率要求较高，与工业和生活需水一样需要得到保证。

1. 农田灌溉需水

农田灌溉需水包括水浇地和水田的灌溉需水，灌溉需水预测采用的是灌溉定额预测方法。灌溉定额预测要考虑灌溉保证率水平。

1) 农作物的需水量

农作物的需水量一般是指农作物在田间生长期间植株蒸发量和棵间蒸发量之和(又称为腾发量)。对于水稻田来说，也有将稻田渗水量算在农作物需水量之内的，这点在引用灌溉试验资料进行计算时要特别注意。我国几种主要农作物全生育期内田间需水量的变化范围见表6.3。

表6.3　我国几种主要农作物全生育期内田间需水量的变化范围　(单位：m^3/亩①)

农作物	地区	干旱年	中等年	湿润年
一季稻	东北	250～500	220～500	200～450
	黄河流域及华北沿海	400～600	350～550	250～500
中稻	长江流域	400～550	300～500	250～450
一季晚稻	长江流域	500～700	450～650	400～600

① 1亩=666.7m^2，下同。

续表

农作物	地区	干旱年	中等年	湿润年
双季旱稻	长江流域	300～450	250～400	200～300
双季晚稻	华南	300～400	250～350	200～300
冬小麦	华北	300～500	250～400	200～350
	黄河流域	250～450	200～400	160～300
	长江流域	250～450	200～350	150～280
	东北	200～300	180～280	150～250
	西北	250～350	200～300	—
棉花	西北	350～500	300～450	—
	华北及黄河流域	400～600	350～500	300～450
	长江流域	400～650	350～500	250～400
玉米	西北	250～300	200～250	—
	华北及黄河流域	200～250	150～200	130～180

农作物需水量一般是通过灌溉试验确定,用产量法、蒸发系数法、积温法等分析估算,可由当地灌溉试验资料提供,在当地缺乏资料时,可应用邻近相似区域灌溉试验资料。

2）灌溉制度

灌溉制度是指在一定的自然气候和农业栽培技术条件下,使农作物高产稳产对农田进行适时适量灌水的一种制度。它包括灌水定额[m^3/(亩・次)]、灌水时间(日/月)、灌水次数(次)、灌溉定额(m^3/亩)等。灌溉定额为各次灌水定额之和。灌溉方式分为地面灌溉、地下灌溉和地上灌溉等,如图 6.1 所示。对不同灌溉方式,同一农作物其灌溉制度是不同的。

影响灌溉制度的因素很多,主要有气候、土壤、水文地质、作物品种、耕作方式、灌排水平及工程配套程度等。一般来讲,灌溉制度要通过灌区调查,总结群众省水丰产的经验,综合分析制定。但是,实际年份的灌水情况受当地气候条件影响较大,其中受农作物生长期的降水及其分布影响最大。

3）灌溉定额

灌溉定额是农作物播种前及全生育期单位面积的总灌水量或灌水深度,是农作物各次灌水量之和。不同的灌溉方式、不同的农作物及其组成有不同的灌溉定额。而实际某一年的灌溉定额又由当年的各种条件来决定。

以地面灌溉为例,分水稻和旱作物两类进行分析。

(1) 水稻净灌溉定额。按水量平衡原理有

$$M = \frac{1}{m}M_{秧} + M_{泡} + E + M_{渗} - P' \tag{6.19}$$

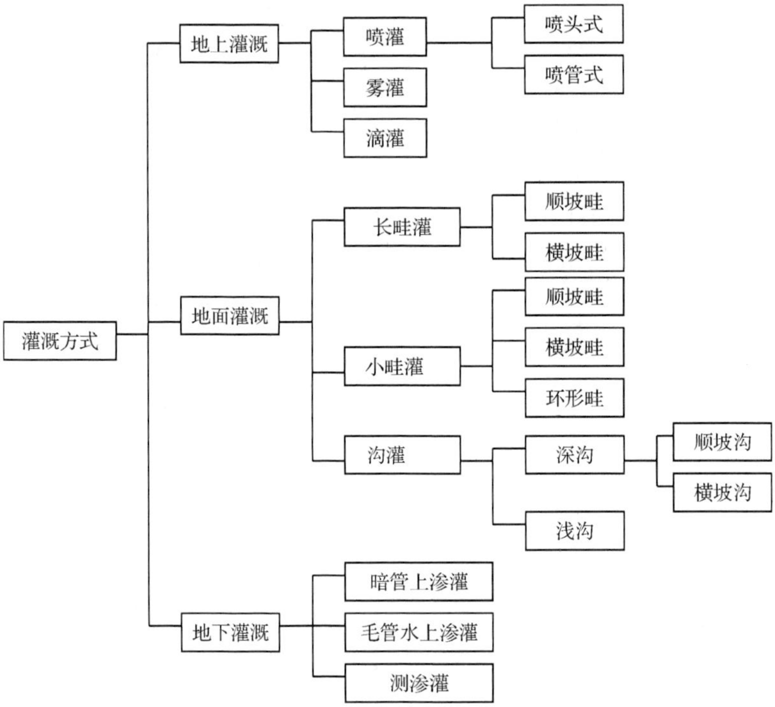

图 6.1　灌溉方式分类图

$$E=\sum E_i \tag{6.20}$$

$$E_i=\alpha E_{水} \tag{6.21}$$

$$P'=nP \tag{6.22}$$

式中，M 为农作物的净灌溉定额；$M_{秧}$ 为秧田灌溉定额（湿润育秧可忽略不计）；m 为秧田分插田亩数，范围为 15～17；$M_{泡}$ 为泡田需水量，可根据试验资料确定，盐碱地稻改区需考虑淋盐洗碱的泡田需水量，E 为农作物全生育期的需水量；$M_{渗}$ 为农作物全生育期的田间渗透量，一般用生长期乘以日渗透强度求得，即 $M_{渗}=st$；P'为农作物生长期的有效雨量；E_i 为农作物某生育阶段的需水量；$E_{水}$ 为相应农作物某生育阶段的水面蒸发量（水面蒸发换算系数引用附近水文气象部门资料）；α 为水稻在某生育期的需水系数；P 为农作物生长期的降水量；n 为农作物生长期降水量的利用率。关于以上计算参数，各地都可以从有关部门收集或借用相邻区域的试验资料。

(2) 旱作物净灌溉定额。旱作物灌溉在我国比较复杂，同一种旱作物的净灌溉定额因时因地而异。旱作物灌溉的目的在于控制旱作物湿润土层的含水量，使之既不大于允许的最大含水量，又不小于允许的最小含水量，以适宜旱作物生长。

因此一个地区当年的净灌溉定额，与耕作层深度、允许的土壤含水量变化、土壤干容重及孔隙率、地下水利用量、作物生长期的有效降水等因素有关。确定旱作物用水量计算流程如图 6.2 所示。

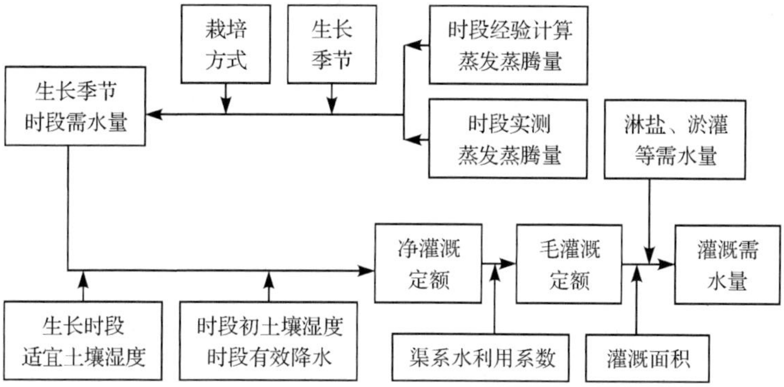

图 6.2　确定旱作物用水量计算流程

除了上述理论计算方法，有关部门或研究单位大量的灌溉试验所取得的有关成果，可作为确定灌溉定额的基本依据。有条件的地区也可采用彭曼公式计算农作物蒸发蒸腾量，从中扣除有效降水，计算农作物灌溉净需水量。

农作物灌溉定额还可以分为充分灌溉定额和非充分灌溉定额。充分灌溉是指，在农作物生育期完全按照农作物高产所需水量实施灌溉的方式。非充分灌溉是指在农作物生育期部分地按农作物生长需要水量实施的灌溉方式。各地通过多年的灌溉实践已基本摸索出当地农作物非充分灌溉技术及非充分灌溉定额的经验值。对于水资源比较丰富的地区一般采用充分灌溉定额；而对于水资源比较紧缺的地区，一般应采用非充分灌溉定额。

经济灌溉定额是单位水量的增产量最大时的灌溉需水量。经济灌溉定额属于非充分灌溉范畴。

4）灌溉需水量估算

农业灌溉是分灌区进行的，不同的灌区其灌溉条件不尽相同，因此，农业用水调查应按灌区进行，各灌区用水累计即全区域农业用水量。

现状灌溉需水量估算方法一般可分为直接估算法和间接估算法。

（1）直接估算法。直接选用各种农作物的灌溉定额进行估算，其公式为

$$W_i = \frac{1}{10^4}\omega_i \sum_{i=1}^{n} m_i \tag{6.23}$$

$$W = \sum_i W_i \tag{6.24}$$

$$W' = \frac{W}{\eta} \tag{6.25}$$

式中，m_i 为某作物某次灌溉定额；ω_i 为某作物灌溉面积；n 为某作物灌溉次数；W_i 为某作物净灌溉水量；W 为全灌区所有作物净灌水量；η 为灌区渠系水利用系数；W' 为全灌区总毛灌溉用水量。

(2) 间接估算法。先计算各时段综合灌水定额，再计算整个灌溉用水量，其计算公式为

$$m_i = \alpha_1 m_{1t} + \alpha_2 m_{2t} + \cdots + \alpha_i m_{it} \tag{6.26}$$

$$m_t' = \frac{m_t}{\eta} \tag{6.27}$$

$$W_t' = \omega m_t' \tag{6.28}$$

$$W' = \sum W_t' \tag{6.29}$$

式中，m_i 为 t 时段综合净灌水定额；$m_{1t}, m_{2t}, \cdots, m_{it}$ 为 t 时段各种作物的净灌水定额；$\alpha_1, \alpha_2, \cdots, \alpha_i$ 为各种作物灌溉面积占全灌区灌溉面积的比例，%，m_t' 为 t 时段毛综合灌水定额；η 为全灌区水利用系数；ω 为全灌区的灌溉面积；W_t' 为 t 时段全灌区毛灌溉用水量；W' 为全灌区总毛灌溉用水量。

未来不同水平年的灌溉需水量估算主要考虑以下几个因素：灌溉面积的发展速度，不同保证率情况下的不同灌溉方式，不同农作物及组成的灌溉定额，渠系水利用系数提高程度等。不同水平年不同保证率农业灌溉需水量预估可按预测框图程序进行，如图 6.3 所示。

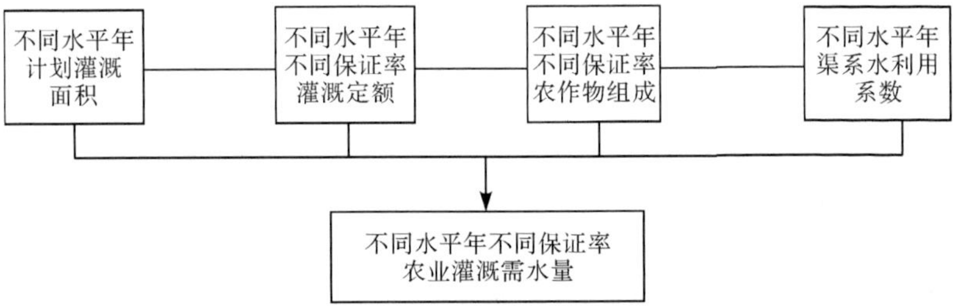

图 6.3　不同水平年不同保证率农业灌溉需水量预估

2. 林牧渔畜需水

林牧渔畜业需水量包括林果地灌溉、草场灌溉、鱼塘补水和牲畜用水等四项。

林果地灌溉和草场灌溉需水量预测采用灌溉定额预测方法，其计算步骤类似于农田灌溉需水量的预测。根据当地试验资料或现状典型调查分别确定林果地和草场净灌溉定额；根据灌溉水源和供水系统分别确定田间水利用系数和各级渠系水利用系数；结合林果地与草场发展面积预测指标进行林果地和草场灌溉净需水量和毛需水量预测。

渔业需水量是指维持一定养殖水面面积和相应水深所需要补充的水量，为养殖水面蒸发和渗漏所消耗水量的补充值，公式为

$$W_{渔} = \omega(\alpha E - P + S) \tag{6.30}$$

式中，ω 为养殖水面面积；E 为水面蒸发量，由水文气象部门蒸发器测得；α 为蒸发器折算系数；P 为年降水量；S 为年渗漏量（由调查、实测或经验数据估算）。

渔业需水量也可以根据调查补水定额和养殖面积进行估算。公式为

$$W_{渔} = \omega m \tag{6.31}$$

式中，ω 为养殖面积；m 为鱼塘补水定额。

牲畜用水

$$W_{牲} = \sum n_i m_i \tag{6.32}$$

式中，$W_{牲}$ 为牲畜用水；n_i 为各种牲畜或家禽头数或只数；m_i 为各种牧畜或家禽用水定额（调查或实测值）。

6.2.5　生态需水

1. 基本概念与内涵

生态环境需水是指为了维持给定目标下生态环境系统一定功能所需要保留的自然水体和需要人工补充的水量。要结合当地水资源开发利用状况、经济社会发展水平、水资源演变情势等，确定切实可行的生态环境保护、修复和建设目标，分别进行河道外和河道内的生态环境需水量的预测。

河道内生态环境需水是指维持河流生态系统一定形态和一定功能所需要保留的水（流）量，按维持河道一定功能的需水量和河口生态环境需水量分别计算。河道内生态环境需水要以河流水系主要控制断面为计算结点，对上下游不同计算结点的计算值经综合分析后确定成果。河道内生态环境需水与河道内非消耗性生产需水之间有重复的，计算时应予以注明。

河道外生态环境需水是指保护、修复或建设给定区域的生态环境需要人为补充的水量，按城镇生态环境需水、湖泊沼泽湿地生态环境补水、林草植被建设需水和地下水回灌补水分别计算。

2. 河道内生态环境需水

河流是一个完整的连续体，自古以来河流两岸就是人类繁衍生息之地。人类活动对河流的开发利用与社会经济发展程度密切相关，河流水体生态退化主要受自然和人类双重活动的控制。河流资源利用方式的演变大致可以分为四个阶段：初级自发阶段、平衡利用阶段、掠夺开发阶段、协调发展阶段。

（1）初级自发阶段。人类自发对河流资源进行利用，河流资源基本上受自然

规律支配，主要是洪涝灾害的影响，河流的连通性和宽度是河流生态系统的重要结构特征，具有河流所有的天然生态功能，包括维持水循环的连续性、生物完整性、自净过滤作用、通道作用和水沙输送等。

(2) 平衡利用阶段。社会经济的发展，使得人们对河流资源的本质有了一定了解，利用能力不断提高。早期为了生存，开发渔业资源，开发航运功能并进行贸易往来，进行上游引水、中游筑坝及洪泛平原的垦殖，在满足规模农业发展、初级工业化以及人口、经济发展需求的基础上，河流基本能维持自然水文规律，河流的生物完整性和多样性没有遭到破坏，河流水资源的承载能力还没得到充分体现和发挥。

(3) 掠夺开发阶段。工业化程度高，对河流的开发利用主要着眼于经济的发展，对河流的控制能力极大加强，以水库、水力发电等为代表的利用方式强化了对河流资源的利用，局部水循环的基本格局大部分被打破，农业面源污染和大规模工业化造成的污染层出不穷，甚至出现"有河皆干，有水皆污"的局面。河流生物物种大部分灭绝，河道断流频发，出现了世界性的河流环境污染和生态破坏，经济结构不合理，对生态系统的认识不足。河流水资源利用方式的不当对人类的生存和发展逐渐构成了现实威胁。

(4) 协调发展阶段。城市化和工业化进程中对水资源的竞争，形成城市和工业用水挤占农业用水，农业用水挤占生态环境用水的不合理循环格局。河流有限水资源在量和质上的不足造成的生态环境恶化现状，使人类认识到人与自然实现和谐共处的必要性，人类开始高度重视生态用水问题。河流生态系统作为流域生态系统的子系统，它最基本的特征就是参与自然界的水分循环，通过水体介质不断地跟周围环境进行物质和能量交换，与周边环境相互影响和制约。充分认识到河流的生态服务功能及其价值。

国外对河道生态用水问题关注较早。20 世纪 40 年代，随着水库的建设和水资源开发利用程度的提高，美国的资源管理部门开始注意到渔场的减少问题。60 年代初期，工业化国家开始出现水资源对国民经济的制约作用，这种影响在枯水期尤为显著。由于径流迅速减小，对水力发电、航运、供水的限制越来越大，常造成巨大的经济损失，甚至造成生态恶化。于是各工业化国家对枯水期径流开展了大规模研究。20 世纪 70 年代以来，法国、澳大利亚、南非等国都开展了许多关于鱼类生长繁殖与河流流量关系等方面的研究，从而提出了河流生态流量的概念，并产生了许多计算和评价方法。20 世纪 90 年代以前，河流流量的研究主要集中在所关心的鱼类、无脊椎动物等对流量的需求上。20 世纪 90 年代后，不仅研究维持河道的流量，而且还考虑了河流流量在纵向和横向上的连接。从总体上讲，考虑了河流生态系统的完整性，考虑了生态系统可以接受的流量变化。

由于我国的自然条件复杂、人口众多，生态用水问题极为复杂。研究生态系统某种临界状态下的水分条件，以此作为生态用水衡量标准，既是该领域理论和技术上的探索，也是生产实践中急需解决的问题。

1）维持河道一定功能的需水量

维持河道一定功能的需水量包括生态基流、输沙需水量和水生生物需水量等。根据各地河流水系实际情况，选择不同方法计算，经比较选取合理结果。

(1) 湿周法。湿周法是根据河道的水力特性参数，如湿周、水力半径、平均水深等，由实测的河道断面湿周与断面流量之间的对应关系，绘制流量-湿周关系图，从图中找出突变点或影响点，与该点对应的流量值即为河道生态流量推荐值。它是基于满足临界区域水生物栖息地的思想提出来的。湿周法主要适用于：①小型河流或者是流量很小且相对稳定的河流；②泥沙含量少，水环境污染不明显的河流；③推荐的流量主要是为了满足某些大型无脊椎动物及特殊物种保护的要求。从关系图中直接判断突变点有时比较困难，甚至无法判断，尤其对于山区河流，变化点多数不明显，需要借助数学方法来加以判别。通常该法较适用于平原地区河道。

(2) Tennant 法。Tennant 在对美国 11 条河流的断面数据进行分析后，依据流量对应的流速、水深等增幅大小，认为多年平均流量的 10%是河流生境得以维持的最小流量，并以预先确定的多年平均流量百分比将河流生境划分为不同的等级。Tennant 法将全年分为两个计算时段，根据多年平均流量百分比和河道内生态环境状况的对应关系，直接计算维持河道一定功能的生态环境需水量。Tennant 法中不同流量百分比对应的河道内生态环境状况见表 6.4。

表 6.4　Tennant 法中不同流量百分比对应的河道内生态环境状况

流量等级描述	推荐的基流百分比标准(多年平均流量百分数)	
	10 月～次年 3 月	4～9 月
最大流量	200	200
最佳流量	60～100	60～100
极好	40	60
非常好	30	50
好	20	40
中等或差(退化)	10	30
最小	10	10
极差	<10	<10

根据 Tennant 法，维持河道一定功能需水量计算公式如下：

$$W_R = 24 \times 3600 \times \sum_{i=1}^{12} M_i Q_i P_i \tag{6.33}$$

式中，W_R 为多年平均条件下维持河道一定功能的需水量，m^3；M_i 为第 i 月天数，d；Q_i 为 i 月多年平均流量，m^3/s；P_i 为第 i 月生态环境需水百分比。

Tennant 法将一年分为两个计算时段，4～9 月为多水期，10 月～次年 3 月为少水期，不同时期流量百分比有所不同。各流域计算时，年内时段可按如下方法划分：将天然情况下多年平均月径流量从小到大排序，前 6 个月为少水期，后 6 个月为多水期。

用 Tennant 法计算维持河道一定功能的生态环境需水量的关键在于选取合理的流量百分比。不同的河流水系其河道内生态环境功能不同，同一河流的不同河段也有差异，因此要根据实际情况选取合理的河流生态环境目标来确定流量百分比。一些研究中，少水期通常选取多年平均流量的 10%～20%，多水期选取多年平均流量的 30%～40%，但要根据各河流水系的实际情况而定。

特殊河流（河段），如泥沙含量较高或有国家级保护物种的河流（河段），维持河道一定功能的需水量应分单项计算，并对成果进行合理性分析。

(3) 分项计算方法。

① 生态基流。

生态基流是指为维持河床基本形态、防止河道断流、保持水体天然自净能力和避免河流水体生物群落遭到无法恢复的破坏而保留在河道中的最小水（流）量。下面给出三种计算方法。

方法一：最小月流量平均法。

计算公式为

$$W_{Eb} = 365 \times 24 \times 3600 \times \frac{1}{10} \sum_{i=1}^{10} Q_{mi} \tag{6.34}$$

式中，W_{Eb} 为河道生态基流，m^3；Q_{mi} 为最近 10 年中第 i 年最小月平均流量，m^3/s。

方法二：典型年最小月流量法。

选择满足河道一定功能、未出现较大生态环境问题的某一年作为典型年，将典型年最小月平均流量作为满足年生态环境需水的平均流量。典型年最小月流量法计算公式为

$$W_{Eb} = 365 \times 24 \times 3600 \times Q_{sm} \tag{6.35}$$

式中，Q_{sm} 为典型年最小月平均流量，m^3/s。

方法三：Q_{95} 法。

该法指将 95% 频率下的最小月平均流量作为河道内生态基流。主要用来计算河流纳污容量。

不同河流水系，用以上三种方法计算得到不同的结果，综合分析后作为河道

内生态基流。

② 输沙需水量。

河道输沙需水量是指保持河道水流泥沙冲淤平衡所需水量，主要与河道上游来水来沙条件、泥沙颗粒组成、河流类型及河道形态等有关。

对于北方多沙河流而言，河道泥沙输送主要集中在汛期，汛期水流含沙量高，通常处于饱和输沙状态，因此可根据汛期输送单位泥沙所需的水量来计算输沙需水量。汛期输送单位泥沙所需的水量可近似用汛期多年平均含沙量的倒数来代替。输沙需水量可用式(6.36)计算：

$$W_s = S_l \times \frac{1}{S_{cw}} \tag{6.36}$$

式中，W_s为年输沙需水量，m^3；S_l为多年平均输沙量，kg；S_{cw}为多年平均汛期含沙量，kg/m^3。

基岩河床的河流或河床比降较大的山区河流，一般情况下水流处于非饱和输沙状态，可用多年最大月平均含沙量代表水流对泥沙的输送能力，输沙需水量计算公式为

$$W_s = S_l \times \frac{1}{S_{cmax}} \tag{6.37}$$

式中，S_l为多年平均输沙量，kg；S_{cmax}为多年最大月平均含沙量，kg/m^3。

有资料的河段可根据模型计算水流挟沙力，由水流挟沙力和输沙量计算河道输沙需水量，计算模型可参见河流泥沙有关论著。

③ 水生生物需水量。

水生生物需水量是指维持河道内水生生物群落的稳定性和保护生物多样性所需要的水量。为保证河流系统水生生物及其栖息地处于良好状态，河道内需要保持一定的水量；对有国家级保护生物的河段，应充分保证其生长栖息地良好的水生态环境。

水生生物需水量可按式(6.38)计算：

$$W_C = \sum_{i=1}^{12} \max(W_{Cij}) \tag{6.38}$$

式中，W_C为水生生物年需水量，m^3；W_{Cij}为第 i 月第 j 种生物需水量，m^3，W_{Cij}根据具体生物物种的生活习性确定。依据生物资料与河流流量资料，建立河道流量与生物量或种群变化关系，以生物为主要因子，考虑生境对河流流量的季节性变化要求。对湿地可建立水量与高等大型植物的关系等。在生态需水计算过程中，要考虑对特定生物的保护要求。

资料缺乏地区可按多年平均流量的百分比估算河道内水生生物的需水量，一般河流少水期可取多年平均流量的10%～20%，多水期可取多年平均流量的

20%～30%，有国家级保护生物的河流（河段）可适当提高百分比。

④ 河道内生态基流、输沙需水量和水生生物保护需水量分月取最大值（外包），得到维持河道一定功能的年需水量。

此外，在某些情形下，为保持河流一定的水环境容量，根据水质保护标准和特定的环境要求，进行所需水量或流量的推求，作为河道环境需水量。

2）河口生态环境需水量

河口生态环境需水量是指防止咸潮上溯、维持河口生态系统平衡所需的水量，主要包括河口冲沙需水量、防潮压咸需水量、河口生物需水量。各需水量之间有一定重复，各计算单项需水量的最大值为河口生态环境需水量。

（1）河口冲沙需水量。河口冲沙需水量是指为了保持河口泥沙冲淤平衡所需要的水量。冲沙需水量是计算需分析历年入海水量的变化特点及河口生态环境、泥沙冲淤平衡状况，丰水年和平水年可利用汛期的排水及灌溉回归水冲淤，枯水年份需要保持一定的入海水量，满足河口冲沙的需要。河口泥沙受到河道水流与潮流的相互作用，水动力条件复杂，可用河口多年入海水量、含沙量、泥沙淤积量等进行估算。

（2）防潮压咸需水量。防潮压咸需水量是为了避免咸潮上溯给河口地区生态环境和生活生产用水带来不利影响所需要的水量。感潮河流为防止潮水上溯，保持河口地区不受咸潮影响，必须保持河道一定的防潮压咸水量。有资料地区可根据河口流量与咸水位关系计算相应的入海压咸水量。无资料地区可根据河口处多年平均月最大潮水位和设计潮水位来计算防潮压咸所需水量。

（3）河口生物需水量。河口生物需水量是指为了保持河口良好的水生生物及其栖息地所需要的水量。河口生物栖息地受河道水流和海洋潮流的共同影响，情况比较复杂。河口生物栖息地保护主要是维持河口入海水量与咸潮及泥沙的动态平衡，一般通过典型年入海水量的分析确定其需水量。

3）河道内生态环境需水量

河道内生态环境需水量应在河流水系主要控制节点（包括河口）计算结果的基础上，综合分析河流水系不同河段河道内生态环境保护、修复或建设目标，提出合理结果。

3. 河道外生态环境需水

1）城镇生态环境需水量

城镇生态环境需水量是指为保持城镇良好的生态环境所需要的水量，主要包括城镇绿地生态需水量、城镇河湖补水量和城镇环境卫生需水量。

（1）城镇绿地生态需水量。采用定额法，按式(6.39)计算：

$$W_G = S_G q_G \tag{6.39}$$

式中，W_G为绿地生态需水量，m^3；S_G为绿地面积，hm^2；q_G为绿地灌溉定额，m^3/hm^2。计算时要注意公式中单位转换系数（下同）。

（2）城镇河湖补水量。按照水量平衡法或定额法计算城镇河湖生态环境补水量。

① 水量平衡法。

根据水量平衡原理，城镇河湖补水量计算公式如下：

$$W_{cl} = F + fV - S(P - E) \tag{6.40}$$

式中，W_{cl}为河湖年补水量，m^3；F 为水体渗漏量，m^3；V 为城镇河湖水体体积，m^3；f 为换水周期，次/年；S 为水面面积，m^2；P、E 分别为降水和水面蒸发量，mm。

② 定额法。

按照现状水面面积和现状城镇河湖补水量估算单位水面的河湖补水量，根据对不同规划水平年河湖面积的预测计算所需水量。也可以人均水面面积的现状定额为基础，结合未来城镇人口预测，采用适当的人均水面面积（根据城镇总体规划等）进行预测。

（3）城镇环境卫生需水量。按照定额法计算：

$$W_{ch} = S_c q_c \tag{6.41}$$

式中，W_{ch}为环境卫生需水量，m^3；S_c为城市市区面积，m^2；q_c 为单位面积的环境卫生需水定额，m^3/m^2（采用历史资料和现状调查法确定）。

2）林草植被建设需水量

林草植被建设需水量是指为建设、修复和保护生态系统，对林草植被进行灌溉所需要的水量，林草植被主要包括防风固沙林草等。

林草植被生态需水量采用面积定额法计算：

$$W_p = \sum_{i=1}^{n} S_{pi} q_{pi} \tag{6.42}$$

式中，W_p为植被生态需水量，m^3；S_{pi}为第 i 种植被面积，hm^2；q_{pi}为 i 种植被灌水定额，m^3/hm^2，可参照农作物灌水定额的计算方法，无资料地区可参考条件相似地区来确定。

3）湖泊沼泽湿地生态环境补水量

湖泊沼泽湿地生态环境补水量是指为维持湖泊一定的水面面积或沼泽湿地面积需要人工补充的水量。

（1）湖泊生态环境补水量。湖泊生态环境补水量可根据湖泊水面蒸发量、渗漏量、入湖径流量等按水量平衡法估算，计算公式如下：

$$W_L = 10S(E - P) + F - R_L \tag{6.43}$$

式中，W_L 为湖泊生态环境补水量，m^3；S 为需要保持的湖泊水面面积，hm^2；P 为降水量，mm；E 为水面蒸发量，mm；F 为渗漏量，m^3，参考达西公式计算，一般情况下可忽略不计；R_L为入湖径流量，m^3。

此外，我国部分湖泊污染严重，还要考虑换水以改善水质，这部分水量要求可另行计算。

(2) 沼泽湿地生态环境补水量。沼泽湿地生态环境补水量可用水量平衡法进行估算，其公式为

$$W_W = 10S(E_W - P) + F - R_W \tag{6.44}$$

式中，W_W为沼泽湿地生态环境需水量，m^3；S 为需要恢复或保持的沼泽湿地面积，hm^2；P 为降水量，mm；E_w为沼泽湿地蒸发量，mm；F 为渗漏量，m^3，对于底层为冰冻或者泥炭层的沼泽湿地，可近似认为渗漏量为 0；R_W为进入沼泽湿地的径流量，m^3。

(3) 地下水回灌补水量。地下水回灌补水量是指为了防治地下水超采，需要通过工程措施对地下水超采区进行回灌所需要的水量。通常情况下，如果开采量小于补给量，地下水超采区可逐步恢复。如确实需要通过工程措施对地下水超采区进行回灌，可根据地下水保护规划，结合地下水超采量、地下水采补平衡目标、地下水回灌系数和地下水回灌年数确定合理的地下水回灌量。

4. 天然植被生态需水

天然植被，尤其是干旱区天然植被，降水量少，主要依赖地下水生存，要准确计算天然植被生态需水量，应该分析影响植被生长的环境因子，从植被生长的需水来源角度来研究生态需水量。

1) 天然植被的地带分异规律

根据地带性理论，植被可分为地带性植被和非地带性植被。

地带性植被是指自然生态系统中仅靠降水就能维持其生存的植被，不受人工水资源开发利用的影响或影响很小。植被的大小、盖度、多样性与降水水文过程高度相关，对于西北干旱地区，在连续的干湿梯度上，从半荒漠区(降水量 300～400mm)到荒漠区(降水量不足 120mm)，再到极端荒漠区(降水量不足 70mm)，植被类型明显不同。当降水量不足 400mm 时乔木就不能生长，120mm 的等雨量线是草原和荒漠植被的分界线，70mm 的等雨量线是盖度不足 10％的稀疏矮小灌木散生植被和低洼集水的地段生长的集聚植被的分界线。一般来说，西北内陆河上游降水量大于 300mm，人类干预少，植被靠降水维持其生存，生态相对稳定，大部分属地带性植被区；下游离源流较远的荒漠戈壁区也有极低盖度植被，也属地带性植被。根据地带性理论在没有区外调水的情况下只能维持现状。

非地带性植被是指靠降水和径流共同作用才能生存的植被，主要是中下游沿河两岸的天然绿洲植被，它们是生态景观的主体，同时受水资源开发利用影响明显，是水资源短缺导致生态恶化最严重的部分。因此，在水资源开发利用时要重

点考虑非地带性植被分布区的生态需水。

2）非地带性天然植被生长与环境因子关系

影响非地带性植被生长的主要因素是降水、径流和土壤盐分。我国西北地区是典型的干旱半干旱地带，干旱少雨，蒸发量大，年降水量一般在 400mm 以下，荒漠地带则在 250mm 以下，局部地区甚至只有 30～40mm。降水不足以维持其生态系统特别是非地带性天然植被组成的系统的正常运转，对生态环境起主要作用的是依靠地下径流维持的非地带性中生和中旱生植被。土壤盐分对植被生长的影响也与地下水位高低有关。当地下水位过高时，溶于地下水中的盐分受蒸发的影响就会在土壤表层聚集，导致盐渍化，不利于植被的生长。当地下水位过低时，地下水不能通过毛管上升到植物可以吸收利用的程度，导致土壤干化，植被衰败，发生土地荒漠化。因此，在降水稀少的情况下，地下水埋深可以说是干旱区天然植被生长的主要环境因子。

生态学的适宜性理论指出：任一生物种的个数随某个环境因子变化而变化，当生物种的个数达到最大值时的环境因子值称为该物种的最适值。生物种在其最适环境中生长最好，生殖最快；随着环境因子偏离最适值，该类物种虽然可以出现生长，但其生殖已经受到胁迫；当环境因子继续偏离最适值，达到该物种能够存活的上下极限环境时，该物种就不再生长，个数减少，直到消失。生物种与环境因子之间存在非线性关系，这种非线性关系多是单峰二次曲线模型，最常用的就是高斯模型，也就是正态曲线，如图 6.4 所示。

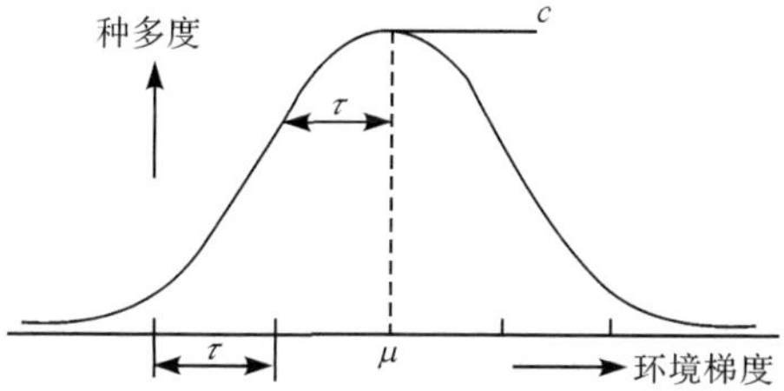

图 6.4　植物种多度与环境梯度关系

密度函数为

$$y = f(x) = c\mathrm{e}^{-\frac{1}{2}\left(\frac{x-\mu}{\tau}\right)^2} \tag{6.45}$$

式中，y 为植物种多度，指群落内植物的数量，是环境因子 x 的函数，即 $y=f(x)$；x 为环境因子值，即光热、水、土等自然环境因素的指标值；c 为种多度的最大值；μ 为植物种的最适值；τ 为植物种对环境因子的忍耐度，它是描述生态幅度的指标。

高斯模型虽然得到不少实验的证实，但在自然植物群落中，植物种和环境的关系十分复杂，不可能完全符合高斯曲线，大多数表现为一个单峰曲线，所以常将此类植物种与环境的关系统称为单峰模型。表 6.5 是根据在塔里木河干流流域对干旱区典型植物胡杨、柽柳、芦苇、罗布麻、甘草、骆驼刺等优势植物进行随机抽样研究，得到的干旱区典型植物在不同地下水埋深范围内出现的频率统计表。

表 6.5　干旱区几种典型植被地下水位埋深与出现频率　　（单位：%）

群落埋深	<1m	1～2m	2～3m	3～4m	4～5m	5～6m	6～7m	7～8m	8～9m	9～10m	>10m
胡杨	4.72	13.78	20.96	20.62	12.41	5.90	7.26	7.11	4.77	0.37	—
柽柳	4.34	19.96	26.11	22.12	13.59	3.92	0.92	5.17	0	2.31	1.56
芦苇	14.29	36.93	29.45	16.85	6.02	1.81	0.77	—	—	—	—
罗布麻	4.01	12.20	41.15	13.95	20.85	4.97	0.96	1.93	—	—	—
甘草	2.70	18.90	40.50	24.30	10.80	0	2.70	—	—	—	—
骆驼刺	5.56	11.10	22.80	22.20	19.40	8.33	2.78	2.78	—	—	—

从表 6.5 可以看出，数据分布明显不是正态分布，而类似于正偏分布。因此，用频率代替种多度，对表中数据作参数为 μ、σ 对数正态分布的拟合。方程为

$$f(x)=\frac{1}{\sqrt{2\pi}\sigma x}\mathrm{e}^{-\frac{1}{2}\left(\frac{\ln x-\mu}{\sigma}\right)^2} \tag{6.46}$$

式中，x 为地下水位埋深，即环境因子；μ 为 $\ln x$ 的数学期望，反映 $\ln x$ 的平均值；σ 为$\ln x$ 的方差，反映 $\ln x$ 偏离其数学期望的程度。对上述植物作对数正态分布拟合所得 μ、σ 参数见表 6.6，所得曲线如图 6.5 所示，并可计算植物频率最大值对应的地下水位埋深 X_{pm}、地下水位埋深的数学期望 $E(X)$ 及地下水位埋深均方差 $\sigma(X)$。

$$X_{\mathrm{pm}}=f(x)\big|_{\max}=\mathrm{e}^{\mu-\sigma^2} \tag{6.47}$$

$$E(X)=\int_0^{\infty}f(x)\mathrm{d}x=\mathrm{e}^{\mu+\frac{1}{2}\sigma^2} \tag{6.48}$$

$$\sigma(X)=\left[\int_0^{+\infty}[x-E(X)]^2f(x)\mathrm{d}x\right]^{1/2}=\mathrm{e}^{\mu+\frac{1}{2}\sigma^2}(\mathrm{e}^{\sigma^2}-1)^{\frac{1}{2}} \tag{6.49}$$

式中，X_{pm}为植物出现频率的众数，即频率最大值对应的地下水位埋深，m；$E(X)$为地下水位埋深的数学期望，m；$\sigma(X)$为地下水位埋深方差。

在植被适宜地下水范围内，植被生长良好，出现频率高，相应的盖度也高；在其最适地下水位埋深时达到峰值；在其他地下水范围内，植被长势受水分亏缺或土壤盐渍化的影响，生长相对不好，出现频率相应就低，盖度也低，如图 6.6 所示。

表 6.6　主要植物对数正态分布拟合曲线参数

植物种类	μ	σ	X_{pm}	$E(X)$	$\sigma(X)$
胡杨	1.3127	0.6254	2.5133	4.5187	3.1260
柽柳	1.1207	0.5420	2.2862	3.5522	2.0758
芦苇	0.7113	0.6364	1.3583	2.4938	1.7622

续表

植物种类	μ	σ	X_{pm}	$E(X)$	$\sigma(X)$
罗布麻	1.0835	0.4030	2.5120	3.2048	1.3457
甘草	1.0216	0.3763	2.3894	2.9548	1.1524
骆驼刺	1.2878	0.4926	2.8438	4.0927	2.1450

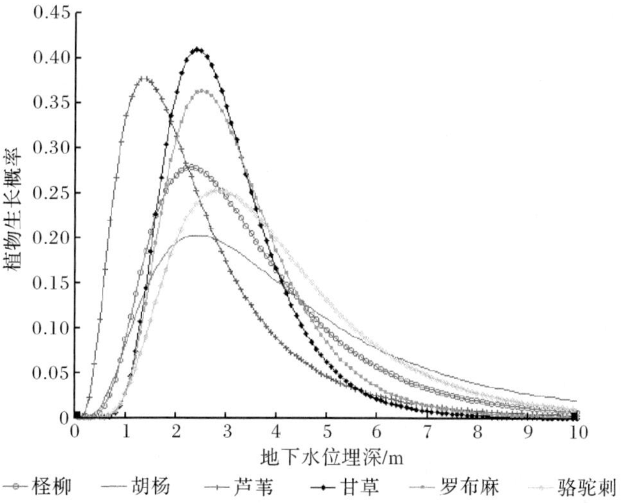

图 6.5　主要植物生长频率与地下水位埋深拟合曲线

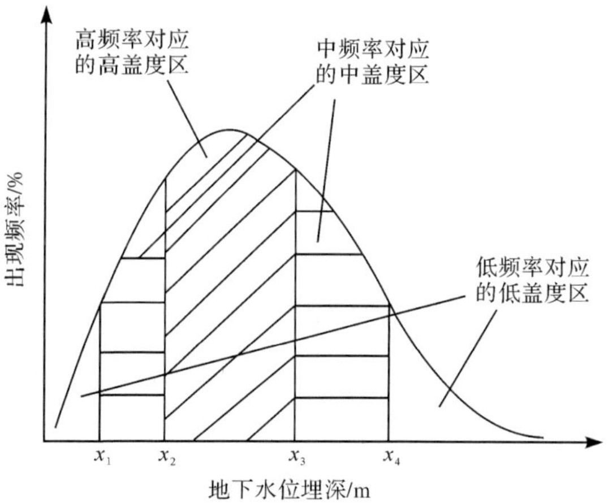

图 6.6　植被出现频率、盖度与地下水位埋深关系示意图

若在某地下水位埋深(x_2,x_3]范围内[满足 $f(x_2)=f(x_3)$],某种植物出现频率高,累积概率达到 α,即

$$\int_{x_2}^{x_3} f(x)\mathrm{d}x = \alpha \quad 或 \quad \Phi\left(\frac{\ln x_3 - \mu}{\sigma}\right) - \Phi\left(\frac{\ln x_2 - \mu}{\sigma}\right) = \alpha$$

则该地下水位埋深区间$(x_2, x_3]$为该种植物出现高频区，在此高频区内，该植物生长良好，盖度高。

若在某地下水位埋深$(x_1, x_4]$范围内[满足$f(x_1)=f(x_4)$]，某种植物出现频率较高，累积概率达到$\beta(\beta>\alpha)$，即

$$\int_{x_1}^{x_4} f(x)\mathrm{d}x = \beta \quad 或 \quad \Phi\left(\frac{\ln x_4 - \mu}{\sigma}\right) - \Phi\left(\frac{\ln x_1 - \mu}{\sigma}\right) = \beta$$

则地下水位埋深区间$(x_1, x_2]$和$(x_3, x_4]$为该种植物出现的中频区，在此中频区内，该植物生长较好，盖度为中盖度。

相应地，地下水位埋深区间$(-\infty, x_1]$和$(x_4, +\infty]$为该种植物出现的低频区，在此低频区内，该植物生长环境恶劣，盖度低。

如果研究区域有足够的实测资料，就可以确定上述累积概率及其与植被盖度之间的关系，从而可确定不同植被、不同盖度相对应的地下水位埋深区间。

应用遥感技术对研究区域进行生态分区，划分不同植被群落类型和不同植被盖度等级，测出植被群落类型$i(i=1,2,\cdots)$的第j种$(j=1,2,\cdots)$盖度p_{ij}的面积A_{ij}。将不同盖度植被覆盖面积$p_{ij}A_{ij}$或棵间面积$(1-p_{ij})A_{ij}$，以其在各地下水埋深区间$k(x_k, x_{k+1}]$中的概率ω_{ijk}为权重分配在各地下水埋深区域，分别计算其植株蒸腾量Q_{i1}和棵间潜水蒸发量Q_{i2}。然后计算i类植被总需水量Q_i及计算区域总需水量Q。注意在计算植株蒸腾量Q_{i1}时，取植株蒸腾和相应地下水位埋深区间潜水蒸发的较大值。计算公式为

$$Q = \sum_i Q_i \tag{6.50}$$

$$Q_i = Q_{i1} + Q_{i2} \tag{6.51}$$

$$Q_{i1} = \sum_j \sum_k A_{ijk} \max(\mathrm{ET}_i, \mathrm{EV}_k) \tag{6.52}$$

$$Q_{i2} = \sum_j \sum_k B_{ijk} \mathrm{EV}_k \tag{6.53}$$

$$A_{ijk} = \omega_{ijk} p_{ij} A_{ij} \tag{6.54}$$

$$B_{ijk} = \omega_{ijk}(1 - p_{ij})A_{ij} \tag{6.55}$$

$$\omega_{ijk} = \int_{x_k}^{x_{k+1}} f_i(x)\mathrm{d}x \tag{6.56}$$

式中，Q为计算区域总需水量；Q_i为计算区域i类植被总需水量；Q_{i1}为计算区域植物生长蒸腾需水量；Q_{i2}为计算区域植物棵间潜水蒸发量；p_{ij}为计算区域i类植物的j种盖度值；A_{ij}为计算区域j种盖度的i类植物遥感测得的面积；A_{ijk}为计算区域j种盖度的i类植物在地下水位埋深区间$k(x_k, x_{k+1}]$的覆盖面积；B_{ijk}为计算区域j种盖度的i类植物在地下水位埋深区间$k(x_k, x_{k+1}]$的棵间面积；ω_{ijk}为计算区

域 j 种盖度的 i 类植物在地下水位埋深区间 $k(x_k, x_{k+1}]$ 出现的概率；ET_i 为计算区域 i 类植物的蒸腾量；EV_k 为计算区域在地下水位埋深区间 $k(x_k, x_{k+1}]$ 的潜水蒸发量。

上述干旱区天然植被生态需水量计算方法有两个重要的计算参数，即植物蒸腾和潜水蒸发。这两个参数均应采用现场实验数据。

蒸腾是指水分以气体状态通过植物体的表面从体内散发到体外的现象。关于植物蒸腾定额的确定，目前还没有完善的理论研究成果，主要靠实验确定，并以野外实验为主。在野外条件下测定植物蒸腾定额有两种方法：一种方法是三次称重法，即测定切断植物部分，如带叶的枝条或叶片，在短时间内的重量变化。这种方法测定的依据是假定在切割后最初的几分钟内，叶片的蒸腾仍保持自然状态而没有重大的改变。通常离体叶片的暴露时间，即两次称重之间的时间，3～5min 是比较合理的。黑河流域下游额济纳旗几种典型植被所做的三次称重法现场实验数据见表 6.7。另一种方法是使用电子湿度探测器的气量计法。

表 6.7　额济纳旗几种典型植被的蒸腾量

植物种类	胡杨	柽柳、梭梭林	苦豆子
蒸腾量/(m^3/亩)	667～800	6.7～20	13.3～20

潜水蒸发是地下水的主要排泄方式，蒸发量的大小受气候因素影响并随地下水埋深的增加而减少。根据地渗仪的观测资料，地下水埋深为 1～2m 时，潜水蒸发量随气温升高而增加，随气温下降而减少；当地下水埋深大于 3m 时，潜水蒸发量受气温变化影响显著减小；当大于 4m 时几乎没有潜水蒸发。额济纳三角洲不同地下水位埋深潜水蒸发量见表 6.8。

表 6.8　额济纳三角洲不同地下水位埋深潜水蒸发量

地下水埋深/m	0.5	1.0	1.5	2.0	2.5	3.0	3.5	4.0
年蒸发量/mm	480	320	162	130	58	23	18	15

6.2.6　综合需水分析与计算

在生活、生产和生态(环境)三类需水预测基础上，进行河道内和河道外、城镇和农村需水预测结果的综合分析与计算。分析时应注意，某些需水项之间有一定重复，应综合考虑。

1. 河道外需水量

河道外需水量要参与区域或流域水资源的供需平衡分析。应分别提出不同代表年，如降水频率 $P=50\%$、$P=75\%$ 和 $P=90\%$，按城镇和农村分类汇总的需水量预测结果。

2. 河道内需水量

河道内生产需水量要与河道内生态环境需水量综合考虑，其超过河道内生态环境需水量的部分，要与河道外需水量统筹协调，参与区域或流域水资源的供需平衡分析。

为了保障预测结果具有合理性，要对经济社会发展指标、用水定额及需水量进行合理性分析。主要分析内容包括各类预测指标发展变化趋势的合理性、区域间和各类用水间的数据协调性、国内外其他地区的指标比较等。

6.3 需水要素的时间展布

各需水要素与实际水资源配置利用过程中还存在时间尺度的差异。统计数据时间分辨率低，造成了社会统计数据与自然生态数据的叠置分析比较困难。不能将由统计数据计算出的各用水部门的需水量直接与优化配置模型中的不同时间尺度进行很好的耦合。因此提出了如何将各需水要素在时间尺度上展布的问题。

6.3.1 生活需水

城镇及农村居民的生活用水量都会随季节、天气等因素的变化而变化，因此每天的用水定额并不是一个定值，而应该是季节、天气的函数。生活需水的时间展布可以使用以下两种方法。

(1) 以日平均温度作为描述季节及天气形势的变量，建立不同地区日用水定额与日平均温度间的对应关系。

(2) 忽略生活用水量的日间差别，即不考虑生活用水的日变化量。

6.3.2 生产需水

1. 工业需水

相对于居民生活用水，工业用水日变化相对较小，即工厂年中绝大部分时间正常运转，天与天之间相对平稳，尤其对于整个城市来说，各工厂相对平衡，变化幅度不会太大，但不可否认，变化还是存在的。例如，在夏季，冷饮、降温、啤酒等行业用水相对于冬季会有较明显增加，一些中小城市以某些行业为主时，变化尤为明显。总的来说，工业用水存在日不均匀系数，但一般不大于居民生活用水的日不均匀系数。因此本节不考虑工业用水的日变化量。

2. 农业需水

由 6.2.4 节确定的农业灌溉定额已经综合考虑了农作物种类、灌溉工程形式、水源类型、灌区规模、附加用水要求、农艺配套措施、管理水平、灌溉习惯等因素。但是农业的灌溉定额都是以年为时间尺度的。在水资源配置模型中需要将农业需水量以一定的方式分配到不同的时间尺度，以耦合用水模型与配置模型。

不同的农作物年内的需水量分配是不同的，例如，冬小麦主要是在冬灌、拔节、抽穗和灌浆期需要灌溉；玉米则是在拔节、抽雄和灌浆期需要灌溉。因此需对不同的农作物建立不同的灌溉定额的时间展布模型。由于灌溉需水量受降水量的影响较大，所以在本书建立的模型中，在灌溉定额的时间展布中考虑了降水的影响。

农作物的种类很多，每个灌区都有其主要的农作物种类。而农作物的分布可以根据遥感资料提取的土地利用类型来确定。在对农业用水进行预测时，农作物种类根据政府部门的规划资料确定。

6.3.3 生态需水

从生态环境需水研究的现状来看，在时间尺度上，多以年为单位，与水资源配置的时间单元尚不协调。由于生态需水量包括河道外生态需水量及河道内生态需水量。河道外生态需水量的展布方法与农业需水量的展布方法相同。河道内生态需水量的展布可以根据统计资料的时间尺度进行相应时段的河道内生态需水量计算。

6.4 需水要素的空间展布

在水资源研究领域，研究手段的不断改进和人们意识的不断提高使得人类可以更深入地研究人与水资源环境之间的关系。然而，传统方法提供的社会统计数据定位不准确、单元不统一、空间分辨率低，造成了社会统计数据与自然生态数据的叠置分析比较困难。为了解决这个问题，需建立一个高分辨率的基础地理单元，将社会统计数据与自然生态数据共同转化到这个统一的基础地理单元，即社会统计数据的空间化问题。

社会统计数据空间化的方法有多种，目前比较成熟的方法有两种：面插值法和统计模型法。具体来讲，社会统计数据空间化的方法主要有面积内插法、插值法（IDW 插值、样条曲线插值、Kriging 插值等）、多数据融合法等。其中面积内插法为社会统计数据空间化的一种主流方法之一，可以分为面积权重内插法、基于表面模型的面积内插法和基于统计模型的面积内插法几种类型。

面插值法主要用于社会统计数据的区域转换问题，即将社会统计数据从一类空间单元转换到另一类空间单元。这两类空间单元的边界一般是不兼容的，分别称为源区域和目标区域。该方法使用社会统计数据作为输入数据，利用插值技术得到一个精细的格网社会统计数据表面，然后合并格网得到所求目标区域的社会统计数据值。

自面插值问世以来，许多学者对面插值各种方法从不同角度进行系统的分类总结。Fisher 和 Langford[150]将面插值方法划分为三类：面积比重法、回归分析法和表面生成法。Lam[151]根据统计变量值在源区和目标区传递过程中是否保持一致把面插值分成两类：变量值保持一致的面插值和变量值不保持一致的面插值。Lam[151]、Okabe 和 Sadahiro[152]等根据插值过程中是否使用辅助数据把面插值分为两类：没有辅助数据的面插值和有辅助数据的面插值。下面根据 Lam 和 Okabe 的分类方法介绍面插值的主要研究方法。

6.4.1 没有辅助数据的面插值

没有辅助数据的面插值包括基于点的插值和基于面的插值[153]。

1. 基于点的插值

在基于点的插值中，需要在每一个源区域中选择控制点，然后根据每一个控制点的值生成网格变量表面。前人的研究中已经开发了许多基于点的插值方法。一些研究者根据插值过程中是使用整个研究区的样点数据值还是使用一个大研究区中较小区域内的已知样点数据值将基于点的插值方法归为两类：全局和局部点插值方法；根据是否能保证创建的插值表面经过所有的采样点又可以将基于点的插值方法分为两类：精确性和非精确性点插值。精确性点插值方法得到的样点值与采样得到的值相等，非精确性点插值方法得到的样点值与采样得到的值一般不相等。使用非精确性点插值方法可以避免在输出表面上出现明显的波峰或波谷[154]。

每一种点插值方法都有自身的优点和缺点，没有一种方法在所有的应用中都表现为最优。原始数据的质量，尤其是采样点的密度、空间排列和表面复杂性严重影响插值的结果。在实际应用中究竟选择哪一种方法主要取决于使用的数据情况、要求达到的插值精度和计算机能够承受的计算量。通常情况下，精确性点插值方法由于其简单性、灵活性和可信赖性而比非精确性点插值方法有更为广泛的应用。

基于点的面插值方法存在许多问题。首先，用来表征源区域的控制点的使用本身就引进了误差，控制点通常是源区域的质心或中心。如果源区域是对称或相对简单的图形，它的质心或中心是一个简单的控制点，通过控制点得到的每一个栅格单元的值是可信的。如果源区域不对称,图形复杂,质心有可能位于源区域外,插值结果就会存在很大偏差。其次,在插值之前需要对所要操作的对象有一个先验假设,这种随意的假设与现实世界中复杂的地理现象不相符。点插值方法还有一个问题就是不能保证源区域中变量值的一致性。变量保持一致性是很重要的,因为它可以为源区域中网格值的近似提供可信赖性,从而使目标区域中的数据估计不易出现错误。

2. 基于面的插值

与基于点的插值方法相比,基于面的插值方法使用源区域本身作为操作单元,并且具有变量值保持一致的特征,即源区域中变量向目标区域转换过程中保持不变。

最简单的无辅助数据的面插值是基于源区域和目标区域几何特征的叠加操作,也称为面积权重法。具体操作步骤如下:首先假设源区域内的变量分布是均匀的,计算每一个源区域内的变量密度;然后在源区域上叠加目标区域,计算每一个源区域在目标区域中的面积比例,面积比例作为目标区域相对于源区域的一个权重值。目标区域的变量值等于每一个源区域的总变量值与对应权重的乘积之和。

叠加方法的主要缺点是该方法假定变量值在每一个源区域内部都是均匀分布的。然而在现实世界中,这种均匀分布的现象很少发生。

Tolber 提出的 Pycnophylactic 插值是使用最广泛的无辅助数据的面插值方法。该方法假定一个光滑密度函数,该密度函数在变量保持一致的前提下,考虑了相邻源区域的影响。平滑条件是要求每一个网格的数值接近它周围四个邻近网格的平均值,以达到最小化估计表面曲率的目的。其他的平滑条件根据应用类型而定,插值过程如下:首先为每一个叠加在源区域上的网格单元分配一个平均密度,然后小幅度修改每一个网格单元的数值,使其接近平滑条件要求的数值。为了保持区域内变量的一致性,必须对源区域内所有网格的变量多次进行增加或减少的调整,以便使插值前后源区域的展布变量值保持不变。最后结果是一个光滑的展布数值密度表面。该方法的特点是:①平滑前后源区域的数据保持一致,即具有变量保持一致性;②不要求数据的均质性,但单元边界处变量的较大变化会影响插值的效果,因此边界处的数据差别不应太大。

Lam 认为如果待求变量是不连续的,采用叠加方法可以产生较好的插值结果;如果待求变量是平滑的,用 Pycnophylactic 插值方法其结果较佳;如果处于连续和平滑之间,为了得到可靠的结果,需要对待求变量加强目标等式和边界条件的限制。

6.4.2 有辅助数据的面插值

社会统计数据与地形、气候、土地利用和运输网络等信息密切相关，这些信息可以作为社会统计数据插值的辅助信息。

分区密度图方法是有辅助数据的面插值中应用最为广泛的方法。最早由Wright[155]提出。该方法首先对研究区进行土地利用分类，然后确定每一种土地利用类型的社会统计数据密度。

Langford[156]等首次运用多变量回归分析技术估计子区域的人口密度。使用该法对人口进行空间展布的前提是假设每一种土地利用类型中的人口分布无差异性。虽然分区密度图方法实现起来简单，但是忽略了每一种土地利用类型中变量分布的差异性。

比较精确的分区密度图方法需要对土地利用进行详细的分类，然后将统计人口数据分配到每一种土地利用类型中。在这种研究方案中，必须采取一定的方法确定不同土地利用类型中的人口密度。回归分析通过统计显著性检验保证模型精度验证时的客观性，是一种首选的确定不同土地利用类型中变量密度的方法。

在实际应用过程中，没有辅助数据的面插值和有辅助数据的面插值可以一起使用。Langford 和 Unwin 对利用分区密度图方法得到的结果又使用一个基于中心的平滑函数进行平滑处理。在 Tobler 的 Pycnophylactic 插值中，如果能得到居住区的信息，就可以先把人口分配到源区域中的居住区多边形中，不是居住区的区域假定没有人口，然后再执行平滑插值操作。

6.4.3 需水要素的空间展布

由于我国社会经济和历史发展不平衡，加上地理环境的特殊限制，各类需水要素的分布都极不平衡。

人口的分布总体特点呈现为：东部多，西部少；平原盆地地区多，山地高原地区少；农业地区多，林牧业地区少；沿江临海公路、铁路沿线地区多，交通不便地区少。这是因为我国曾经历漫长的封建社会历史时期，绝大部分人口都从事农业生产活动，东部地区气候湿润，平原、盆地与河谷地带适宜发展农业生产，从而聚集了较多的人口，而在不利于农业生产的西部地区，人口分布稀疏。由此可以看出，影响人口空间分布的重要因素有土地利用状况、交通状况、DEM 及人口总量等。近年来随着 RS 和 GIS 技术的迅速发展，应用这两项技术进行人口空间展布已经取得了很多研究成果，相关文献中也报道了许多使用 RS 和 GIS 进行人口空间展布的方法。

本章使用 Langford 等提出的多变量回归技术将人口密度展布到子流域。该方法基于下面的函数：

$$P_i = \sum_j P_{ij} = \sum_j A_{ij} D_j \tag{6.57}$$

式中，P_i 为源区域 i 中的总人口；P_{ij} 为子区域 ij 中的人口，即源区域 i 中土地利用类型 j 中的人口；A_{ij} 为源区域 i 中土地利用类型 j 的面积；D_j 为土地利用类型 j 的平均人口密度；A_{ij} 可以通过土地利用类型图和源区域矢量图进行叠加操作求得。因为有多个源区域可以应用多变量回归分析方法求出每一种土地利用类型的平均人口密度。然后对计算出的每种土地利用类型的人口密度数值进行调整，以保证插值前后源区域中的总人口保持不变。使用该方法对人口进行空间展布的前提是假设每一种土地利用类型中的人口分布无差异性。

工业生产总值及农业可灌溉面积的空间展布方法与人口空间展布方法类似，分别建立不同的变量密度与土地利用的回归方程，以此将各类经济要素展布至网格上。再按照子流域划分的方法将经济要素耦合到子流域上。

6.5　用水效益计算方法

为了更好地利用水并避免它带来的危害，人们修建了大量的水利工程；为了灌溉农田，人们修建了许多地下水和地表水灌溉工程，如机电井灌区和水库塘坝灌区；为了发电，人们建造了水电站。总之，为了不同的水利目标，人们采取不同的工程措施，修建不同的水利工程，其效果和工程的产出不同。在本章中，每个子区的不同用水部门主要区分为农业、工业、生活和其他用水部门。不同用水部门的效益计算方法如下。

6.5.1　农业用水效益计算

我国的农业生产与灌溉有着十分密切的联系，“水利是农业的命脉”就是对几十年灌溉水利的科学总结。新中国成立以来，国家花费了大量的资金，兴建了各种灌溉工程，对农业发展起到了巨大的推动作用。特别是在我国广大北方地区及西部地区（耕地占全国 60％左右），雨量稀少，水资源总量不到全国的 24％，且时空分布不均。在这些地区，农作物的生产主要依赖于人工灌溉，“有水”还是“无水”就成为“有收”还是“无收”的关键，水利灌溉成为农业稳产高产的关键。

1. 用水效益

灌溉工程主要包括引水工程、输水工程和田间工程。因此，灌溉工程效益中的主要内容是工程兴建前后有灌溉的增产效益或有灌溉比无灌溉的增产效益。农业灌溉效益的计算比较困难，主要表现在以下几个方面：第一，灌溉增产是由水、土、肥、种、管等农业技术措施综合作用的结果，灌溉只是促进农业增产的重要措施之一。因此在计算时，不能将农业增产全部归功于灌溉作用，应在水利和农业之间进行合理分摊。第二，农业增产效益受自然条件的影响很大。在地区分布上，我国南方地区降水一般年份都能满足需水要求，对棉、麦等旱作物，即便有灌溉条件增产也并不显著，而对于需水量大的水稻，灌溉效益则十分显著。我国北方地区，没有灌溉就没有农业，灌溉效益特别显著。同时在不同年份随降水量的大小和分布情况的不同灌溉效益也不同。

灌溉工程的效益主要表现在以下几个方面：

(1) 农业生产由依赖天然降水状况转化为受控于灌溉工程，农作物能得到适时灌溉，旱田变成了水浇地，增加了复种指数，使产量显著增长。

(2) 提高了灌溉地区的用水保证程度，使旱作物和水稻都能不失农时地进行播种和泡田插秧。

(3) 有了水利条件，可使大面积的荒地得到开垦，增加粮食产量。

(4) 以旱作种植为主的地区，产量较低，有了水利条件可以将旱田改为水浇田，从而使农业产量大幅度提高。

(5) 为推进农业技术措施创造了条件。

(6) 由于兴建了灌溉工程，可结合工程进行发电、通航、旅游等。

2. 供水效益的计算方法

农业种植业供水效益是指为农作物灌溉所产生的效益，它的计算有多种方法，如效益分摊系数法、扣除农业成本法、灌溉设计保证率法等。

1) 效益分摊系数法

农业增产通常是多种因素综合作用的结果，水利灌溉只是其中的一种措施。如果农作物的增产值是包括水利灌溉和其他农业技术措施的综合效益时，则应将农作物的增产效益在水利部门和农业部门之间进行合理分摊，以确定灌溉工程的效益。其计算公式为

$$B_1 = \sum_{k=1}^{n} \varepsilon_k A_k (Y_k - Y_{0k}) P_k + \sum_{k=1}^{n} \varepsilon_k A'_k (iY_k - Y_{0k}) P_k - \sum_{k=1}^{n} f_k \tag{6.58}$$

式中，B_1 为灌溉效益；ε_k 为第 k 类作物灌溉效益分摊系数；A_k 为第 k 类作物完全满足生长期灌溉需水的种植面积；Y_k 为有灌溉工程的第 k 类作物多年平均单产；Y_{0k} 为无灌溉工程第 k 类作物多年平均单产；P_k 为第 k 类作物产品影子价格；A'_k 为第 k 种作物没有完全满足生长期灌溉需水的种植面积；i 为作物未受损产量比例；f_k 为有灌溉工程的第 k 类作物的灌溉费用；k 为作物种类序号；n 为作物种类总数。

计算灌溉效益时，几个关键数值的确定方法如下。

(1) 有、无灌溉工程农作物的产量。确定有、无灌溉工程农作物产量的目的是

计算有、无灌溉工程的增产量，国内常采用对比分析法：①灌区内外对比。在灌区内和灌区外，选择原来生产条件（自然条件、农业条件等）和生产水平大体相同的区、乡。确定共同的计算期，以计算期内灌区内、外的多年平均单产作为有无灌溉工程的作物单产。这种方法简单直观，但由于灌区内外农业条件并不相同，在一些年份对比区一方发生特殊灾害时会出现较大误差，此时应剔除这些年份。②灌溉前后对比。在本灌区内进行分析调查，估算灌溉前作物产量。由于灌溉后农业措施相应会加强，灌溉前后的农业措施并不相同，增产量是灌溉及农业措施加强两者综合作用的结果，在计算灌溉效益时应进行分摊。③试验对比。在灌区内选择有代表性的田块，设置灌溉试验站。一部分进行灌溉，另一部分不进行灌溉（仅靠天然降水），从而得到两者平均亩产的差值，即有无灌溉的增产量。此法可保证灌溉前后农业条件一致，资料准确，在计算灌溉效益时不需分摊，但需花费大量的人力、物力。

（2）灌溉效益分摊系数。由于灌溉后农业措施会人为加强，农作物的增产是灌溉和农业措施的共同结果。没有水利条件，很多的农业措施不会起作用，农民也不会选择需要水肥较多的丰产品种，一般也不多施肥；但仅有水利措施，农作物增产到一定水平后，再提高产量就比较困难，必须要有相应的农业措施配合。因此，灌溉后的增产不能全部记在"水利"账上，需进行分摊。在无资料时，分摊系数的取值，可按有关规定取为 0.2～0.6。一般对于耐旱作物、降水丰富、农业生产水平高的地区取较低值，反之取较高值。在有资料条件下，针对不同地区进行分析计算。①试验方法。在灌溉试验站选择土壤、水文等条件均一致的试验区，分成若干小区进行对比试验。用试验方法得到的分摊系数是由某一年资料得出的，只反映某一年的具体情况，不能用它来计算灌溉工程的多年平均效益。必须根据多年资料，推求其数学期望值，才能作为多年平均灌溉效益分摊系数。②统计法。该法是根据灌区开发前后的统计资料，将农业在灌溉前后的发展分为三个阶段：第一阶段，灌区开发前，仅靠天然降水满足农作物生长的需要，产量较低，灌溉前一段时间内的农作物平均产量为 Y_1。第二阶段，灌溉工程建成运用初期，农作物产量有明显增加。此阶段，农业措施还未有较大加强，不起主导作用，可忽略其影响，其增产量可认为全部是由灌溉形成的。设其产量为 Y_2，Y_2-Y_1 即为水利措施的增产量。第三阶段，农业措施大幅度加强，水利条件也稳定在一定水平上，农作物产量也大幅度增加，设其产量为 Y_3。此阶段的作物增产是由水利和农业措施共同作用得到的，Y_3-Y_1 为水利和农业措施共同作用后的增产量。

所以，灌溉效益分摊系数为

$$\varepsilon_{\mathrm{w}}=\frac{Y_2-Y_1}{Y_3-Y_1} \tag{6.59}$$

而农业分摊系数为

$$\varepsilon_A = 1 - \varepsilon_w \tag{6.60}$$

统计法在具有长期资料，农作物单产的增加具有明显规律性的情况下是可行的。但此方法在从第一阶段到第二阶段，略去了部分农业措施的作用，而从第二阶段到第三阶段又略去了部分灌溉的作用，因此求出的分摊系数只是近似值。

(3) 关于农副产品的价格。农副产品的价格也是计算灌溉效益的重要因素，偏低或偏高都会对计算和评价有很大影响。在国民经济评价中应采用影子价格，但农副产品影子价格的确定比较困难，而现行的价格偏离价值较大，目前常用国家订购、议购和市场价格的加权平均价格或参考国际市场离岸价格计算。

2) 扣除农业成本法

扣除农业成本法是从农业灌溉后增加的总产值中，扣除增加农业生产的成本，求出农业增产的净值作为灌溉效益。该法在美国等国家经常被采用。该法的基本思路是考虑适当的社会折现率后，将发展灌溉后所增加的农业成本(不包括灌溉成本)，从灌溉后增加的总产值中扣除，剩余部分作为灌溉效益。

$$B_1 = \sum_{k=1}^{n} [A_k(Y_k - Y_{0k})P_k + A_k(Y'_k - Y'_{0k})P'_k] - C(1+r) \tag{6.61}$$

式中，C 为灌溉后增加的总农业成本；r 为社会折现率。

扣除农业成本法计算较为简单，在国外采用较多，在我国计算时存在一些问题：在计算农业成本时，对生产费用中的工资标准等不易掌握，工资标准偏高，会使计算出的灌溉效益偏低；工资标准偏低，又使灌溉效益偏高。

3) 灌溉设计保证率法

当灌溉工程兴建前后灌溉保证年份及破坏年份均有产量的试验资料时，可用式(6.62)计算多年平均灌溉效益。

$$B_1 = \sum_{k=1}^{n} \varepsilon_k A_k [Y_k P + (1-P)Y_{hk} - Y_{0k}]P_k \tag{6.62}$$

式中，P 为灌溉工程设计保证率；Y_{hk} 为灌溉工程兴建后第 k 类作物用水破坏年份的多年平均单产。其中将副产品折合成农作物产量计入。

计算灌溉效益的方法有多种，不同的计算方法有不同的出发点、不同的依据，计算结果也差别较大，因此在计算灌溉效益时应采用几种方法，互相验证，互为补充，以保证计算结果的正确性、可靠性。

3. 年运行费用计算

灌溉工程主要分为自流灌溉工程、提水灌溉工程、井灌工程、低压管道灌溉和喷灌工程。不同灌溉工程的年运行费用的计算方法是不同的，下面分别加以介绍。

1）自流灌溉工程

自流灌溉工程的年运行费用包括：工程维修费、管理费、补救费和赔偿费等，一般无燃料消耗。维修费包括日常养护、维修、大修理等，通常以工程投资的一定比例进行估算或参照类似工程分析确定。管理费包括灌溉管理机构的工资、日常行政开支、灌溉及用水管理、试验和防汛等费用，通常按各地区或各部门规定或参照类似工程用扩大指标确定。补救费、赔偿费是指为消除灌溉所带来的不利影响每年所需的开支。

2）提水灌溉工程

提水灌溉工程的年运行费用比相同规模的自流灌区的运行费用大，因为它除了要支付土建工程、机电设备的维修、管理、补救和赔偿费用，还要支付水泵运行的动力和燃料费用。

燃料动力费用可按相似工程千吨米耗电量（或耗油量），或电动机的功率、运行小时数和每度电的价格进行折算。

在提水灌溉工程运行中，若在多泥沙河流上取水，水泵磨损较大，因此运行费用中维修费用所占比例甚高，其他运行费用项目的计算和自流灌溉工程基本相同。

3）井灌工程

井灌工程的运行费用和提水灌溉工程基本相同。燃料动力费，一般用千吨米耗电量（或耗油量）指标计算。维修管理费用常按投资的一定比例计算。

4）低压管道灌溉和喷灌工程

低压管道灌溉和喷灌工程的年运行费用和井灌工程基本相同。

在经济评价中，计算工程投资和运行费用时，所有人力、物力的投入均应折算为资金，其价格均应采用影子价格，在劳动力的影子价格不易确定时，可采用某一时期同行业的全员劳动生产率作为近似或按有关部门的规定取用。

4. 年效益的时间展布

由于农业种植业的特殊性，收入都是以季或年为时间尺度来计算的。因此当水资源优化配置时段是月或旬时，在计算月或旬的种植业效益时，就必须面对农业年效益的时间展布问题。在以往的计算方法中多采用单方影子效益法，即

$$R = \frac{B_1}{W} \tag{6.63}$$

式中，R 为单方影子效益；B_1 为灌溉效益；W 为供水量。

如果按照式(6.63)的方法来决定年内单方水的供水效益，则一年内任何时段单方水的供水效益都是一个常数。但事实上，不同的农作物在不同生育阶段受旱对产量的影响是不同的，也就是说在一年内不同时期的单方供水效益是不同的。

例如，对于水稻来说，齐穗期是水稻的第一敏感时期，缺水受旱会导致绝收；齐穗期至蜡熟期是第二敏感时期，受旱将导致严重减产；但在营养生长阶段适度受旱，虽然会减少有效穗数，但通过着粒数和千粒重的弥补，反而会使稻谷产量增加。

作物生长缺水敏感期如果不能满足农作物生长需水，则会对产量造成很大的影响。当水资源缺乏不能满足农业灌溉所需水量时，所造成的产量损失的计算是根据实验数据，建立不同时期不同农作物缺水的产量损失表，以玉米为例，见表6.9。

表6.9　不同时期玉米缺水的产量损失

项目	苗期缺水	拔节期缺水	抽雄期缺水
时间	5.18～5.25	6.24～6.30	7.25～7.31
减产/%	21.1	46.7	33.5

年效益时间展布的原则是从播种期到收获期以不同时期不同作物缺水造成的产量损失为权重分配年效益。对适度受旱可以增加产量的时期，权重取负值。

6.5.2　工业供水效益计算

1. 效益计算方法

1）等效最优替代方案法

等效最优替代方案法利用最优等效替代方案或措施的年折算费用作为拟建工程的年效益，是一种间接计算工程项目经济效益的方法。正确运用等效最优替代方案法的关键在于合理选定等效最优替代方案。采用该法计算供水工程的经济效益时，常以开辟或利用其他水源或节约用水等措施作为替代方案。从中选出最优者来计算其年折算费用，作为拟建工程的年效益。等效最优替代方案法在国内外广泛应用，该法适用于各类项目的国民经济评价的效益计算。在计算实际效益和财务效益时不可采用。

2）分摊系数法

分摊系数法引用股份分红原理，认为工业生产效益是由各项工业生产投资形成的，并由各项生产投资按比例共同分摊。供水是工业生产的必要条件，供水工程的投资是工业生产总投资必需的组成部分。因此，工业生产效益中应分摊给供水工程的一部分即为供水工程的效益。

$$B_2 = \frac{W}{q} I \alpha \tag{6.64}$$

式中，B_2 为供水效益；W 为供水量；q 为万元工业增加值用水量；I 为工业生产增加值率；α 为供水效益分摊系数。

$$\alpha = \frac{\text{工业生产用水成本}}{\text{工业产品总成本}} \tag{6.65}$$

当某一水源给多个工业部门供水时，式(6.65)的各项成本不易确定，α 可用式(6.66)确定：

$$\alpha = \frac{\text{供水工程固定资产原值} + \text{供水工程流动资金总额}}{\text{工业固定资产原值} + \text{工业流动资金总额}} \tag{6.66}$$

当某一供水工程给某城市所有工业部门供水时，式(6.64)可简化为

$$B_2 = N\alpha \tag{6.67}$$

或

$$B_2 = PI\alpha \tag{6.68}$$

式中，N 为工业净产值；P 为工业总产值。

3) 相同投资收益率法

相同投资收益率法认为工业供水工程是工业企业必需的组成部分，因此供水工程的投资与工业生产的投资具有相同的投资收益率，即

$$B_2 = \varphi K \varepsilon \tag{6.69}$$

式中，φ 为供水工程固定资产形成率；K 为供水工程投资；ε 为工业固定资产效益率。

$$\varepsilon = \frac{\text{工业净产值}}{\text{工业固定资产原值}} \tag{6.70}$$

由式(6.69)和式(6.70)得

$$B_2 = \text{供水固定资产原值} \times \frac{\text{工业净产值}}{\text{工业固定资产原值}} \tag{6.71}$$

若以固定资产比例计算供水效益分摊系数，则式(6.71)为

$$B_2 = \alpha N \tag{6.72}$$

由此可见，相同投资收益率法和分摊系数法是相同的。

4) 农业损失法

由于水资源的日益短缺，许多城市为了工业的发展及城镇人民生活的需要，不得不将农业用水转供城市，所以将农业生产遭受的损失作为工业供水效益。

5) 工业损失法

工业损失法将因缺水使工矿企业停产损失的净产值作为供水的经济效益。

2. 效益计算方法评价

目前，城市供水经济效益的计算还没有一个统一的方法，以上各种方法的出发点不同，适用条件也不同，同一工程用不同方法计算，其结果有时会相差数倍，因此必须对各种方法做进一步分析。

(1) 等效最优替代方案法。这是一种常用的、多数人满意的方法，它有很广泛

的应用，几乎可用于水利工程各项开发目标的经济效益计算。但该法有严重的缺点：首先替代方案不易选，要求选定的替代方案是等效最优可行的，如果所论方案不能实现，这样的替代方案，在不少情况下是提不出来的，有时可能提出滥竽充数的方案。其次，把替代方案的费用作为所论方案的效益，就是假定替代方案的效益费用比等于1，这是与实际相违的，一般来说它的实际效益费用比会大于1。这一假定降低了替代方案也就是所论方案的经济效益。因此利用等效最优替代方案法所求的是相对效益，不是实际效益。在没有其他方法好用时，才可利用该法进行水利工程的经济效益计算。

(2) 分摊系数法。在理论上该法应是最合理的，可以说是最好的方法。能否计算出正确的结果，关键在于如何确定分摊系数。只有采用合理的分摊系数，才会计算出正确的结果。但目前还没有统一的计算效益分摊系数的方法。

(3) 相同投资收益率法。该法的特点是投资越大效益越高，这是有悖于常理的。因此利用该法的先决条件是在已论证的方案中，所论方案中投资最小、最合理的。该法虽可用，但它是由费用计算效益，所以其计算误差可能较大。

(4) 农业损失法。农业灌溉用水一般是低效率(低产值)的使用，工业用水相对来说是高效率(高产值)的使用。用农业损失评价工业供水的经济效益，是用低效率使用的经济效益表示高效率使用的经济效益，当然是不合理的。一般情况下，不宜采用该法计算工业供水的经济效益。只有灌溉是用于高产值的条件下，如灌溉果树、蔬菜或其他高值经济作物时，才可考虑采用农业损失法。

(5) 工业损失法。该法是一个较好的方法。它的缺点是：因缺水而损失的工业产值的资料不易获得，尤其是更难预测未来因缺水造成工业损失的产值。当某工矿城镇缺水时，一般是在国民经济中属于次要的和低产值的工矿停产，因此，工业损失法计算出来的效益，在理论上不是真正的供水经济效益，其值可能偏低。

由以上分析可以看出，到目前为止，任何一种计算供水效益的方法，都不是十全十美的。因此，在实际应用中，可根据具体情况，选择两种以上方法计算，互为验证，取其合理的结果。

6.5.3 其他部门用水效益计算

1. 生活用水效益

生活供水的经济效益是由供水所产生的在人民生活、环境卫生等各方面的经济效果，它主要反映在提高人民生活水平及减少发病率、提高劳动生产率等方面。由于城市供水在生活、环境等几方面的效益不易计算，一般不将生活供水量作为决策变量放入目标函数中，而是放入约束中作为必须保证的条件予以体现。这是因为：①人畜生活离不了水，生活用水必须得到保证；②根据人口增长情况，可以较精确地预测出生活用水量;③一般生活用水量占总供水量的比例较小,常可以得到保证,所以不考虑生活供水的效益。

2. 发电效益计算

水电站发电量近似计算式为

$$E = KQ\bar{H}t = K\Delta V\bar{H} \tag{6.73}$$

式中,K 为出力系数,虽然其为发电流量和水头的函数,但在本节中认为其为常数;Q 为某时段水电站发电流量;$\bar{H}$ 为水电站发电水头;t 为时段小时数;ΔV 为某时段内水库用以发电的水量。已知水库水头-库容关系曲线 $\bar{H}=\bar{h}(V)$,则发电量为

$$E(t) = K\Delta V(t)\bar{h}[V(t)] \tag{6.74}$$

式中,$V(t)$ 为 t 时段末水库库容;$\Delta V(t)$ 为 t 时段水库库容的变化值,$V(t)-V(t-1)=\Delta V(t)$。

发电效益为

$$B_{\mathrm{d}} = p_{\mathrm{E}}E(t) \tag{6.75}$$

式中,p_{E} 为电价。

3. 其他部门的用水效益

其他部门的用水效益随具体部门不同而不同,设其效益函数关系式为

$$B_l = \sum_{i=1}^{k} B_{il}(y_{il}) \tag{6.76}$$

式中,l 为其他部门中各用水部门序号;y_{il} 为其他部门中第 l 部门的年净供水量;$B_{il}(y_{il})$ 供给其他部门中第 l 部门的净供水量所产生的年净效益。

6.6 本章小结

准确地预测各用水部门未来水平年的需水量是实现流域有限的水资源更高效地在流域内部优化配置的基础。

本章详细介绍了各经济要素的预测方法、各经济要素的时空展布及各用水部门供水效益的计算方法,具体工作如下:

(1) 阐述了不同水平年的人口、生活用水定额、工业增加值、工业增加值用水量、工业水重复利用系数、农业灌溉面积、农业灌溉定额、灌溉水利用系数、生态需水定额等要素的预测方法,进而可以预测不同水平年的生活需水量、生产需水量及生态需水量。生活和工业用水都不考虑用水的日变化量,农业及生态用水根据经验的用水定额进行时间上的展布。需水要素的空间展布使用变量回归分析技术。

(2) 详细介绍了各需水要素的时间展布方法，分别介绍了针对不同用水部门的各要素的时间展布方法，实现了各经济要素的时间展布。

(3) 详细介绍了各需水要素的空间展布方法，分别按没有辅助数据和有辅助数据介绍了面插值的方法，实现了各经济要素的空间展布。

(4) 对各用水部门的效益计算方法进行了研究。由于生活用水量较小，一般给予满足，而模型中也是作为约束条件来满足的；工业及农业用水的效益计算采用分摊系数法。建立农作物不同时期缺水量与减产量之间的相关关系将农业效益分摊到水资源优化配置时段上。

第 7 章　流域水资源优化配置模型的构建

流域水资源优化问题是一个复杂的大系统优化问题，它常包括将流域内水资源在各时段内对各个地区、各类用户进行优化分配等内容，涉及时间、空间和用户等多种因素。前面介绍了不同的下垫面条件对流域产汇流的影响，并对不同的用水结构对流域水资源的影响进行了研究。至此需面对另一个问题，就是如何将流域的水资源进行优化，使其在满足人类生存最基本的水量需求和不破坏生态环境的基础上，尽可能实现有限的水资源在各部门之间得到最充分最合理的使用。

本章建立了基于等流时带的流域水资源配置模型框架。对调蓄工程放水在时间上的滞后性影响长于一个优化时段的大流域，可以通过空间上等流时带的区分来反映，为调度策略在时间上的后效性提供了一种处理方法。

7.1　水资源优化配置的概念

水资源配置是指在流域或特定的区域范围内，遵循高效、公平和可持续的原则，在考虑市场经济规律和资源配置准则下，通过合理抑制需求、有效增加供水、积极保护生态环境等各种工程与非工程措施和手段，对多种可利用的水源在区域间和各用水部门间进行的调配。水资源配置的本质是按照自然规律和经济规律对流域水循环及其影响水循环的自然、社会、经济和生态诸因素进行整体多维调控，并遵循水平衡机制、经济机制和生态机制进行的水资源配置的决策方法和决策过程。

7.1.1　水资源优化配置的目标

一个区域的水资源是有限的，当这种有限性使区域水资源成为稀缺性的资源时，各种用户的水需求之间就具有了竞争性，就会面临将有限的水资源如何分配给各用户的问题。水资源供需分析是进行不同水平年水资源在各用户间分配的方法之一，它主要根据用户重要性的不同，从尽量满足供给与需求之间的平衡角度出发，进行水资源在各用户之间的分配。很显然，它没有直接考虑水资源分配的效益问题。水资源优化配置就是从效益最大化角度出发进行水资源分配的方法。

水资源优化配置要实现的效益最大化，是从社会、经济、生态三个方面来衡量的，是综合效益的最大化。从社会方面来说，要实现社会和谐，保障人民安居乐业,促使社会不断进步;从经济方面来说,要实现区域经济持续发展,不断提高人民群众的生活水平;从生态方面来说,要实现生态系统的良性循环,保障良好的人居生存环境;总体上实现既能促进社会经济不断发展,又能维护良好生态环境的目标。

水资源优化配置要合理解决各用户之间的竞争性用水问题。按照用水类型的划分及用水后果的影响程度,可将水资源配置分成不同层次。

(1) 在可持续发展层次,保持人与自然的和谐关系。人类为了发展社会经济,必须利用一部分水资源;而为了自身的存在,又必须维护适宜的生存环境。因此,必须研究如何与自然环境合理地分享水资源。兼顾当前与长远,在社会经济发展与生态环境保护两大类目标间进行权衡,进行社会经济用水与生态环境用水的合理分配,力争使长期发展的社会净福利达到最大。

(2) 在社会经济发展层次,兼顾社会公平与经济效益。人类为了发展经济,必须利用水资源;而经济发展,又必须有和谐的社会环境。因此,进行水资源配置时必须统筹考虑公平与效益问题。兼顾局部与全局,在社会公平与经济效益两类目标间进行权衡,进行区域水资源在各类用户之间的合理分配,保障社会和谐与经济快速发展。

(3) 在水资源开发利用层次,对水资源需求侧与供给侧同时调控。调动各种手段,力求使需要与可能之间实现动态平衡。寻求技术可行、经济合理、环境无害的水资源开发、利用、保护与管理模式。在需水方面通过调整产业结构与调整生产力布局,积极发展高效节水产业抑制需水增长势头,以适应较为不利的水资源条件。在供水方面则是加强管理,并通过工程措施改变水资源天然时空分布与生产力布局不相适应的被动局面,统筹安排降水,当地地表水、地下水、中水,外调水的联合利用,增加水资源可供水量,协调各用水部门竞争性用水。在不同水平年条件下,给出用水需求和用水次序安排,给出可供水量和供水次序安排,以及水资源开发利用方案的整体安排。

7.1.2 水资源优化配置的原则

根据水资源优化配置的含义,水资源优化配置应遵循公平性、高效性、可持续性的原则。

(1) 公平性原则。主要是指在发达地区和落后地区之间进行水资源分配时要把握公平公正的原则,考虑不同区域间和社会各阶层间的各方利益进行水资源的科学分配,实现不同区域(上下游、左右岸)之间的协调发展,以及资源利用效益在同一区域内社会各阶层中公平分配。

(2) 高效性原则。主要是指水资源的高效利用,取得环境、经济和社会协调发展的最佳综合效益。效率是基于水资源作为社会经济行为中的商品的属性确定的。对水资源的分配应以其利用的经济效益作为区域经济发展的重要指标，而其对社会生态环境的保护作用(或效益)作为整个社会健康发展的重要指标，使水资源利用达到物尽其用的目的。这种高效性不是单纯追求经济意义上的效益，而是同时追求经济、环境和社会协调发展的综合利用效益。这需要在水资源配置问题中设置相应的经济目标、环境目标和社会发展目标，并考察目标之间的竞争性和协调发展程度，满足真正意义上的高效性原则。

(3) 可持续原则。就是坚持水资源可持续利用的原则。水资源是一种再生资源，具有时空分布不均和对人类利害并存的特点。对它的开发利用要有一定限度，必须保持在它的承载能力之内，以维持自然生态系统的更新能力和可持续利用。流域是由水循环系统、社会经济系统和生态环境系统组成的具有整体功能的复合系统，流域水循环是生态环境最为活跃的控制性因素，并构成流域经济社会发展的资源基础。以流域为基本单元的水资源优化配置，要从系统的角度，注重除害与兴利、水量与水质、开源与节流、工程与非工程措施的结合，统筹解决水资源短缺与水环境污染对社会经济可持续发展的制约。水资源优化配置必须与流域或区域社会经济发展状况和自然条件相适应，因地制宜，按地区发展计划，有条件地分阶段配置水资源，以利于环境、经济、社会的协调持续发展。

7.1.3　水资源优化配置的手段

一般来说，水资源配置的方式主要有工程手段、科技手段、行政手段和经济手段等。

1. 工程手段

通过采取工程措施对水资源进行调蓄、输送和分配，达到合理配置的目的。时间调配工程包括水库、湖泊、塘坝、地下水等蓄水工程，用于调整水资源的时程分布；空间调配工程包括河道、渠道、运河、管道、泵站等输水、引水、提水、扬水和调水工程，用于改变水资源的地域分布；质量调配工程包括自来水厂、污水处理厂、海水淡化等水处理工程，用于调整水资源的质量。调配的方式主要有地表、地下水联合运用，跨流域调水与当地水联合调度，蓄、引、提水多水源统筹安排，污水资源化、雨水利用、海水利用等多种水源相结合等。

2. 科技手段

(1) 建立水资源实时监控系统，准确及时地掌握各水源单元和用水单元的水信息。

(2) 科学分析用水需求，加强需水管理。

(3) 采用优化技术进行分析计算，提高水资源规划与调度的现代化水平。

3. 行政手段

利用法律约束机制和行政管理职能，直接通过行政措施进行水资源配置，调配生活、生产和生态用水，调节地区、部门等各用水单位的用水关系，实现水资源的统一管理。水资源统一管理主要体现在两个方面：一是流域的统一管理；二是地域，主要是城市水务的统一管理。

4. 经济手段

按照市场经济要求，建立合理的水使用权分配和转让的管理模式，建立合理的水价形成机制，以及以保障市场运作为目的的、以法律为基础的水管理机制。利用经济手段进行调节，利用市场加以配置，使水的利用方向从低效益的经济领域向高效益的经济领域转变，水的利用模式从粗放型向节约型转变，提高水的利用效率。

综上所述，水资源优化配置是指，根据特定区域或流域的自然和社会经济条件，以公平、高效和可持续发展为原则，采用科学的技术方法和先进的管理体制，通过合理抑制需求、有效增加供水、积极保护生态环境等方面的工程与非工程措施，对有限的、不同形式的水资源在区域间和各用水部门间进行合理的分配，以期实现水资源可持续利用、保障社会经济可持续发展和生态环境良性循环。

水资源优化配置的实质是要提高水资源的配置效率。一方面是提高水的分配效率，合理解决各部门和各行业（包括环境和生态用水）之间的竞争用水问题；另一方面则是提高水的利用效率，促使各部门或各行业内部高效用水。主要解决的问题包括以下几个方面。

(1) 社会经济发展问题。探索适合流域或区域现实可行的社会经济发展模式和发展方向，推求合理的工农业生产布局。

(2) 水资源需求问题。分析现状条件下各分区各部门的用水结构、用水效率及提高用水效率的技术和措施，预测未来各种经济发展模式下的水资源需求。

(3) 水资源开发利用方式、水利工程布局等问题。进行现状水资源开发利用评价、供水结构分析、水资源可利用量分析，进行各种水源的联合调配，给出各类规划水利工程的配置规模及建设次序。

(4) 水环境污染问题。评价现状水环境质量，分析各部门再生产过程中各类污染物的排放情况，预测河流水体中各主要污染物的浓度，制定合理的水环境保护目标和保护策略。

(5) 生态问题。评价现状生态系统状况，分析生态系统保护与水资源开发利用的关系，制定合理的水生态保护目标和保护策略。

(6) 供水效益问题。分析各种水源开发利用所需的投资及运行费用，分析各种水源的供水效益。

(7) 水价问题。研究水资源短缺地区由缺水造成的国民经济损失，分析水价对社会经济发展的影响和水价对水需求的抑制作用，明晰水价的制定依据。

(8) 水资源管理问题。研究与水资源优化配置相适应的水资源管理体系，制定有效的政策法规，确定可行的实施办法等。

(9) 技术方法研究问题。研究水资源优化配置的模型，如评价模型、模拟模型、优化模型的建模机理及建模方法；研发水资源管理决策支持系统等。

水资源优化配置还有广义和狭义之分。从广义上讲，水资源优化配置是在水资源开发利用过程中，对洪涝灾害、干旱缺水、水生态环境恶化等问题解决的统筹安排，实现除害兴利结合、防洪抗旱并举、开源节流并重，协调上下游、左右岸、干支流、城市与乡村、流域与区域、开发与保护、建设与管理、近期与远期等各方面的关系。从狭义上讲，水资源优化配置主要是指水资源供给与需求之间关系的处理。

7.2　基于“天然-人工”双拓扑结构的水资源系统基本框架

在建立基于“天然-人工”双拓扑结构的水资源系统的基本框架之前，首先要对流域水资源系统进行概化，进而在概化的基础上建立数学模型。各子分区间存在天然和人工两种拓扑结构共同作用。先对各计算单元分别进行分析，然后再将各子分区统一起来，联结组成有机整体，构成整个流域系统，从而对整个系统进行分析研究。

7.2.1　系统概化方法

进行水资源配置研究，首先需要对实际水资源系统进行抽象和概化，水资源配置方案的生成，以及对每一方案的详细供需平衡分析及流域水循环分析等都是以概化的系统为基础的。水资源配置系统是由各种基本元素，如供水水源、用水户、输水调水工程及它们之间的输水连线等组成的实体，通过不同的调度运行策略，对不确定的天然水资源进行时空调节分配，以实现系统调度人员期望实现的目标。系统概化就是以点线概念描述全系统，对整个系统作模式化处理，便于模拟框架的建立和对应数据处理。通过系统概化可以得到设定规模下系统需要处理的各类单元、工程、结点等元素，以及描述这些元素特性的参数和资料。

系统概化一是要充分反映流域水资源系统的主要特点(如水资源系统的供用耗排特点)及各种关系(如各级水系关系、各计算单元的地理关系、水利工程与计算单元的水力联系、水流拓扑关系等)；二是要正确体现模型系统运行所涉及的各因素(如各种水源、各类工程、各类用水户及各类水资源传输系统等)关系，恰如其分地满足水资源配置的需要。

1. 计算单元

计算单元是水源配置的主体对象，计算单元是一个高度概化的对象，其中融合了城镇生活、农村生活、工业及第三产业、农业、生态等几类水源配置用户，而且对污水处理再利用工程的概化、不同区域对各类水源的各种使用要求和限制也由计算单元参数反映。基于“天然-人工”双因素的水资源配置计算单元选取的是在前述工作中“天然-人工”双拓扑结构划分的子流域，由前述方法划分出的子流域可分为以下三种不同的类型：

(1) 无人工控制且无人工取用水的子流域。

(2) 无人工控制但有人工取用水的子流域。

(3) 含有调蓄工程的子流域，其出口断面一般为人工控制结点。

对于第一类子流域，由于无人工影响，无须考虑优化过程，在优化配置过程中仅起到对水资源的承上启下作用；对于第二类子流域，在优化过程中需要确定子流域的引用水量，并需要对水资源在各用水部门之间的分配进行优化，最终实现各子区的效益最大；对于第三类子流域，将子流域划分为两部分，首先将调蓄工程概化为结点，其次将子流域概化为第二类子流域。

2. 分汇水结点

分汇水结点包括天然结点和人为设置结点两类，前者是重要河流的汇水或分水结点，后者主要是对水量水质有特殊要求或希望掌握的控制断面，通过该类结点设置可以看出预设结点处各类水源分配过程。

水源传输渠道是对不同类别水源传输途径的抽象概化，包括单元之间、单元到工程和水汇的污水退水传递、河网径流排放关系，工程到单元的供水传递关系，工程之间、工程到汇水单元的超蓄水量排放关系等。

3. 水源

根据各子区内水源的供水范围和性质，将水源分成三类：独立水源、子流域内共用水源和跨流域调水水源。独立水源是指只能给所在子区供水的水源，也称当地水源或区域自产水；子流域内共用水源是指能同时向两个或两个以上子区供水的水源；外跨流域调水是指通过工程措施从区域外引来向区域内若干子区供水的水源。

设流域划分为 K 个子区，第 k 子区内有 $I(k)$ 个独立水源、$J(k)$ 个用水户。子区内有 M 个共用水源，第 c 共用水源分配到第 k 子区的水量用 D_c^k 表示。区域内有 N 个跨流域调水水源，第 b 调水水源分配到第 k 子区的水量用 D_b^k 表示。三种水源均需在各用户间进行分配，对第 k 子区是 $I(k)+M+N$ 个水源和 $J(k)$ 个用水户的水资源优化配置问题。

以概化后的点线元素为基础，整个系统网络图通过供水系统、污水处理及传输系统、单元河网调蓄系统、水利工程超蓄水量传输系统等子网络共同构筑天然和人工侧支用水系统，动态模拟长系列逐时段多水源向多用户的供水量、耗水量、损失量、排水量及蓄变量过程，实现全方位仿真模拟国民经济用水过程中的供用耗排过程。

7.2.2　系统框架

以概化的系统图为基础，建立整个系统的模拟过程。通过规则的方式描述各类水源利用转化及各类子系统之间的相互关系。

模型将全流域的水资源系统视为一个整体，以水资源利用在水资源循环系统中构成的人工侧支循环为模拟计算的核心和重点，在进行水资源配置平衡分析的同时，得出系统结点图所反映的整个水资源系统供用耗排的具体过程及对天然水资源的影响，形成完整的水资源系统供用耗排关系或各种水源传递与转换关系的描述。图 7.1 反映了模型系统中所考虑的所有水源与用户之间的关系。它以配置单元用户需水要求为核心，同时，地表水库系统在整个供水，以及各类水量传输与转换中占有重要地位。整个系统的设计以这种结构为基础，首先完成单元自有水源在单元内部的配置，然后重点协调相互有关联水源的利用与在各用户之间的分配。在此框架下，模型包括有效水源形成和水源到用户配置两层计算，并在模型中以概念性参数对水源转换利用的过程和具体数值进行计算。

模型中的水源配置可划分为本计算单元内部分配和多个计算单元间联合分配两种模式。其中第一种配置包括对当地地表径流可利用量，以及深层与浅层地下水等水源的利用与分配，这类水源只对所在计算单元内部各类用户进行配置，不能跨单元利用；第二种配置包括对大型水库调节的地表供水、处理后污水、外流域调水及水库超蓄后排放的弃水等水源或水量的利用、分配与传递。这类水源可为多个计算单元所使用，其水量的传递和利用关系由系统拓扑结构确定。第二种配置计算也是整个模型的重点和难点，对于这类水源模型，以各层子系统拓扑结构为基础，根据系统制定的运行规则，利用各类控制水源走向的参数，将水量合理分配到相关单元。此外，在配置过程中充分考虑各类水源在不同单元之间存在的相互影响关系，主要为地表径流的利用、地下水的利用及污水退水排放对下游水库入流的影响。

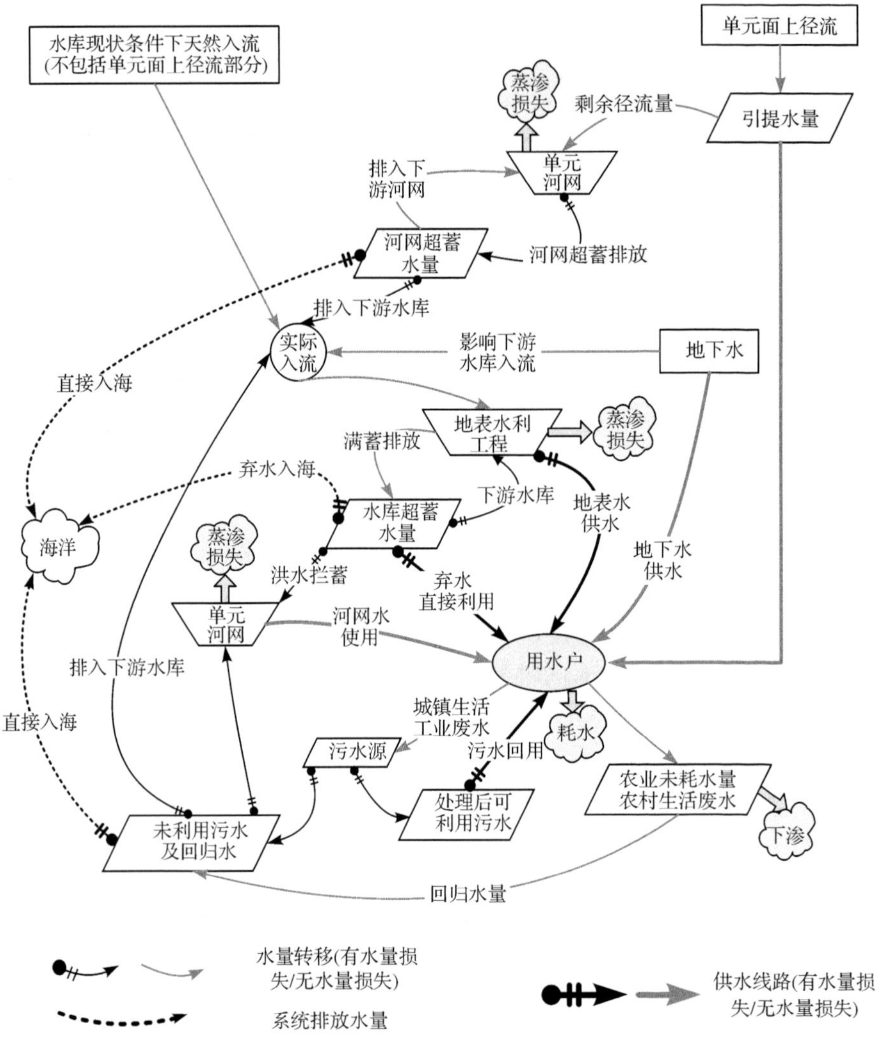

图 7.1　模型系统各水源与用户之间关系概化图

7.2.3　供水的时延性

1. 供水时延性的影响

1）直接影响水量平衡

各用水部门承接供水部门的供水量，这之间满足水量平衡方程。如果供水量在下一个优化时段或更远的时段到达用水部门，则每一个时段的供需水量平衡方程并不是平衡的。任一时段用水部门的用水量应该一部分来自于本时段供水部门的供水量,另一部分来自于前面时段供水部门的供水量。

2）间接影响目标函数

模型目标函数选取供水效益最大化,而供水效益是由供水产生的。某一时段供水部门的供水效益包括本时段可达水量产生的效益,还包括时延 N 个时段后到达的水量产生的效益。因此如果不考虑时延性,则供水部门本时段的供水效益会比实际的效益低,而时延影响时段的供水效益会相应提高。这样在调控模型进行优化计算时就会产生效益的混乱。

2. 基于等流时带的多重时延系统

对于面积较大的流域,由上游供水部门向下游需水用户供水的过程存在时延性,即供水部门的供水量将通过一系列的传输渠道经过一定的传输时间才能到达用水部门。本节建立了基于等流时带的水资源时延控制模型,将现实中供用水部门之间水量传输在时间上的滞后性,通过等流时带的应用在空间上表示出来。

各水源到用水用户的延时由所处的等流时带之差决定。对于第 k 子区,需根据等流时带之差确定 $I(k)+M+N$ 个水源到各用水户的延时。在 t 时刻,子区内有 M 个共用水源,第 c 共用水源分配到第 k 子区的水量用 $D_c^k(t-\tau_c^k)$ 表示,其中,τ_c^k 表示第 c 共用水源到第 k 子区的等流时带差值。区域内有 N 个跨流域调水水源,第 b 调水水源分配到第 k 子区的水量用 $D_b^k(t-\tau_b^k)$ 表示,其中 τ_b^k 表示第 b 调水水源分配到第 k 子区的传播时间。

基于等流时带的假设:等流时带内部的水流质点将同时到达等流时带边缘;某一等流时带本时段的出流即为其下一等流时带下一时段的入流。在这个时延系统上可以将人工控制结点为用水部门供水的时延性显示出来:

$$Y_i(t+1)=\sum_{j=1}^{M}R_{i-1,j}(t) \tag{7.1}$$

式中,i 为等流时带编号;t 为时段数;$Y_i(t+1)$ 为第 i 等流时带 $t+1$ 时刻的入流水量;M 为汇入等流时带 i 的子流域数量;$R_{i-1,j}(t)$ 为第 $i-1$ 等流时带 t 时刻的出流水量,j 为 $i-1$ 等流时带汇入 i 等流时带的子流域编号。

由于水资源模拟模型的模拟时段与水资源优化配置模型的优化时段之间常存在时间耦合的问题,所以建立了两个不同模型之间的耦合关系:

$$Y_i(t'+1)=\sum_{j=1}^{M}\left[\frac{\tau}{t}R_{i-1,j}(t'+1)+\frac{t-\tau}{t}R_{i-1,j}(t')\right] \tag{7.2}$$

式中,τ 为水资源模拟模型的模拟时段值;t 为水资源模拟模型的时段数;t' 为优化配置模型的优化时段数。

由于等流时带的自然时延性,在优化过程中,对人工控制结点的供水按等流时带进行分配,子流域的需水量约束也按等流时带进行约束。

7.3 流域水资源优化配置模型

数学模型应体现社会、经济等多目标的综合效益最优，一般形式为

$$\mathrm{opt}[f_1(X), f_2(X), f_3(X), \cdots] X \in G(X) \tag{7.3}$$

式中，opt 表示优化方向，包括最大化和最小化；X 为决策向量；$f_1(\cdot)$，$f_2(\cdot)$，$f_3(\cdot)$分别为优化目标；$G(\cdot)$为约束条件集，表示土地资源、社会约束、工程约束和系统状态方程等。

7.3.1 全流域水资源优化配置数学模型

1. 目标函数

为了实现流域的可持续利用，在选取优化模型的目标函数时，在尽量满足生态环境用水需求的基础上，维持社会安定和经济的可持续发展。本节流域的水资源配置是一个多目标优化问题，上述的目标实现被概化为

$$f(X) = \mathrm{opt}\{f_1(X), f_2(X)\} \tag{7.4}$$

目标 1：全流域年净效益最大。

$$f_1(X) = \max \sum_n \sum_m B_l(W_l) \tag{7.5}$$

式中，n 为子流域数量；m 为子流域内用户数；l 为用水部门序号；W_l 为第 l 部门的净供水量；$B_l(W_l)$为供给其他部门中第 l 部门的净供水量所产生的年净效益。

目标 2：满足生态环境用水，以保证全流域的水资源可持续利用。

2. 约束条件

由于在供水分配到各用户后，即进入水资源模拟模型进行模拟，所以基本可以满足水量平衡要求。

1) 水库结点约束

(1) 水库水量平衡约束。

$$V_i(t+1) - V_i(t) = Y_i(t) - Q_i(t) - E_i(t) \tag{7.6}$$

(2) 水库水位约束。

$$V_{i\text{下限}}(t) \leqslant V_i(t) \leqslant V_{i\text{上限}}(t) \tag{7.7}$$

(3) 水库流量约束。

$$Q_{\min,i}(t) \leqslant Q_i(t) \leqslant Q_{\max,i}(t) \tag{7.8}$$

$$\mathrm{QE}_i(t) \leqslant \mathrm{QE}_{\max,i} \tag{7.9}$$

$$\mathrm{QS}_i(t) = Q_i(t) - \mathrm{QE}_{\max,i} \tag{7.10}$$

(4) 出力约束。

$$P_i(t) \leqslant P_{\max,i} \tag{7.11}$$

式中，i 为蓄水工程编号；$V_i(t+1)$ 和 $V_i(t)$ 分别为蓄水工程 i 在时段 $t+1$ 和 t 的蓄水量；$Y_i(t)$ 为蓄水工程 i 在时段 t 的入流量；$Q_i(t)$ 为蓄水工程 i 在时段 t 的出流量；$E_i(t)$ 为蓄水工程 i 在时段 t 的损失水量；$V_{i下限}(t)$ 和 $V_{i上限}(t)$ 分别为蓄水工程 i 在时段 t 的蓄水量下限和上限；$Q_{\min,i}(t)$ 和 $Q_{\max,i}(t)$ 分别为蓄水工程 i 在时段 t 的最小、最大允许出库流量。$QE_i(t)$ 为发电流量；$QE_{\max,i}$ 为水轮机组最大过水流量；$QS_i(t)$ 为未用来发电的弃水流量；$P_i(t)$ 为出力；$P_{\max,i}$ 为最大允许出力。

2) 供水节点约束

$$W_{\max,i}(t) = \min\left[\sum_j W_{\max,j}(t), \sum_k W_{\max,k}(t)\right] \tag{7.12}$$

$$Q_i(t) = Y_i(t) - \sum_j W_j(t) \tag{7.13}$$

式中，$W_{\max,i}(t)$ 为蓄水工程 i 在时段 t 的最大可供水量；j 为引水工程编号；$W_j(t)$ 为引水工程 j 在时段 t 的供水量；$W_{\max,j}(t)$ 为引水工程 j 在时段 t 的可引水量；k 为输水渠道编号；$W_k(t)$ 为输水渠道 k 在时段 t 的过水量；$W_{\max,k}(t)$ 为输水渠道 k 在时段 t 的可过水量。

3) 用户需水能力限制

$$\sum_m D_{ij}(t) \leqslant \sum_n W_{ij}(t) \tag{7.14}$$

式中，m 为用水部门数量；n 为可供水源编号；i 为子流域编号；j 为用水部门编号；$D_{ij}(t)$ 为子流域 i 用水部门 j 在时段 t 的需水量；$W_{ij}(t)$ 为子流域 i 用水部门 j 在时段 t 的可供水量。

4) 满足防凌要求，典型流量站的流量约束

(1) 封河期。$Q_{\mathrm{dmin}} \leqslant Q_{\mathrm{d}} \leqslant Q_{\mathrm{dmax}}$，其中 Q_{d} 为代表站的流量，Q_{dmax}、Q_{dmin} 为封河期代表站的最大、最小流量限制。

(2) 开河期。$Q_{\mathrm{dmin}} \leqslant Q_{\mathrm{d}} \leqslant Q_{\mathrm{dmax}}$，其中 Q_{d} 为代表站的流量，Q_{dmax}、Q_{dmin} 为开河期代表站的最大、最小流量限制。

5) 河道内流量限制

为防止河道断流，对河段的出流量应有最小限制，表达式如下：

$$R_j(t) \geqslant R_{\min,j}(t) \tag{7.15}$$

式中，$R_j(t)$ 为 j 断面下泄流量；$R_{\min,j}(t)$ 为 j 断面最小必须下泄流量。

各断面的过水流量约束有可能出现矛盾的现象，以断面重要性系数区分其满足的先后次序。

6) 流域水量平衡约束

流域水量平衡约束由第 5 章建立的分布式水资源模拟模型实现。

7）满足子区的约束条件

子区约束条件即各子区的所有约束条件的合并。

8）非负约束

所有决策变量均为非负。

7.3.2 计算单元水资源优化配置数学模型

1. 目标函数

本节使用了主从决策法，子区的目标函数根据子区地理位置、各子区的发展目标不同而不同，目标函数为

$$f(X)=\mathrm{opt}\{f_1(X),f_2(X)\} \tag{7.16}$$

目标 1：子区年净效益最大：

$$f_1(X)=\max\sum_m \alpha_l B_l(W_l) \tag{7.17}$$

式中，m 为计算单元内用户数；l 为用水部门序号；α_l 为用水部门 l 的权重系数，α_l 选取不同的值则表示对经济发展的不同侧重，各子区可以选取相应的 α_l 值；W_l 为第 l 部门的供水量；$B_l(W_l)$为供给其他部门中第 l 部门的净供水量所产生的年净效益。

目标 2：生态环境缺水量最小：

$$\min(f_2(X))=\max\left[0,D^k-\sum_i W_i^k\right] \tag{7.18}$$

式中，D^k 为子区 k 的生态环境需水量；W_i^k 为子区 k 水源 i 的生态环境供水量。

2. 约束条件

1）流域水量平衡约束

$$\sum_{i=1}^{K}\mathrm{WY}_i^{(t)}+R^{(t)}-E^{(t)}-\mathrm{WQ}^{(t)}+H-\mathrm{WG}^{(t)}-\mathrm{WC}^{(t)}=0 \tag{7.19}$$

式中，$\mathrm{WY}_i^{(t)}$ 为 t 时段 i 子流域的入境水量；K 为水量汇入的子流域数，其中包括引水和地下水开采等；$R^{(t)}$为 t 时段子流域内的降水量；$E^{(t)}$为 t 时段子流域内的蒸发量；$\mathrm{WQ}^{(t)}$为 t 时段用水部门的总用水量；$\mathrm{WG}^{(t)}$为 t 时段子流域渗入地下水量；$\mathrm{WC}^{(t)}$为 t 时段子流域的出境水量；H 为各用户的回归水量，分不同的用水部门分别计算。由于水资源模拟系统是以日为模拟时段，所以 t 时段子流域的出境水量即下一日汇入子流域的入境水量。这一约束是通过第 5 章建立的水资源模拟模型来实现的。

2）时段可利用水量约束

$$\sum_{i=1}^{M}\mathrm{WN}_i^{(t)}+\sum_{i=1}^{N}\mathrm{WI}_i^{(t)}+\sum_{i=1}^{J}\mathrm{WS}_i^{(t)}+\sum_{i=1}^{O}\mathrm{WQ}_i^{(t)}$$
$$\leqslant\sum_{i=1}^{K}\mathrm{WY}_i^{(t)}+\sum_{i=1}^{L}\mathrm{WL}_i^{(t)}+\mathrm{WGO}^{(t)} \tag{7.20}$$

式中，$WY_i^{(t)}$ 为 t 时段从 i 子流域的引水量；K 为可以为子流域引水的子流域数；$WL_i^{(t)}$ 为 t 时段从 i 子流域的入境水量；L 为汇入的子流域数；$WN_i^{(t)}$ 为 t 时段第 i 类农作物的灌溉水量；M 为农作物的种类；$WI_i^{(t)}$ 为 t 时段第 i 类工业的供水量；N 为工业的分类数；$WS_i^{(t)}$ 为 t 时段第 i 类生活用水量；J 为生活用水的分类数；$WQ_i^{(t)}$ 为 t 时段第 i 类其他用水量；O 为其他用水的分类数；$WGO^{(t)}$ 为 t 时段子流域抽取的地下水量。

3) 农业耕地面积约束

子流域内的耕地面积不能超过子流域内农业最大可耕种面积 $A_{\max 1}$，不能小于农业作物灌溉面积下限 $A_{\min 1}$。

$$A_{\min 1} \leqslant \sum_j A_{1j} \leqslant A_{\max 1} \tag{7.21}$$

4) 用水部门需水能力限制

$$\sum_m D_{ij}(t) \leqslant \sum_n W_{ij}(t) \tag{7.22}$$

式中，m 为用水部门数量；n 为可供水源编号；i 为子流域编号；j 为用水部门编号；$D_{ij}(t)$ 为子流域 i 用水部门 j 在时段 t 的用水量；$W_{ij}(t)$ 为子流域 i 用水部门 j 在时段 t 的可供水量。

5) 非负约束

所有决策变量均非负。

7.4 本章小结

如何将流域的水资源进行优化，使其在满足人类生存最基本的水量需求和不破坏生态环境的基础上，尽可能实现有限的流域水资源在各部门之间得到最充分、最合理的使用是本章需要解决的问题。

本章建立了流域水资源优化配置模型，将供需部门之间的时滞性用空间显示来表述。在保证全流域的人民生活稳定、经济发展和生态环境不被破坏的基础上，实现了以全流域供水效益最大化的目标，具体内容如下。

(1) 介绍了水资源优化配置的概念，其中包括水资源优化配置的目标、原则及手段。

(2) 建立了流域水资源优化配置模型。对调蓄工程放水在时间上的滞后性影响长于一个优化时段的大流域，可以通过空间上等流时带的区分来反映，为调度策略在时间上的后效性提供了一种处理方法。

(3) 在优化配置模型中，采用主从决策的方法，由整体系统优化目标构成主决策问题，在不同的优化子区内，考虑主决策的优化目标与该子区的附加目标构成从决策问题，实现整体系统不同层次的最优化。

第 8 章　流域水资源优化配置模型的求解

8.1　大系统概述

随着科学技术和生产实践的发展，自 20 世纪 70 年代开始，关于大系统理论及应用的研究逐渐形成了一个专门领域。它综合和发展了近代优化理论、控制理论和决策论等方面的成果，不仅把复杂的工程技术系统作为研究对象，并已扩展到社会经济系统和生态环境系统中。

到目前为止，大系统还没有一个公认的定义，但一般来说，它至少有以下两个特征：维数非常大，以至于用常规的计算方法很难进行有效的计算；结构复杂，通常是由互相关联的子系统组成的，由此产生了与常规系统的一个根本不同，即系统由于缺乏集中计算能力或集中信息而不再保持集中性。显然，处理这样的系统就必须探讨新的途径。

8.1.1　大系统优化的分解协调技术

大系统优化的两个基本概念是分解和协调。大系统的分解常带有一定的主观成分，需要工作人员有丰富的经验。实际上，许多大系统，其数学模型的结构总能给出有益的提示，另外其地理上的分布常是分散的，这都是分析人员可以利用的因素。分解方法作为一种优化控制策略，其优点是显然的：很可能既降低存储量，又减少计算时间，使系统的结构变得更加灵活，易于处理。与分解对应的另一概念是协调。这是由于把一个大系统分解成相对较小的子系统后，子系统之间的联系必须通过适当的途径来反映，以达到整体系统最优。协调有各种各样的方式，随问题的不同而不同，根据问题的特点选择合适的协调算法也是十分重要的一项工作。

1. 大系统的递阶结构

将一个大系统按某种方式划分为较小的子系统，子系统之间通过某一协调关系联系，以达到整个系统运行的最优，就构成了大系统的递阶结构。根据工作任务划分的不同，有以下几种基本的递阶形式。

(1) 多重递阶结构。多重递阶结构中的级称为重并指定处在较低级的子系统比处在较高级的子系统更具体、更细致地描述复杂的大系统，如此形成一个层套结构，如国民经济发展的长、中、短期规划问题。

(2) 多层递阶结构。这种结构直接体现决策过程的复杂性。控制任务是按垂直方式来划分的，如图 8.1 所示。对这种多层递阶结构，调节起着直接控制作用，紧接着是最优化、自适应和自组织。

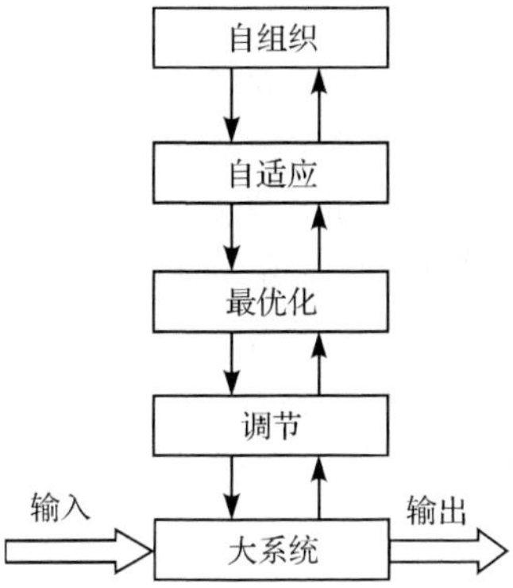

图 8.1　多层递阶结构

(3) 多级递阶结构。这是最一般的递阶结构，它是由许多子系统组成的，各子系统处在一定的级上，每个子系统协调下一级的单元，本身又被上一级的单元协调，如图 8.2 所示。

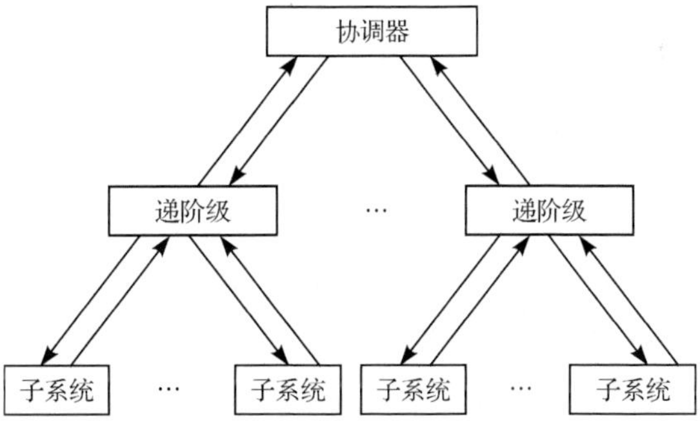

图 8.2　多级递阶结构

控制任务除根据垂直划分和水平划分外，还有第三种划分，称为时间划分或功能划分，在这样的划分中，给定子系统的功能最优化问题，可在较低一级分解成有限数目的单参数最优化问题，从而使计算工作量大大减少。

从使用信息的观点来看，递阶结构与集中结构十分相似。至少从原则上讲，协调器可以拥有局部控制器所有的全部信息。这种递阶结构具有“经典信息模式”。

将一个整体问题 P 分解为一定数量的子问题 P_i，由于各子问题之间存在着关联，从而有必要引进一个干预向量（协调向量）λ，以使子系统的解能最终逼近整体问题的解。这就是递阶结构中的协调问题，即

$$\{P_1(\lambda), P_2(\lambda), \cdots, P_n(\lambda)\}_{\lambda=\lambda^*} \text{ 的解} \Rightarrow P \text{ 的解} \tag{8.1}$$

2. 大系统的分散控制

将一个大系统划分为若干个子系统，在某些情况下，由于通信能力和计算能力的限制，要实现全部信息的交换和处理是十分困难的，系统设计中出现这种情况被称为分散化。在分散结构中，将不再存在一个能协调各子系统行为的中心控制器，每个子系统都有其本身的决策单元，每个决策单元都只能直接得到一部分状态信息而不能获取整个系统的状态信息，每个决策单元都只能对大系统的某个局部进行控制而不能对其他部分实行直接控制，如图 8.3 所示。这种结构具有"非经典信息模式"。

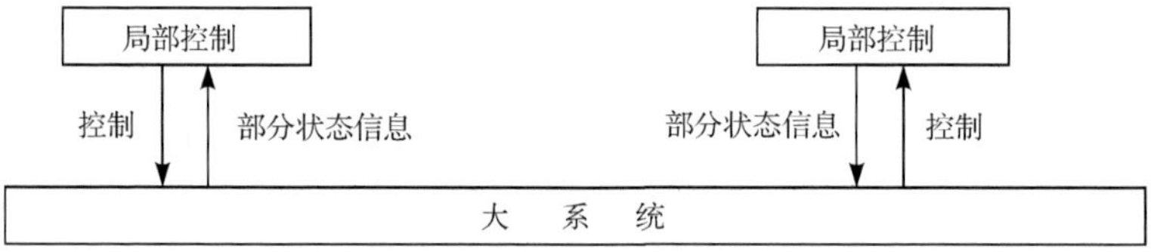

图 8.3　分散控制结构

分散决策问题以存在许多决策者为特征，它不存在一个决策单元按它自己的决策来控制整个系统。每个决策者在进行决策时，都有一个企图实现的目标，这样就导致传统的最优化概念不再适用。

但是对于实际存在的许多大系统都有一个整体性能指标，为实现这一整体指标就产生了大系统分散决策的协同问题，即如何根据总的目标和给定的信息传递结构，去实现约定分散设置的各局部控制器的协同动作规则，这显然是大系统分散控制的一个重要问题。大多数实际系统由于各元件在地理上的分隔和维数过大，集中方法和递阶方法的应用面临很大困难，所以多分散结构的研究有重大意义。

3. 大系统的主从决策方法

在主从决策方法中，决策者之间存在一个等级。在有两个决策者的情况下，有一个领导和一个随从，领导者首先做出决策，随从者再利用该信息做出自己的决策。在多人决策的情况下，或者出现多级，如 P_1 为领导，P_2 次之，P_3 再次之等；或者出现多个领导和多个随从，这就需要利用 Pareto 最优性概念。

可以看出,大系统的优化策略或多或少带有自然的特性,这反映了实际问题的客观性。根据问题本质的不同,继续完善和构造大系统的优化策略正是许多科研人员努力的方向。

8.1.2　大系统优化方法概述

目前求解大型优化问题的方法有两大类:一类是直接方法,即利用一些有普遍适应性的优化方法来求解大型问题;另一类是分解方法,即将原问题分解为独立的子问题,用一个迭代的协调过程使子问题的解逼近原问题的解。

直接方法是利用现有的有效算法来求解大型问题。例如,对于线性规划来说,有单纯形法,以及 Dantzing 和 Vansleybe 提出的上界方法(generalized upper bounding,GUB)。对于线性规划来说,Lasdon 将其归纳为三种:广义简约梯度法(generalized reduced gradient,GRG),通过引入松弛变量将不等式约束化为等式约束,变量分为基变量和非基变量,在当前可行解附近,由约束方程将基变量写成非基变量的函数,这样就将问题化为一个简约问题,通过求解一系列这样的问题而得到原问题的解,GRG 法可以用来解决大型稀疏系统的优化问题;逐次二次规划法(sequence quadratic programming,SQP)将原问题化成一系列二次规划来求解,该方法适合解基本线性形式的大型非线性规划问题;逐次线性规划法将原问题化为一系列线性规划来求解,它最适合于解大型问题,因为可以调用现成的线性规划程序。

分解算法的研究有两种途径。大系统的优化问题,其数学模型的结构常具有特定的形式,如约束矩阵为对角块、约束矩阵是稀疏的等,如图 8.4 所示,常可利用这些结构的特性来研究相应的解法,这是一种研究途径。另一种途径是从一些基本概念出发来研究适用于一般结构的大系统优化算法。

1. 大型线性规划问题

1958 年,Ford 和 Fulkerson 在解决多种商品网络流首次提出了将一个大型的最优化问题分解成几个相对较小的最优化问题来求解。1960 年,Dantzig 和 Wolf 在前人工作的基础上,提出了求解大型线性规划问题的著名方法,即Dantzig-Wolf 分解原理。它最适合于处理具有原方块角形结构的线性规划问题。

这个方法的基础是凸组合原理和列生成方法,它分为两级来处理问题:第一级是子问题,第二级是主规划。Dantzig-Wolf 分解原理是大系统优化的开拓性工作,至今仍有很强的生命力和广泛的应用,许多研究者以其基本概念为出发点,将其扩展应用于其他一些具有特殊结构的数学规划问题。

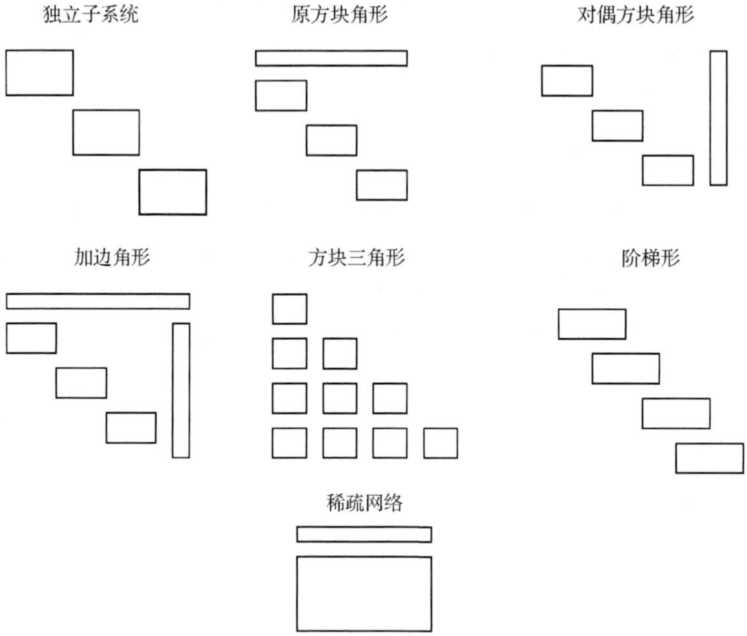

图 8.4　大型问题的特殊结构

$$\min z = C_1X_1 + C_2X_2 + \cdots + C_pX_p$$

$$\text{s.t.}\begin{cases} A_1X_1 + A_2X_2 + \cdots + A_pX_p = b_0, \\ B_1X_1 = b_1, \\ \quad B_2X_2 = b_2, \quad X_1, X_2, \cdots, X_p \geqslant 0, \\ \quad\quad \ddots \quad \vdots \\ \quad\quad\quad B_pX_p = b_p, \end{cases} \tag{8.2}$$

1964 年，Rosen 处理了对偶方块角形的问题；1967 年，Ritter 处理了加边角形问题，其数学表达式如下：

$$\min z = C_1X_1 + C_2X_2 + \cdots + C_pX_p + C_0y$$

$$\text{s.t.}\begin{cases} A_1X_1 + A_2X_2 + \cdots + A_pX_p + D_0y = b_0, \\ B_1X_1 + D_1y = b_1, \\ \quad B_2X_2 + D_2y = b_2, \quad X_i, \quad y \geqslant 0, \quad i = 1, 2, \cdots, p \\ \quad\quad \ddots \quad \vdots \quad \vdots \\ \quad\quad\quad B_pX_p + D_py = b_p, \end{cases} \tag{8.3}$$

他们提出的算法被称为划分算法，主要思想是将问题变量划分为两个集合：

一个是耦合变量 y,另一个是分块变量 x。以此为基础构造子问题,并利用松弛法等做最优性检验。

1979 年,Khachian 提出了线性规划的多项式算法,而他的算法在实际计算时的效果比单纯形法差。1984 年,Karmarkar 在线性规划研究中取得重大进展,他提出了线性规划的一种新的多项式算法,对于某些大型问题,新方法要比单纯形法快得多。其主要区别在于,单纯形法是用检查可行域边界上极点的方法来求解 LP 问题,而 Karmarkar 算法是通过可行的凸多面体的内部达到边界上的最优点,其过程如图 8.5 所示。

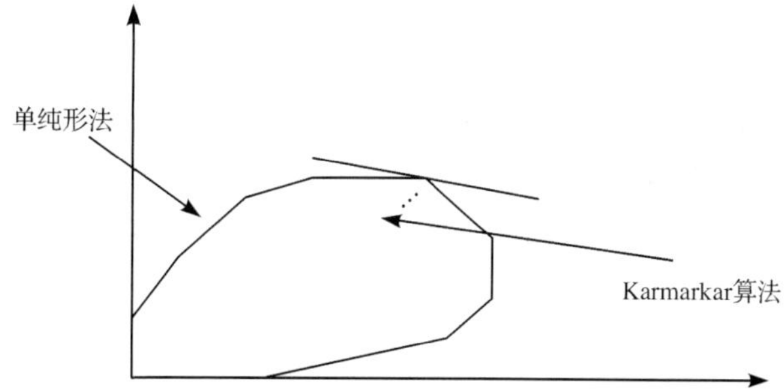

图 8.5　单纯形法和 Karmarkar 算法

多项式算法在理论上的重要意义在于最坏情况的计算运行时间或最坏情况的计算复杂性。若把问题的尺寸 N 定义为在计算机中表达问题的二进制码的数目,如果算法的运行时间始终不超过 N 的固定幂,则称为多项式算法,而单纯形法不是,它的运行时间随问题尺寸的增长是呈指数型增长的。

近年来,国内对大型线性规划问题也进行了许多研究。1986 年,王武义等[157]提出了输出预估和平衡法(output prediction and balance method,OPBM),其原理主要是同时引入拉格朗日乘子及罚系数而构成增广拉格朗日函数。通过对关联输出及拉格朗日乘子进行预估,并且在下级进行完全分解,实现了上下两级的分解-协调递阶优化算法。但算法在计算上所需的时间与修正单纯形法比较没有很大进展,关于更大型的问题还有待进一步对比验证。

1987 年,叶秉如[158]发表了求解线性规划的一个新算法,称为最小减优率法,其原理与 1980 年所提出的方法相同,它是一种以线性规划问题约束凸集的基本特性和耦合约束对解影响的基本法则为出发点的另一计算分解问题的途径。利用最小减优率法的概念,从子问题的解推求有耦合约束时的线性规划的最优解。关于大型问题计算时间的节省还需进一步验证。

2. 大型混合整数规划问题

1962 年,Benders 提出了一个著名的算法,它求解的问题是一种结构特殊的非线性规划问题：

$$\min CX + f(y)$$
$$\text{s. t. } AX + F(y) \geqslant b$$
$$X \geqslant 0, \quad y \in S \tag{8.4}$$

式中，f 为标量函数；F 为矢量函数；S 为 P 维欧氏空间的子集。Benders 算法对变量 y 和 x 分别进行处理，选择一个 y 值，便得到一个线性规划，如 A 有特殊结构，则很方便得到一个分解，并通过一个解在 S 上的数学规划来调整 y。

当 S 为欧氏空间非负整数集，并且

$$F(y) = By$$
$$F(y) = dy \tag{8.5}$$

式中，B 为 $m \times p$ 矩阵；d 为 p 维向量，则问题成为混合整数规划问题。Benders 算法最适宜于求解大型的混合整数规划问题。

Benders 算法还被推广应用到其他的一些特殊结构问题之中。

3. 大型参数非线性规划问题

参数规划可简记为

$$\min\{f(x,y) \mid x \in X, y \in Y, g(x,y) \leqslant 0\} \tag{8.6}$$

可用二级优化来求解。第一级固定 y 而产生子问题，第二级修正 y。参数规划分解方法的关键是主问题的解法，Lasdon、Auslander、Geoffrion、Silvermen、Gauvin 等对此都有深入的探讨。

4. 大规模互联系统优化问题

互联系统的优化方法可概括为非线性规划的分解和协调技术，其基础是拉格朗日乘子理论。基本概念是由 Mesarovic 首先做了精确的表述。其优化方法主要有关联平衡法、关联预估法和混合法。在这里，将大系统问题分解为许多独立的子问题，并用一个协调过程来协调子问题的解，反复迭代，协调处理，最后得到与原问题相同的优化结果。

5. 统一方法的研究

从一般结构出发来研究大系统优化问题是一项值得注意的研究方法。Geoffrion 认为对于大部分大型数学规划来说，虽然它们都有自己的独特结构，但它们求解方法的基础仍然是某些简单的基本概念。因此 Geoffrion 从问题的共同结构特性和基本概念入手来研究大型数学规划问题，提出两大基本概念：问题变换和求解策略。前者是指将原问题变换为一个等价问题即主问题，后者是指将优化问题化为一系列相对较小的子问题。问题变换的方法有投影、线性化、对偶化等。

Cohen 注意到下列事实,即使函数对决策变量空间的分解不是可分离的,但若它是可微的,则仍可以用环绕当前点的线性近似来代替,即做一阶展开。而这种线性函数对决策变量空间是可分离的。他把这个事实结合所谓辅助问题原理和松弛原理,得到了一种分解-协调的统一方法。

朱道立探讨了不可微优化问题,提出了不带明显耦合约束的不可微优化问题分解方法的一般理论和算法。

随着科学技术和生产实践的发展,大系统优化问题越来越多。研究大系统优化理论和构造大系统优化方法具有重要的现实意义。

8.1.3　水资源大系统优化

水资源系统是一个复杂的系统。从系统观点来看,水资源系统的复杂性主要表现在三个方面:系统输入、系统结构和系统功能的复杂性。水资源的开发利用涉及国计民生和生态环境的广阔领域。从经济角度来看,它的兴利作用有发电、灌溉、航运等,它的除害作用有防洪、排涝等;从社会环境角度来看,它能改善区域环境质量,增加社会福利措施等。因此,一个大规模的水资源系统,其目标或功能必然是多样化的。

水资源系统的这些特点使人们在进行水资源规划和管理研究中所遇到的决策问题更加复杂。其表现包括:决策方式有个体决策与群体决策,决策环境包含确定性、随机性和模糊性,决策目标有经济的、生态的、环境的和社会的,决策结构是递阶结构等。利用大系统的分解协调原理来研究水资源系统的规划和管理问题,已引起人们的重视。

系统划分的一般原则如下:划分后的子系统需尽可能的简单明了,以便于问题的深入分析;子系统之间的相互关联应尽可能少,以便于在上一级得到有效的协调。对于水资源系统来说通常有以下几种划分方式:

(1) 时间划分。把一个长期问题划分为几个时期相对较短的问题,各短期子问题更易进行深入的分析与研究,并在更高一级对其指导,以达到整个时期的最优性。

(2) 空间划分。包括根据行政区界来划分和根据自然分水线来划分。前者注重各行政区的关联,后者强调系统的自然特性。通过子区域的研究和上级机构的协调以达到整个区域的最优性。

(3) 功能划分。根据目标功能来划分子系统,在更高一级进行多目标协调,以达到各个部门的最佳满意性。

(4) 重叠划分。上面的划分方式可以用适当的方法组合起来,对系统进行重叠划分,以加深对系统行为的研究。

一般来说,一个水资源系统的核心组成部分往往是一群水库。根据这个特点在进行水资源系统划分时主要需考虑以下几个因素:

(1) 库群结构型式。根据库群的结构型式,以及考虑某些区域已建立起比较成熟的水资源规划和管理体系,就可把一库、二库、基本的 Y 形三库,以至于更多的几个水库划分为一个子系统。这样,不仅可以较好地利用现有的研究成果,同时还减轻了上级的任务。

(2) 各库调节性能的差异。根据各库调节能力的不同,以几个有较长调节周期的水库为中心,划分成相应的子系统。这样调动各库的积极性并减轻上级的协调任务。

(3) 各库综合利用要求的程度。根据综合利用繁简的不同,以综合利用强的水库为中心,划分相应的子系统。这样,可在各子系统的内部对各库综合利用要求进行详细分析,以深化对整个系统功能的认识。

一般来说,水资源系统的决策问题常具有递阶的形式,归纳为如下几种。

(1) 上级单目标,下级单目标。这是一种最简单的递阶,实际问题很少有这种情形。在解决问题时,尤其早些时候,由于计算能力的限制,人们常把多目标的决策问题简化成这种形式来处理。

(2) 上级多目标,下级含有同样多目标。这是一种常见的递阶,具有强烈的集中性,下级绝对服从上级,上级对下级有指导作用,目前关于这类递阶还没有有效的解法。

(3) 上级多目标,下级多目标,但可能含有与上级不同的目标。这是最一般的递阶形式。由于上级的目标必须通过下级来实现,从而下级必须含有上级的目标;另外,上级给下级一定的自主权,从而这种结构具有一定的分散性。目前,这种递阶研究还很少。

如果把决策方式再结合起来进行研究,将会得到更为复杂的递阶格式,如图 8.6所示。

水资源系统的决策问题具有前面指出的各种递阶结构。求解这类问题的途径有两种:第一种为数学分解途径。首先在系统划分的基础上建立一个整体系统合适的数学模型,然后根据模型的结构选用适当的分解协调算法来求解。第二种为背景分解途径(或物理分解途径)。它首先在系统划分的基础上建立各子系统的数学模型,然后根据问题的物理意义构造一个协调模型,通过上下级迭代运算以求得问题的解。

数学分解途径具有理论严密的特点,从而在大规模单目标系统优化中得到广泛应用。但是,直到目前,对于大规模多目标优化问题还没有一个有效的递阶结构,这方面的研究还很少。背景分解途径具有很大的灵活性,但在协调过程中必

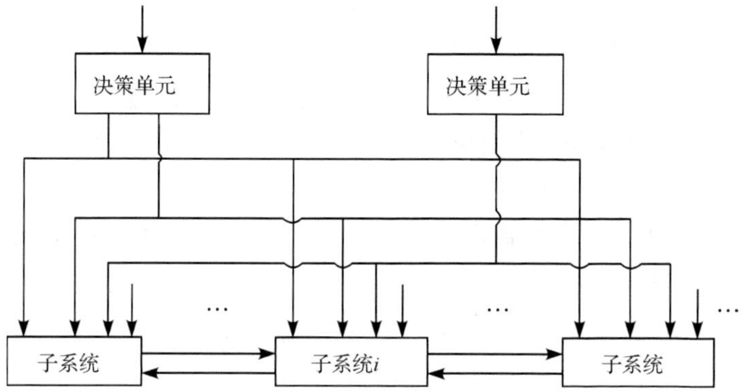

图 8.6　复杂的递阶格式

须注意上下级之间的一致性，这又使人们在应用时持谨慎的态度。从方法论的角度来看，可以说数学分解途径属于递阶范畴，背景分析途径属于分散结构的协同问题。

8.2　分解协调方法

8.2.1　系统描述

假定所研究的复杂系统已经被划分为 N 个子系统，取其中第 i 个子系统来阐明其变量间的关系，如图 8.7 所示。

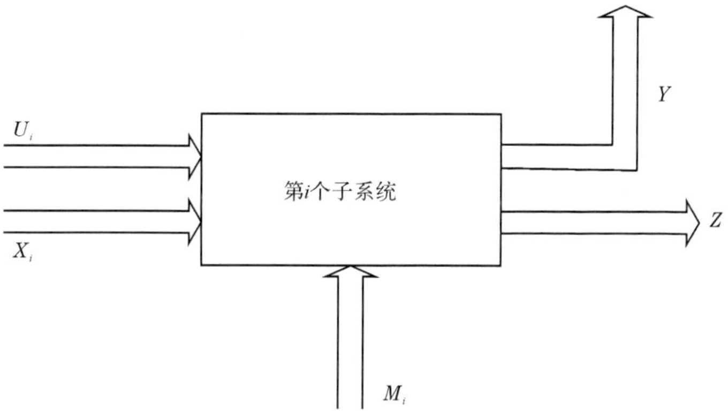

图 8.7　第 i 个子系统

对于一个给定的整体输入向量 U，子系统可用向量方程进行描述：

$$Z_i = T_i(M_i, X_i) \tag{8.7}$$

$$Y_i = S_i(M_i, X_i) \tag{8.8}$$

式中，U_i,X_i,M_i,Z_i,Y_i 为向量，维数为 $m_{U_i},m_{X_i},m_{M_i},m_{Z_i},m_{Y_i}$。$U_i$ 为同时对整个系统和第 i 个子系统的输入（扰动或其他所不能影响的固定输入）；X_i 为由其他子系统所提供的中间输入；M_i 为对第 i 个子系统的控制变量；Y_i 为同时对子系统和整个系统的输出。例如，它们能表示在一个生产系统中的最终产品；Z_i 为子系统 i 的输出，它对其他子系统起到输入的作用。就生产系统来说，这些就是中间产品。

子系统之间的关联为

$$X_i = \sum_{j=1}^{N} C_{ij} Z_j \quad i = 1,\cdots,N \tag{8.9}$$

式中，C_{ij} 为 m_{x_i} 行和 m_{Z_j} 列的互联矩阵，此处看做子系统之间存在线性耦合。

整个系统的目标函数假定为“加性可分离”的形式：

$$F = \sum_{i=1}^{N} f_i(M_i, X_i) \tag{8.10}$$

这个整体问题是在式(8.7)和式(8.9)的约束条件下使式(8.10)达到最大。最优化问题的拉格朗日函数为

$$L = \sum_{i=1}^{N} f_i(M_i, X_i) + \sum_{i=1}^{N} \mu_i^{\mathrm{T}}(T_i - Z_i) + \sum_{i=1}^{N} \rho_i^{\mathrm{T}}\left(X_i - \sum_{j=1}^{N} C_{ij} Z_j\right) \tag{8.11}$$

式中，μ_i（m_{Z_i} 维）、ρ（m_{x_i} 维）为拉格朗日乘子向量，以便把这些等式约束考虑进去。

假设这些等式约束是独立的，同时函数 f_i 和 $T_i(i=1,2,\cdots,N)$ 是连续和一阶连续可微的，则最优解一定会满足拉格朗日算子的定性条件，即

$$\frac{\partial L}{\partial X_i} = \frac{\partial f_i}{\partial X_i} + \left(\frac{\partial T_i}{\partial X_i}\right)^{\mathrm{T}} \mu_i + \rho_i = 0 \tag{8.12}$$

$$\frac{\partial L}{\partial M_i} = \frac{\partial f_i}{\partial M_i} + \left(\frac{\partial T_i}{\partial M_i}\right)^{\mathrm{T}} \mu_i = 0 \tag{8.13}$$

$$\frac{\partial L}{\partial Z_i} = -\mu_i - \sum_{j=1}^{N} C_{ji}^{\mathrm{T}} \rho_j = 0 \tag{8.14}$$

$$\frac{\partial L}{\partial \mu_i} = T_i - Z_i = 0 \tag{8.15}$$

$$\frac{\partial L}{\partial \rho_i} = X_i - \sum_{j=1}^{N} C_{ij} Z_j = 0 \tag{8.16}$$

式中，$\frac{\partial f_i}{\partial X_i}$、$\frac{\partial f_i}{\partial M_i}$ 为标量 f_i 对向量的偏导数，表示 f_i 对 X_i 和 M_i 的梯度，矩阵 $\left(\frac{\partial T_i}{\partial X_i}\right)$、$\left(\frac{\partial T_i}{\partial M_i}\right)$ 表示一个向量函数对一个向量变量的偏导数，可以写成

$$\left(\frac{\partial T_i}{\partial X_i}\right)=\begin{bmatrix}\dfrac{\partial T_i^1}{\partial X_i^1} & \cdots & \dfrac{\partial T_i^1}{\partial X_i^{m_{x_i}}}\\ \vdots & & \vdots\\ \dfrac{\partial T_i^{m_{Z_i}}}{\partial X_i^1} & \cdots & \dfrac{\partial T_i^{m_{Z_i}}}{\partial X_i^{m_{x_i}}}\end{bmatrix}$$

$$\left(\frac{\partial T_i}{\partial M_i}\right)=\begin{bmatrix}\dfrac{\partial T_i^1}{\partial M_i^1} & \cdots & \dfrac{\partial T_i^1}{\partial M_i^{m_{M_i}}}\\ \vdots & & \vdots\\ \dfrac{\partial T_i^{m_{Z_i}}}{\partial M_i^1} & \cdots & \dfrac{\partial T_i^{m_{Z_i}}}{\partial M_i^{m_{M_i}}}\end{bmatrix} \tag{8.17}$$

注意到对于$\sum_i(m_{x_i}+m_{M_i}+m_{Z_i})$个独立变量，只有$\sum_i(m_{x_i}+m_{Z_i})$个等式约束，而式(8.12)～式(8.16)的解如果存在，应该给出一个局部解，所以整个问题是一个非退化的优化问题。

8.2.2 系统分解与协调

1. 非现实法

非现实法的信息传递关系如图 8.8 所示。选拉格朗日乘子 $\rho_i(i=1,2,\cdots,N)$为协调变量，X_i 和 Z_i 为反馈变量。

在数学上，可以进行如下推导：

$$\sum_i\rho_i^{\mathrm{T}}\sum_j C_{ij}Z_j=\sum_i\sum_j\rho_j^{\mathrm{T}}C_{ji}Z_i \tag{8.18}$$

代入拉格朗日函数表达式中，有

$$L=\sum_{i=1}^{N}L_i=\sum_i\left[f_i(M_i,X_i)+\mu_i^{\mathrm{T}}(T_i-Z_i)+\rho_i^{\mathrm{T}}X_i-\sum_{j=1}^{N}\rho_j^{\mathrm{T}}C_{ji}Z_i\right] \tag{8.19}$$

当 ρ_j 给定时，L 函数具有所谓的“加性可分离”形式，即整体表达式是由各子系统的表达式相加得来的。因而，对整体表达式求解就可转化为对每一子问题求解。对应每一个子拉格朗日函数 L_i，相应得到第 i 个子问题：

$$\max\left[f_i(M_i,X_i)+\rho_i^{\mathrm{T}}X_i-\sum_{j=1}^{N}\rho_j^{\mathrm{T}}C_{ji}Z_i\right] \tag{8.20}$$

$$\text{s.t.}\quad Z_i=T_i(M_i,X_i) \tag{8.21}$$

对每一子问题求解，可得到给定 $\rho_j(j=1,2,\cdots,N)$下的最优解($X_i^{\mathrm{T}},M_i^{\mathrm{T}},Z_i^{\mathrm{T}},\mu_i^{\mathrm{T}}$)。

可以看到，子问题的目标函数做了相当大的修改。因此，该方法也称为目标协调法。

从迭代角度来看，第一级的任务是对给定的 ρ 求子问题的解，在第二级确定 ρ，因而就需要引进一个迭代的协调器算法。求导数：

$$\frac{\mathrm{d}L}{\mathrm{d}\rho_i} = L_{\rho_i} = X_i - \sum_j C_{ij} Z_j \tag{8.22}$$

式中，L_{ρ_i} 为拉格朗日函数对 ρ_i 的偏导数。

如果选择：

$$\Delta\rho_i = -KL_{\rho_i}, \quad K > 0 \tag{8.23}$$

式中，K 为比例系数。按照假设，这个解对应着 L 的一个鞍点，即它相对于变量给出一个最大值，而相对拉格朗日乘子给出一个最小值，从而 K 反映沿负梯度方向前进的快慢。

式(8.23)离散化后，给出下列梯度型的协调器算法：

$$\rho_i(t+1) = \rho_i(t) - KL_{\rho_i}(t) \tag{8.24}$$

式中，t 为迭代次数。

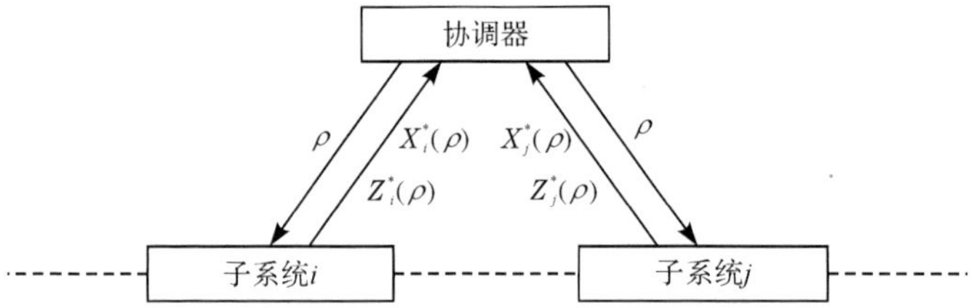

图 8.8　在非现实法中的信息传递

还可以用牛顿法直接解 $L_\rho = 0$ 方程，得到下列协调器算法：

$$\rho(t+1) = \rho(t) - C\left[\frac{\mathrm{d}L_\rho(t)}{\mathrm{d}\rho}\right]^{-1} L_\rho(t), \quad 0 < C < 2 \tag{8.25}$$

这种协调算法从每个子系统中，不但要找出 $X^*(\rho)$和 $Z^*(\rho)$，还要找出 $X_\rho^*(\rho)$ 和 $Z_\rho^*(\rho)$，同时要求矩阵的逆。

如果在远离最优点时采用梯度法，而在接近最优点时采用牛顿法。这就既有良好的初始收敛性，又有良好的末端收敛性。还可采用其他的一些算法，如共轭梯度法，它具有良好的收敛性，比起梯度法只需要增加一些较小的附加计算。

在第一级，对每一个子系统 i 所要确定的值是 M_i，X_i，Z_i和 μ_i；在第二级，利用梯度法或其他算法进行 ρ_i 的优化；通过多次迭代，直到满足最优条件为止，如图 8.9所示。

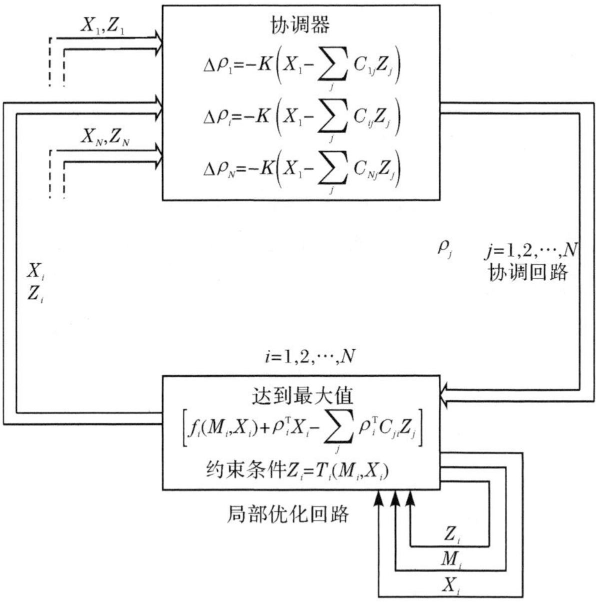

图 8.9　非现实法的算法结构

显然，在整体问题最优解处，存在：

$$X_i - \sum_j C_{ij} Z_j = 0 \tag{8.26}$$

从而，在最优解处，对目标函数的修改为 0。

2. 现实法

与非现实法不同，这里取输出变量或关联变量 $Z_i(i=1,2,\cdots,N)$作为协调变量，而以拉格朗日乘子 ρ_i 和μ_i 为反馈变量。该法的信息传递关系如图 8.10 所示。

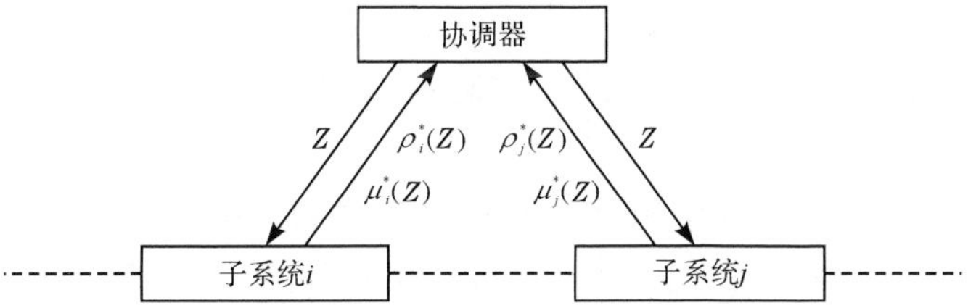

图 8.10　在现实法中的信息传递

对于给定的 Z_j，拉格朗日函数可写成下列“可分的”形式：

$$L = \sum_i L_i' = \sum_i \left[f_i(M_i, X_i) + \mu_i^{\mathrm{T}}(T_i - Z_i) + \rho_i^{\mathrm{T}}(X_i - \sum_j C_{ij} Z_j) \right] \tag{8.27}$$

与第 i 个 L'_i 相应，第 i 个子问题为

$$\max f_i(M_i, X_i)$$

$$\text{s.t.}\begin{cases} Z_i = T_i(M_i, X_i) \\ X_i = \sum_j C_{ij} Z_j \end{cases}, \quad \text{已知}\ Z_i, \quad j = 1,2,\cdots,N \tag{8.28}$$

从迭代角度来看，第一级的任务是对给定的 Z 求 N 个子问题的解。在第二级确定 Z。子系统方程和互联约束是经常满足的，这就是该法被称为现实法的理由。也可以看作是对每一子系统建立模型并进行优化，然后对各子系统的输出进行协调，从而也称为模型协调法。因而需要引进一个迭代的协调器算法。求导数：

$$\frac{\mathrm{d}L}{\mathrm{d}Z} = L_Z^{\mathrm{T}} \tag{8.29}$$

由于要使 L 对 Z 达到最大值，可选择：

$$\mathrm{d}Z = KL_Z, \quad K > 0 \tag{8.30}$$

经离散化后成为

$$Z(t+1) = Z(t) + KL_Z(t) \tag{8.31}$$

它是典型协调的梯度型算法。

至于牛顿型算法，则可写为

$$Z(t+1) = Z(t) - C\left(\frac{\mathrm{d}L_Z}{\mathrm{d}Z}\right)^{-1} L_Z(t), \quad 0 < C < 2 \tag{8.32}$$

在第一级，对每一个子系统 i 所要确定的值是 M_i，X_i，ρ_i 和 μ_i；在第二级，利用梯度法或其他算法进行 Z 的优化；通过多次迭代，直到满足最优条件为止，如图 8.11 所示。由于所有约束在每次迭代中都是满足的，所以每一次的计算结果都能在实时中应用。这是该方法的重要优点之一。

由于子问题存在等式约束，根据方程与变量的维数有以下几种情形。

(1) $m_{M_i} < m_{Z_i}$。在这种情况下，子问题的等式约束是由 m_{Z_i} 个方程、m_{M_i} 个未知数组成。由于方程数多于未知数，为矛盾方程组，所以这种方法无效。为采用现实法，则对于各个子系统来说，控制变量的个数至少等于中间输出量的个数。

(2) $m_{M_i} = m_{Z_i}$。子问题方程式由 m 个方程、m 个未知数组成，它可能没有解，一个解或很多个解。为了能够求解这些方程式，就需要这些方程至少有一个解。这是现实法的一个必要条件。假定该条件得到满足，这样，Z_i 给定，X_i 和 M_i 可由子系统描述方程加以确定，那么在子系统上不再存在优化问题。

(3) $m_{M_i} > m_{Z_i}$。对于第 i 个子问题有 $(m_{X_i} + m_{Z_i})$ 个等式约束和 $(m_{X_i} + m_{M_i})$ 个独立变量；由于 $m_{M_i} > m_{X_i}$，构成一个优化问题。

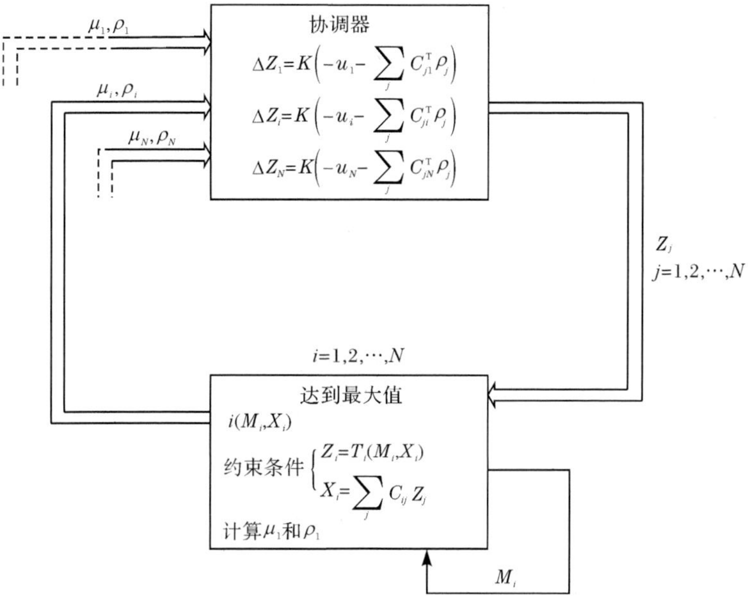

图 8.11　现实法的算法结构

3. 混合法

将非现实法和现实法相结合，在第二级取 ρ 和 Z 为协调变量，给定协调变量后送给第一级；第一级则以 X_i 和 μ_i 为反馈变量，其信息传递关系如图 8.12 所示。

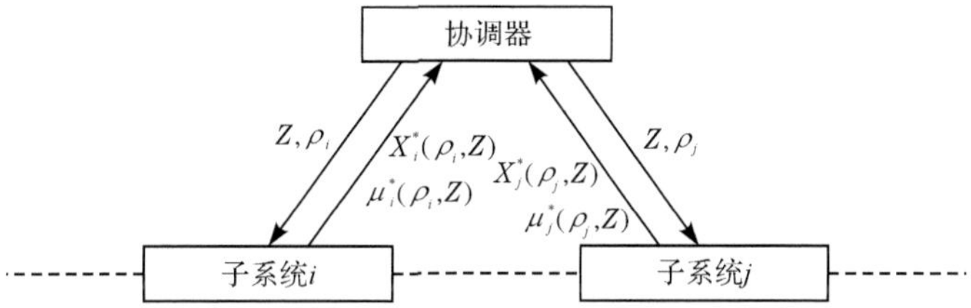

图 8.12　在混合法中的信息传递

在给定 ρ 和 Z 后，第一级子问题可写为

$$\max\left[f_i(X_i,M_i)+\rho_i^{\mathrm{T}}X_i-\sum_{j=1}^{N}\rho_i^{\mathrm{T}}C_{ij}Z_j\right]$$
$$\text{s. t. } Z_i=T_i(X_i,M_i) \tag{8.33}$$

因为 $-\sum\limits_{j=1}^{N}\rho_i^{\mathrm{T}}C_{ij}Z_j$ 为常数，所以其在目标函数中不起作用。在这种情况中，两种协调变量都被用到了。

相应的子问题拉格朗日函数可写为

$$L=\sum_{i=1}^{N}L_i''=\sum_{i=1}^{N}\left[f_i(X_i,M_i)+\rho_i^{\mathrm{T}}(X_i-\sum_{j=1}^{N}C_{ij}Z_j)+\mu_i^{\mathrm{T}}(T_i-Z_i)\right] \tag{8.34}$$

该法与前面两种方法类似，都是要寻找一个鞍点，可以采用梯度协调算法，如图 8.13 所示。

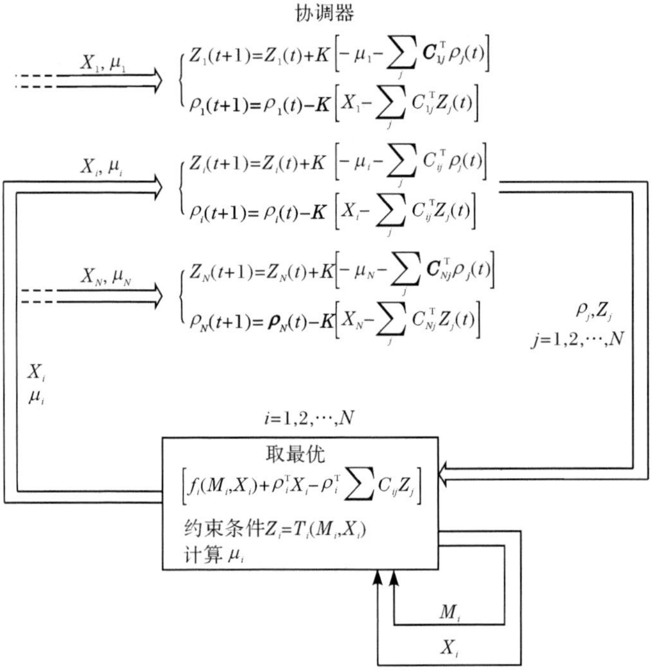

图 8.13　混合法的算法结构

$$\frac{\mathrm{d}\rho}{\mathrm{d}t}=-L_\rho \qquad \frac{\mathrm{d}Z}{\mathrm{d}t}=L_Z \tag{8.35}$$

$$\begin{aligned}\rho(t+1)&=\rho(t)-KL_\rho\\ Z(t+1)&=Z(t)+KL_Z\end{aligned},\quad K>0 \tag{8.36}$$

另外，也可用牛顿算法来求解这两个向量方程：

$$L_\rho=0 \qquad L_Z=0 \tag{8.37}$$

即

$$W(t+1)=W(t)-C\left[\frac{\mathrm{d}L_W}{\mathrm{d}W}\right]^{-1}L_W \tag{8.38}$$

$$W=\left[\frac{Z}{\rho}\right],\quad 0<C<2$$

对每一子问题，约束条件有可行解，要求 $m_{X_i}+m_{M_i}\geqslant m_{Z_i}$，这比现实法的适用条件较为宽松。

4. 方法的比较

为了便于比较，三种方法的主要特点见表 8.1。可以看出经常使用的是非现实法，但也要付出一定的代价，即要去求解更多的复杂子问题。现实法只有在某些条件下才能使用，但它使问题简化并易于实现。混合法是前两种技术的一个合成方法，由于它仅要求 $m_{X_i}+m_{M_i}\geqslant m_{Z_i}$，因此比现实法有着更广阔的应用领域；另外，虽然稍微增加了协调任务，但该法简化了每个子问题的求解。这种方法使优化任务在各级之间得到了较好的分配。

目前还没有把系统划分成子系统的比较完善的规则，上面的特点可作为分解系统时的参考，即如果要用现实法使互联约束在每次迭代时都能得到满足，系统分解应满足 $m_{Z_i}\leqslant m_{M_i}$；非现实法或混合法允许对系统分解有较大的选择余地，从而可以较充分地考虑系统的各种物理特性。事实上，系统的分解和多级优化不应该完全独立地进行，而应该互相补充来考虑所研究系统的各种特性。

8.2.3　非线性耦合的推广

耦合约束具有如下形式：

$$X_i=H_i(Z_1,\cdots,Z_N) \tag{8.39}$$

拉格朗日函数可写为

$$L=\sum_{i=1}^{N}f_i(M_i,X_i)+\sum_{i=1}^{N}\mu_i^{\mathrm{T}}(T_i-Z_i)+\sum_{i=1}^{N}\rho_i^{\mathrm{T}}[X_i-H_i(Z_i,\cdots,Z_N)] \tag{8.40}$$

非现实法对于给定的 ρ_j，要将式(8.40)进行分解，这就要求 H_i 有下列形式：

$$H_i(Z_1,\cdots,Z_N)=\sum_{j=1}^{N}g_{ij}(Z_j) \tag{8.41}$$

现实法对于给定的 Z，对子系统进行分解，关于耦合方程没有附加条件。

混合法在较低一级上，对于给定的 ρ 和 Z 进行分析，关于耦合方程没有附加条件。

表 8.1 非现实法、现实法、混合法的比较

非现实法	在 m_{X_i}, m_{M_i}, m_{Z_i} 上没有条件
现实法	如果 $m_{M_i} < m_{Z_i}$，该法不能用 如果 $m_{M_i} = m_{Z_i}$，在较低一级上没有优化问题，要求 $Z_i = T_i(M_i, X_i)$ 对已知 Z_i，X_i 至少有一个解 M_i，要求解有 m 个变量的一个非线性方程组，并计算 μ_i 和 β_i 如果 $m_{M_i} > m_{Z_i}$，则子问题是一个优化问题，该法是可行的
混合法	如果 $m_{X_i} + m_{M_i} < m_{Z_i}$，该法不能用 如果 $m_{X_i} + m_{M_i} = m_{Z_i}$，局部优化是不可能的。要求 $Z_i = T_i(X_i, M_i)$ 对已知的 Z_i 至少应该有一个解 如果 $m_{X_i} + m_{M_i} > m_{Z_i}$，则子问题是一个优化问题

8.3 水资源优化配置大系统递阶结构

大流域的水资源优化配置是一个复杂的大系统，不仅考虑水资源中水的各个要素，诸如把水质与水量、地表水与地下水等看做是相互作用、相互依赖的组成部分，组成水资源系统，而且把水资源系统和社会系统、生态系统、人口系统密切联系起来，共同组成具有特定功能的有机整体。

如今各大流域生态环境恶化严重，为了保证流域的水资源可持续利用，必须保护流域的生态环境，从而使流域的生态需水量以约束条件反映，必须得到满足。目标函数则转化为单目标优化问题，目标是高效利用流域有限的水资源，使得全流域由水资源利用创造的经济效益最大。本节由于划分的子流域较多，在优化过程中尽可能使用优化速度快的方法，以提高优化配置速度。

8.3.1 水资源优化配置模型分析

1. 多目标关系分析

在不破坏生态环境的基础上进行流域的水资源优化配置必须首先满足流域的生态需水。生态需水包括河道内和河道外生态需水两部分。河道内生态需水是满足河道或湖泊等天然水体通航、排沙、水生动植物繁衍、景观等要求的最低需水量。因此河道内的生态需水量可以以约束条件反映，必须得到满足。

为保证社会的稳定与发展，生活、河道防凌等用水要优先予以满足，而其他的产业及发电之间的需水量可以进行适当协调。

2. 约束关系分析

为了在优化过程中满足供水、防凌、灌溉及河道内用水的要求，利用罚函数原理将有关约束项引入目标函数中，形成目标函数中的惩罚项。事实上在干流河道水量分配计算中，供水的水量已引走，已得到满足。通过第 4 章建立的基于“天然-人工”双拓扑结构的分布式水资源模拟模型可以很好地反映流域水量平衡约束。从而只要在目标函数中增加关于控制断面下泄流量的惩罚项，就可以反映河道生态用水及防凌的约束。

惩罚项采用外点法，在不满足约束处给定很大的惩罚，使其逐渐向可行域靠近，当约束条件满足时，惩罚项为 0，不影响目标函数值。

为此构造如下形式的惩罚项：

$$F_P = \pm \sum_{j,t} A_j \left(a \left\{ \max[0, R_j(t) - R_{\max,j}(t)] \right\}^b + a \left\{ \min[0, R_j(t) - R_{\min,j}(t)] \right\}^b \right) \tag{8.42}$$

式中，A_j 为断面约束要求满足的强度系数，用于处理不同的断面约束间矛盾的情形，当出现矛盾时，需优先满足的断面赋以较大的系数；$R_j(t)$ 为断面 t 时刻的下泄流量；$R_{\max,j}(t)$ 为断面 t 时刻的最大下泄流量；$R_{\min,j}(t)$ 为断面 t 时刻的最小下泄流量；a,b 为罚系数，在逼近过程中，a 逐渐增大，b 取偶次方。

由式(8.42)可见，若断面下泄流量大于允许值，则 $R_j(t) - R_{\max,j}(t) > 0$，与 0 比较取最大值，从而惩罚项第一项为正，对不满足约束式的解予以惩罚；若断面下泄流量小于允许值，结论恰好相反。惩罚项的正负号取决于目标函数是求极小值还是极大值：求极小值取正号，求极大值取负号。

8.3.2 各层目标函数的选取

1. 第一层目标函数的选取

第一层选取的目标函数为

$$B = \max\left\{ \sum_{i=1}^{I} \sum_{t=1}^{T} P_{E_i} \bar{K} \Delta V_i(t) \bar{h}[V_i(t)] + \sum_{n=1}^{N} \sum_{t=1}^{T} Q_n(t) B_n(t) \right\} + F_P \tag{8.43}$$

式中，I 为全流域产生发电效益且调节时段大于优化时段的水库总数；T 为优化的总时段数；$\sum_{i=1}^{I} \sum_{t=1}^{T} P_{E_i} \bar{K} \Delta V_i(t) \bar{h}[V_i(t)]$ 为水库全年总的发电效益；$Q_n(t)$ 为全流域下设的 n 子流域 t 时段的总用水量；$B_n(t)$ 为全流域下设的 n 子流域 t 时段的单方水净效益；N 为全流域下设的子流域总数。

2. 第二层各子系统目标函数的选取

第二层各子系统的目标函数为

$$B_n = \max\{\sum_{i=1}^{I_n}\sum_{t=1}^{T_n} P_{E_i}\bar{K}\Delta V_i(t)\bar{h}[V_i(t)] + \sum_{j=1}^{J_n}\sum_{t=1}^{T_n} Q_{nj}(t)B_{nj}(t)\} + F_P \tag{8.44}$$

式中，I_n 为 n 子流域内产生发电效益且调节时段大于优化时段的水库个数；T_n 为优化的时段数；$Q_{nj}(t)$ 为 n 子流域下设的 j 子区 t 时段的总用水量；$B_{nj}(t)$ 为 n 子流域下设的 j 子区 t 时段的单方水净效益；J_n 为 n 子流域下设的子区总数。

3. 第三层各子系统目标函数的选取

第三层各子系统的优化问题为

$$B_{nj} = \max\sum_{l=1}^{L_{nj}}\sum_{t=1}^{T_{nj}} \alpha_{njl} B_{njl}[W_{njl}(t)] \tag{8.45}$$

式中，B_{nj} 为 n 子流域 j 子区全年的综合效益；L_{nj} 为 n 子流域 j 子区内的用水部门数；T_{nj} 为优化时段；α_{njl} 为 n 子流域 j 子区用水部门 l 的权重系数，α_{njl} 选取不同的值则表示对经济发展的不同侧重；$W_{njl}(t)$ 为 n 子流域 j 子区 l 部门 t 时段的供水量；$B_{njl}[W_{njl}(t)]$ 为 n 子流域 j 子区 l 部门 t 时段供给 $W_{njl}(t)$ 水量所产生的净效益。

$$Q_{nj}(t) = \sum_{l=1}^{L} W_{jl}(t) \tag{8.46}$$

$$B_{nj}(t) = \frac{B}{Q_{nj}(t)} \tag{8.47}$$

式中，$Q_{nj}(t)$为第 n 个子流域第 j 子区 t 时段的总用水量；$B_{nj}(t)$为第 n 个子流域第 j 子区 t 时段的单方水效益；L 为 j 子区的用水部门数；$W_{jl}(t)$为 j 子区 t 时段的 l 用水部门的用水量。

各子系统为多水源输入、单水源输出的线性优化问题。由于不同水源的成本价不同，在计算各用水部门使用不同水源产生的净效益时，不同用水部门使用不同水源按相应的水价计算成本。

8.4 协调步骤

8.4.1 空间分解法分解协调

由于流域内划分的子流域较多，为了避免维数灾，根据实际系统结构和数学模型的形式，把整体系统优化问题进行分解，形成便于优化的递阶结构。

将流域划分为三层，第一层和第二层对系统进行时间和空间上的优化，第三层对子系统内部用水部门的用水量进行优化。

每个子流域为一个子系统,各子系统之间通过子流域的出流量进行联系。具有调节能力的水库等水利工程概化为节点,各子系统根据发展规划不同,可采用不同的优化目标。通过各人工节点的控制运用,可以调节下游河道的流量过程,进而影响供水、灌溉、发电等效益值。

为了达到整体大系统的最优化,防止黄河下游断流,既要考虑各子系统的综合利用,还要考虑水库电站的发电效益,通过各子系统与第一级、第二级的迭代运算,以实现整体系统的最优。全流域的大系统递阶结构如图 8.14 所示。

1. 第一层与第二层之间的协调步骤

以第二层分为两个子区为例,描述第一层与第二层之间的协调步骤如下:

(1) 给定上游子系统初始出流量过程 Q_T^0。

(2) 以 Q_T^0 作为上游子系统出流断面的河道流量约束,对上游子系统进行水资源优化配置,计算其目标函数。

(3) 以 Q_T^0 为输入条件进行下游子系统水资源优化配置,并计算其目标函数。

(4)取 $Q_T^1=Q_T^0\pm\Delta(S_2^0)$,$\Delta(S_2^0)$与调度时段数、时段长及单位有关,以 Q_T^1 作为子系统出流量约束,再次进行上游子系统的调度计算,分别优化配置两子系统,计算目标函数,取三者中目标函数最小者为 Q_T^0。

(5) 如果选取的流量过程与原拟订的流量过程相同,则根据精度要求将 $\Delta(S_2^0)$减半返回(1)再次优化,否则优化过程结束。如果不同,则不改变 $\Delta(S_2^0)$返回(4)再次寻优。

2. 第二层与第三层之间的协调步骤

第二层与第三层之间的协调步骤如下:

(1) 给定初始各子区的单方水效益值。

(2) 将第二层子区内涉及的水库的多年平均调度线作为水库调度的初始调度线。

(3) 将水库分为两级:第一级是其调控水量对整个流域都有影响的全流域级水库。第二级为仅对子流域有影响的子流域级水库。首先对第二级水库的供水量进行优化调度,再对第二层子区内的第一级水库采用逐库轮流迭代法进行优化。确定第三层各子区每个时段的可供水量,传递到第三层各子流域。

(4) 将第二层传递下来的第三层各子流域的可供水量在第三层的每个子区内分别进行配置,并求得各子区新一轮的单方水效益值。

(5) 判断前后两次的单方水效益之差是否满足精度指标。若满足,则转步骤(6),否则转步骤(3)。

(6) 判断计算结果是否满意,若满意,停止计算,输出结果,否则转步骤(1)。

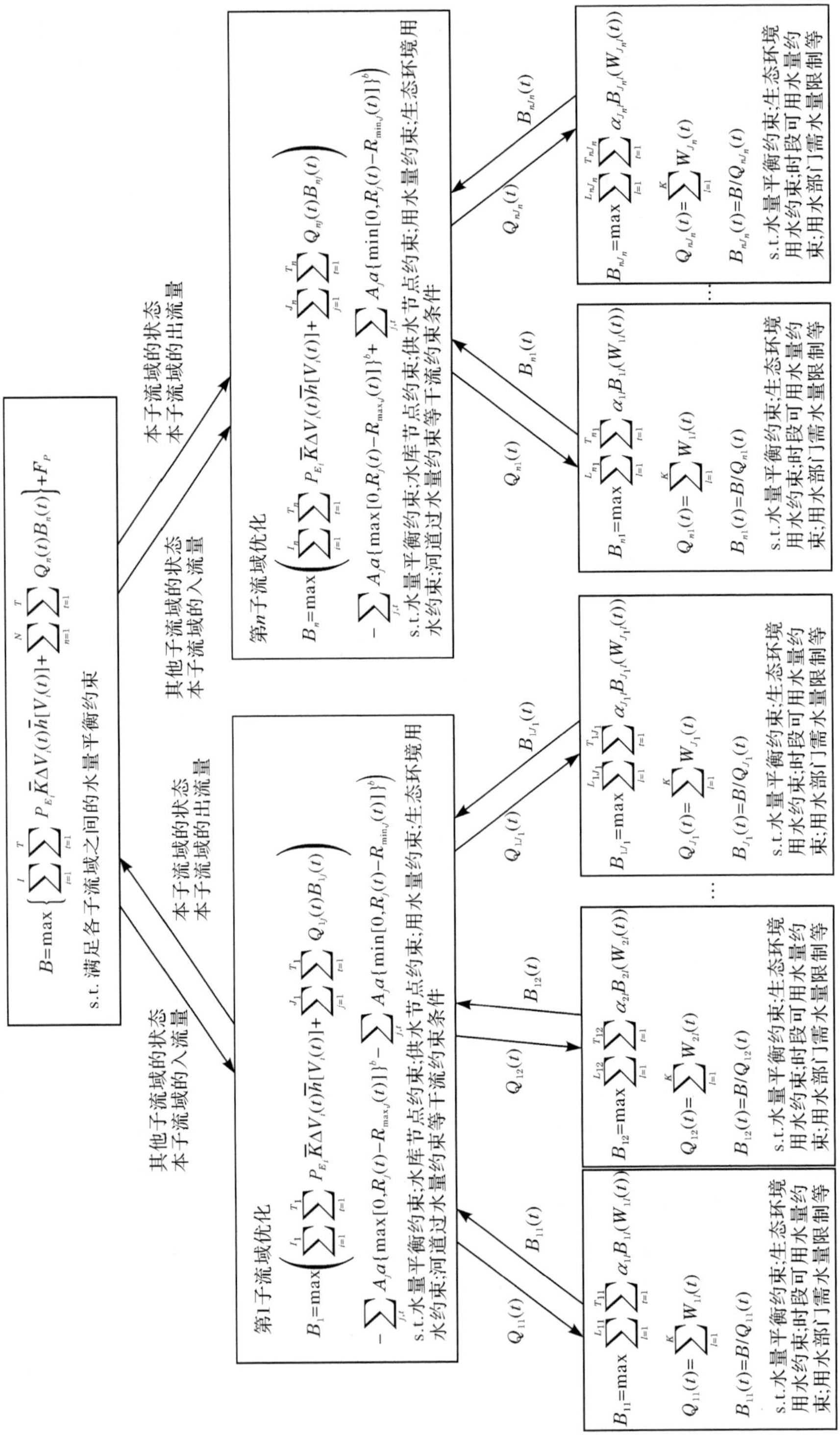

图 8.14　水资源优化配置模型混合法大流域分解协调

8.4.2 混合法分解协调

对于水资源配置模型，约束条件有等式约束及不等式约束两种。对于约束条件为等式约束的引入拉格朗日乘子，对于不等式约束引入 Kuhn-Tucker 乘子，如果将系统分为两个子系统，则不考虑子系统本身所含有的一些不等式约束构建拉格朗日函数：

$$\begin{aligned}
L =& \sum_t \sum_n \sum_m B_l(W_l(t)) \\
&- \sum_t A_j(t)(a\{\max[0, R_j(t) - R_{\max,j}(t)]\}^b \\
&+ a\{\min[0, R_j(t) - R_{\min,j}(t)]\}^b) + \sum_t \sum_{i=1}^{I} N_i(t) \\
&+ \sum_t \lambda(t)\left\{Y_k(t+1) - \sum_{j=1}^{M}\left[\frac{\tau}{\Delta t}R_{k-1,j}(t+1) + \frac{\Delta t - \tau}{\Delta t}R_{k-1,j}(t)\right]\right\} \\
&+ \sum_t r(t)\left[\sum_{i=1}^{I} N_i(t) - P(t)\right]
\end{aligned} \tag{8.48}$$

式中，$N_i(t)$为第 i 个水库的发电量；I 为总的水库数；k 为第一个子系统最后的等流时带编号；$Y_k(t+1)$为第二个子系统所在等流时带的入流量；$\lambda(t)$为拉格朗日乘子；$r(t)$为 Kuhn-Tucker 乘子；n 为等流时带数量；m 为子流域内用户数；l 为用水部门序号；W_l 为第 l 部门的净供水量；$B_l(W_l)$为供给其他部门中第 l 部门的净供水量所产生的年净效益；r 为总的河段数。由于上述函数是加性可分离的，可以将上述函数改写为两个子拉格朗日函数。

$$\begin{aligned}
L =& \sum_{n=1}^{k} \sum_m \sum_l B_l(W_l(t)) - \sum_{j=1}^{s} \sum_t A_j(t)(a\{\max[0, R_j(t) - R_{\max,j}(t)]\}^b \\
&+ a\{\min[0, R_j(t) - R_{\min,j}(t)]\}^b) \\
&+ \sum_t \sum_{i=1}^{I} N_i(t) + \sum_t Y_k(t+1) + \sum_t r(t) \sum_{i=1}^{d} N_i(t) - \sum_t r(t)P(t) \\
&+ \sum_{n=k+1}^{n} \sum_m \sum_l B_l(W_l(t)) - \sum_{j=s+1}^{r} \sum_t A_j(t)(a\{\max[0, R_j(t) - R_{\max,j}(t)]\}^b \\
&+ a\{\min[0, R_j(t) - R_{\min,j}(t)]\}^b) \\
&- \sum_t \lambda(t) \sum_{j=1}^{M}\left[\frac{\tau}{\Delta t}R_{k-1,j}(t+1) + \frac{\Delta t - \tau}{\Delta t}R_{k-1,j}(t)\right] + \sum_t r(t) \sum_{i=d+1}^{I} N_i(t)
\end{aligned} \tag{8.49}$$

每一个子拉格朗日函数对应一个子问题，从而将整个系统分解为两个子问题。该问题使用混合法求解，选择与耦合约束相应的拉格朗日乘子及 Kuhn-

Tucker 乘子作为协调变量,同时把 $Y_k(t+1)$ 作为协调变量。

对于协调级有

$$\frac{\partial L}{\partial \lambda(t)} = Y_k(t+1) - \sum_{j=1}^{M}\left[\frac{\tau}{\Delta t}R_{k-1,j}(t+1) + \frac{\Delta t - \tau}{\Delta t}R_{k-1,j}(t)\right] = 0 \tag{8.50}$$

$$\frac{\partial L}{\partial Y_k(t+1)} = \lambda(t) + [1 + r(t)]\frac{\partial N_i(t)}{\partial Y_k(t+1)} = 0 \tag{8.51}$$

$$\frac{\partial L}{\partial r(t)} = \sum_{i=1}^{I} N_i(t) - P(t) \tag{8.52}$$

由此得到第二级协调器简单的迭代公式:

$$Y_k^{l+1}(t+1) = \sum_{j=1}^{M}\left[\frac{\tau}{\Delta t}R_{k-1,j}(t+1) + \frac{\Delta t - \tau}{\Delta t}R_{k-1,j}(t)\right] \tag{8.53}$$

$$\lambda^{l+1}(t) = -[1 + r^{l+1}(t)]\frac{\partial N_i(t)}{\partial Y_k(t+1)} \tag{8.54}$$

$$r^{l+1}(t) = \max[0, r^l(t)] + RK\left[P(t) - \sum_{i=1}^{I} N_i(t)\right] \tag{8.55}$$

式中,等式左边为 $l+1$ 次新的渐近解,右边未标明者为 l 次迭代值。

8.5 本章小结

本章使用大系统分解协调理论求解流域水资源优化配置模型。首先简单介绍了大系统分解协调方法,常用的有非现实法、现实法和混合法。

建立了水资源优化配置大系统递阶结构,使其在满足人类生存最基本的水量需求和不破坏生态环境的基础上,尽可能实现有限的流域水资源在各部门之间得到最充分、最合理的使用。

使用两种方法求解了水资源优化配置模型。首先使用的是空间解析法,将流域按地理位置划分为不同的子流域,其后又使用混合法对模型进行了推导求解。将全流域分为三层:第一层主要对全流域的供水进行优化;第二层主要优化配置人工控制节点的出流及各子流域的供水量;第三层主要优化配置各子流域内部的水量分配。通过这三层的协调优化以实现全流域的水资源优化配置及预定的目标。

第9章　实例研究

黄河是我国第二大河，以丰富的水资源为沿黄地区的工农业生产、社会发展、人民生活做出了巨大贡献，孕育了东方文明。黄河流域人口众多，资源丰富，多属干旱、半干旱地区，因而加重了沿黄地区经济、社会发展对黄河水资源的依赖性。一方面，由于自然、人为因素的影响，黄河径流量逐渐减少，甚至出现了断流；另一方面，随着沿黄地区经济、社会的发展，需水量逐渐增加，加剧了水资源的供需矛盾。因此，如何优化用水结构，合理利用水资源，缓解断流、保持黄河水资源的永续利用，优化生态环境是我们现在面临的一个重要问题。

本章以黄河流域为例，建立了黄河流域基于"天然-人工"双拓扑结构的数字水系，并在此基础上建立了具有"天然-人工"双拓扑结构的分布式水资源模拟模型。经验证，该分布式水资源模拟模型的模拟结果与实测资料接近，接近真实地反映黄河流域的"天然-人工"双驱动因素下的水循环过程。最后建立了黄河流域水资源优化配置模型。以2000年、2020年和2050年三个水平年的地区经济发展趋势与水资源需求进行预测研究。最终采用大系统分解协调算法对实例进行了求解，证明该方法的可行性及实用性。

9.1　流域概况

9.1.1　自然地理

黄河发源于青藏高原巴颜喀拉山北麓的约古宗列盆地，自西向东，流经青海、四川、甘肃、宁夏、内蒙古、陕西、山西、河南、山东等九省（自治区），在山东垦利注入渤海。全流域位于95°53′E～119°05′E，32°10′N～41°50′N，东西长1900km，南北宽约1100km。黄河干流河道全长5464km，流域面积为75.28万km^2，把鄂尔多斯内流区面积包括在内则为79.50万km^2。

黄河河源至内蒙古河口镇（托克托）河段称为上游（河段长3472km，不含内流区集水面积38.61万km^2），河口镇至河南省桃花峪河段称为中游（河段长1206km，集水面积34.41万km^2），桃花峪以下河段称为下游（河段长786km，集水面积2.26万km^2）。

9.1.2　地形地貌

黄河流域地势西部高，东部低，由西向东逐级下降，可分为三个巨大的地形阶梯。

第一级阶梯是西部的青海高原，平均海拔 4000m 以上，其南部的巴颜喀拉山脉构成与长江的分水岭。祁连山横亘北缘，形成青海高原与内蒙古高原的分界。阶梯的东部边缘北起祁连山东端，向南经临夏、临潭沿洮河，经岷县直达岷山。主峰高达 6282m 的阿尼玛卿山耸立中部，是黄河流域最高点。山顶终年积雪。呈西北—东南方向分布的积石山与岷山相抵，使黄河绕流而行，形成 S 形大弯道。

第二级阶梯大致以太行山为东界，海拔 1000～2000m，包含河套平原、鄂尔多斯高原、黄土高原和渭汾盆地等较大的地貌单元。这一带历来是我国各民族繁衍生息所在，许多复杂的气象、水文、泥沙现象出现在这一地带，也是黄河流域水旱灾害的主要发生地。

第三级阶梯从太行山脉以东至海滨，由黄河下游冲积平原和鲁中山地丘陵组成。黄河下游冲积平原自沁河口一带冲积扇的顶部海拔 100m 左右。黄河大堤将平原分为南北两部分，大堤以北为海河流域，以南为淮河流域。鲁中山地丘陵由泰山、鲁山和蒙山组成，一般海拔为 200～500m，丘陵浑圆，河谷宽广，少数山地海拔 1000m 以上。

9.1.3 土壤植被

1. 土壤

黄河流域土壤由东南向西北依次分布有棕壤土、褐色土、灰褐土、灰钙土、栗钙土、棕钙土、漠钙土等。棕壤土分布在泰山、秦岭、六盘山、吕梁山等山地；褐色土分布在东南部的森林草原地带，包括陕西中部、甘肃南部和山西大部分地区；灰褐土分布于陕西北部和甘肃中部的草原地带；灰钙土分布于固原、兰州的干草原地带；栗钙土和棕钙土分布于鄂尔多斯高原边缘的干草原地区，土层较薄且多沙；漠钙土分布于鄂尔多斯高原中部，属荒漠草原地带。

黄河流域土壤除具有上述地带性分布规律外，还有由各种因素造成的多种隐域性土壤分布。

2. 植被

黄河流域自然植被的地区分布受海洋季风影响，自东南向西北出现了森林草原、干草原和荒漠草原三种植被类型地带。

(1) 森林草原地带。大致包括青海高原地区，以及凉城、兴县、离石、延长、志丹、庆阳、平凉、通渭一线以南和以东地区。青海高原除湟水各地分布有温带草原外，绝大部分为高寒草甸丛和高寒草原。黄土高原原始植被已被破坏殆尽。梁峁谷坡皆为次生的白羊草、茭蒿、长芒草草原和铁秆蒿等组成的杂类草草原。黄土高原的石质山地森林较茂密，主要为落叶、阔叶及少量针叶混交林。山顶一般为针叶林。黄土高原中的低山保存着一些次生的落叶阔叶林及少量针叶混交林。

（2）干草原地带。包括阴山山脉河曲、靖边、同心、景泰一线以南，森林草原地带以北。除大青山植被略好，分布有长芒草、冷蒿草外，其余多为抗旱耐寒和生殖力强的草木，散布于沟壑两侧和荒芜崖坡间。

（3）荒漠草原地带。位于干草原地带西北，包括鄂尔多斯高原及河套地区。由于风沙影响，气候干燥，植被稀少，只有少数耐寒、抗旱、耐盐碱的植物。

9.1.4　气候

黄河流域东临海洋，西居内陆，气候差异明显。流域内东南部基本属湿润气候，中部属半干旱气候，西北部属干旱气候。

流域冬季几乎全部在蒙古高压控制下，盛行偏北风，偶有沙暴及少量雨雪；春季蒙古高压逐渐衰退；夏季主要在大陆热低压的范围内，盛行偏南风，水汽含量丰沛，降水量较多；秋季秋高气爽，降水量开始减少。

以东部（济南）、南部（西安）、西部（西宁）、北部（呼和浩特）、中部（延安）为代表，黄河流域内月、年平均气温由南向北、由东向西递减。流域内气温 1 月为最低（代表冬季）、7 月为最高（代表夏季）。黄河流域各代表站气温基本特征统计结果见表 9.1。

流域内日平均气温≥10℃的积温分布，基本由东南向西北递减，最小为河源区，出现日数小于 10 天，积温接近于 0℃；最大为黄河中下游河谷平原地区，出现日数 230 天左右，积温达 4500℃以上。

表 9.1　黄河流域代表站气温统计表

站名	平均气温/℃						年极端最高气温/℃	年极端最低气温/℃
	1月	7月	年	年较差	年最高	年最低		
济南	−1.4	27.4	14.2	28.8	19.4	9.4	42.5	−19.5
西安	−1.0	26.6	13.3	27.6	19.2	8.6	41.7	−20.6
西宁	−8.4	17.2	5.7	25.6	13.5	−0.3	33.5	−26.6
呼和浩特	−13.1	21.9	5.8	35.0	12.8	−0.7	37.3	−32.8
延安	−6.4	22.9	9.4	29.3	17.2	3.5	39.7	−25.4

流域内日平均气温≤−10℃出现日数的分布与积温分布相反，基本由东南向西北递增。最小的为黄河中下游河谷平原地带，最大的为河源区。

年日照时数以青海高原为最高，年日照时数大部分在 3000h 以上；其余地区一般为 2200～2800h。

9.1.5 河流水系

根据基础资料统计，黄河流域有一级支流 111 条，集水面积合计 61.72 万 km^2，总河长 17358km。其中集水面积大于 1 万 km^2 的一级支流有 10 条，集水面积在 0.1 万～1 万 km^2 的一级支流有 84 条，集水面积在 0.1 万 km^2 以下的一级支流有 17 条。黄河流域集水面积大于 1 万 km^2 的一级支流基本特征值见表 9.2。

表 9.2 黄河流域集水面积大于 1 万 km^2 的一级支流基本特征值

河流名称	集水面积/km^2	起点	终点	干流长度/km	平均比降/‰	多年平均径流量/亿 m^3
渭河	134766	甘肃定西马衔山	陕西潼关县港口村入黄河	818.0	1.27	97.44
汾河	39471	山西宁武县东寨镇	山西河津县黄村乡柏底村	693.8	1.11	22.11
湟水	32863	青海海晏县洪呼日尼哈	甘肃永靖县上车村入黄河	373.9	4.16	49.48
无定河	30261	陕西横山县庙畔	陕西清涧县解家沟镇河口村	491.2	1.79	12.82
洮河	25227	甘肃省西倾山	甘肃省	673.1	2.80	48.25
伊洛河	18881	陕西雒南县终南山	河南巩县巴家门入黄河	446.9	1.75	31.45
大黑河	17673	内蒙古卓资县十八台乡	内蒙古托克托县入黄河	235.9	1.42	3.31
清水河	14481	宁夏固原县开城乡	宁夏中宁县泉眼山	320.2	1.49	2.02
沁河	13532	山西沁源县霍山南麓	武陟县南贾汇村入黄河口	485.1	2.16	14.50
祖厉河	10653	甘肃省华家岭	甘肃靖远方家滩入黄河	224.1	1.92	1.53

9.2 资料分析

建立基于"天然-人工"双拓扑结构的分布式水资源模拟模型需要大量的资料，其中包括地理信息、气象资料、水文资料、各种经济类资料。

9.2.1 地理信息

地理信息是分布式水资源模拟模型的技术支持部分，需要的地理信息包括地形、土地利用、植被和土壤分类等。

1. 地形

DEM 资料来自于美国地质勘探局网站，DEM 分辨率为 1∶400 万（1km×1km）。本节采用的 DEM 数据来自于美国地质调查局（United States Geological Survey，USGS）GTOPO30 公共域免费提供的 30″×30″DEM 数据。DEM 数据截取范围为东经 95°～120°，北纬 32°～42°，黄河流域的三维高程图如图 9.1所示。

图 9.1　黄河流域的三维高程图

2. 土地利用及植被

土地利用数据采用美国地质调查局提供的国际地圈生物圈计划(International Geosphere Biosphere Programme,IGBP)图像来获得流域土地覆盖类型数据。本节将几种土地利用类型归为 6 类:水体、林地、草地、农田、裸地和城市,得到黄河流域土地利用类型分布图如图 9.2 所示。

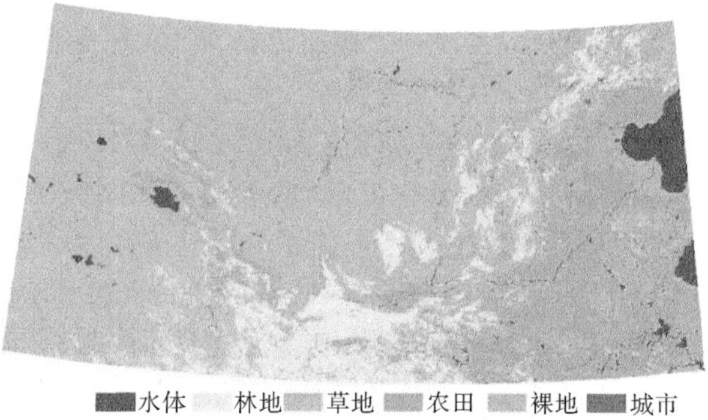

图 9.2　黄河流域土地利用类型图

3. 土壤

土壤分类资料采用联合国粮食及农业组织(Food and Agriculture Organization of the United Nations,FAO)提供的东亚土壤资料,可以提取黄河流域土壤组成分布,如图 9.3 所示。

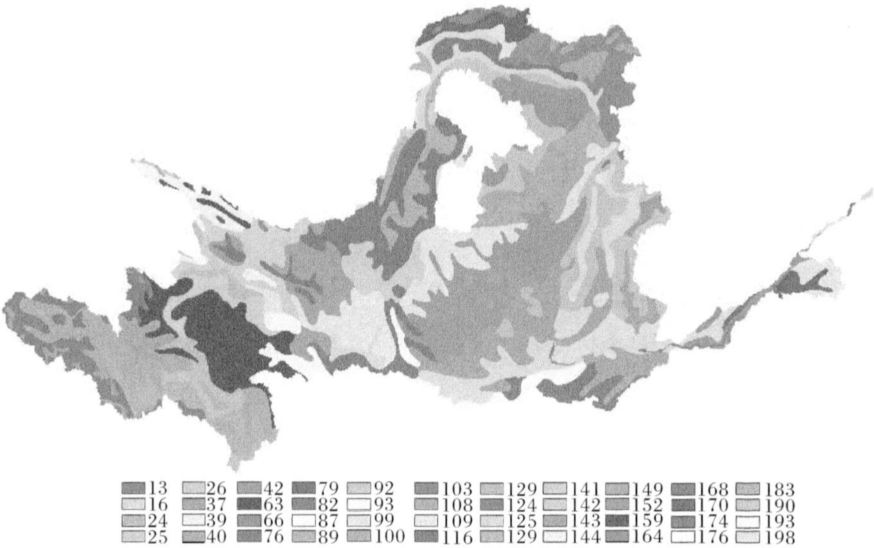

图 9.3　黄河流域土壤组成分布图

9.2.2　气象资料

气象资料源自中国科学院地理科学与资源研究所中国自然资源数据库。多年平均及历年(1961～2000 年)分月和分旬的热量、温度、风等地面气候资料。

分布式水资源模拟模型需要将气候资料空间展布。气温与经纬度、海拔有明显的相关关系。通过对我国 600 多个气象台站 30 多年以来的月平均气温与气象站所在的经纬度和海拔的相关性分析发现,两者的线性相关系数均在0.92以上(最低为 0.92,最高为 0.99,平均为 0.97)。基于这种关系,气温资料栅格化的具体方法是:根据我国 600 多个气象站的气温数据与气象站的经纬度和海拔数据进行多元回归分析并建立回归方程,用该回归方程计算每个栅格的月平均气温,形成结果 1;然后,用通过回归方程计算得到的每个气象站的实际气温值减去气象站的理论气温值得到每个气象站的气温残差,用反距离权重法将气温残差从气象站所在地区扩展到广大的非气象站所在地区,形成结果 2;最后将结果 1 与结果 2 相加得到所需要的结果。

9.2.3　水文资料

黄河流域的水文资料来源于黄河水利委员会水文局,包括降水、流量及水库资料等。

1. 降水

黄河流域降水集中、分布不均、年际变化大。降水自东南向西北逐渐减少，多年平均年降水量最多的地区为秦岭，局部可达900mm以上，年降水量最多的站为泰山顶站，达1108.3mm；年降水量少的地区为内蒙古杭锦后旗、临河一带，在150mm以下，年降水量最少的站为内蒙古杭锦后旗的陕坝，只有138.4mm。降水量分布不均，南北降水量之比大于5，这是我国其他河流所不及的。上游降水强度较小，历时较长，暴雨极少，日降水量很少超过50mm；中下游降水强度较大，历时较短，暴雨较多。陕西、内蒙古交界处的乌审旗，1977年8月1日发生过一次特大暴雨，10h降水1400mm(调查值)，超过世界最高纪录；三门峡至花园口间，1982年7月底至8月初的一次大暴雨，暴雨中心宜阳县石镇24h降水734.3mm，也是黄河流域罕见的大暴雨。

流域冬干春旱，夏秋多雨，其中6～9月降水量占全年的70%左右；盛夏7～8月降水量可占全年降水总量的40%以上。流域降水量的年际变化悬殊，年降水量的最大值与最小值之比为1.7～7.5，变差系数C_v变化在0.15～0.4范围内。

黄河上能够收集到资料的雨量站有1183个，统计后时间序列较完整的有639个(图9.4)。本节日降水量的空间展布采用两种方法，对于雨量站点较少的干流和子流域，如湟水、大通、沁河等，采用泰森多边形法；对于雨量站点较多的渭河、伊洛河等子流域采用距离反比平方法，计算公式为

$$Z(s_0)=\sum_{i=1}^{N}\lambda_i z(s_i) \tag{9.1}$$

$$\lambda_i=\frac{d_i^{-2}}{\sum_{i=1}^{N}d_i^{-2}} \tag{9.2}$$

式中，$Z(s_0)$为待估点s_0处的气象要素值；N为位于待估点周围用来确定待估点气象要素参证站个数，本节N取4；$z(s_i)$为位于s_i处的第i个参证站的气象要素值；λ_i为第i个参证站的权重；d_i为第i个参证站与待估点之间的距离。

2. 流量

收集到的流量站有70多个，整理后采用了26个，其中干流上的流量站为黄河沿、唐乃亥、贵德、循化、小川、兰州、下河沿、石嘴山、头道拐、龙门、潼关、三门峡、小浪底、花园口、高村和利津站。支流上的流量站为民和、享堂、河津、华县、卢氏、长水、东湾、龙门镇、黑石关和武陟。各流量的分布如图9.5所示。

由于资料数据量较大且收集的资料有限，因此使用1995～1998年的资料进行参数率定，1999～2000年的资料进行校核。

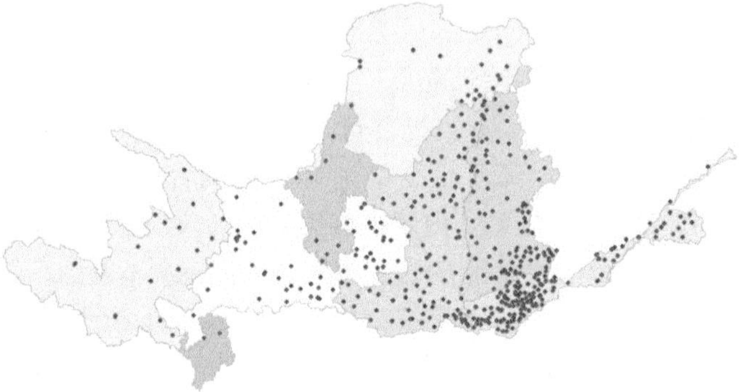

图 9.4　黄河流域雨量站点分布图

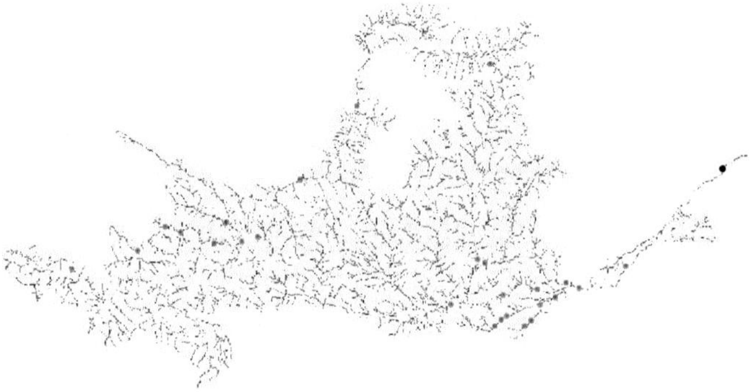

图 9.5　水资源模拟模型中选取的流量站分布图

3. 水库资料

本节建立的水资源模拟模型是水资源调控模型的基础。在调控模型中的优化时段取为旬，因此在水资源模拟模型中只需模拟调节能力在旬以上的水库。经过调查发现，黄河流域调节能力在旬以上的水库有 23 座，见表 9.3。

表 9.3　研究中模拟的水库基本信息

序号	水库名称	所在水系支流名称	所在水系河流名称	序号	水库名称	所在水系支流名称	所在水系河流名称
1	黄河源	黄河	黄河	5	小浪底	黄河	黄河
2	龙羊峡	黄河	黄河	6	黑泉	湟水	宝库河
3	刘家峡	黄河	黄河	7	巴家嘴	泾河	蒲河
4	三门峡	黄河	黄河	8	寺口子	清水河	中河

续表

序号	水库名称	所在水系支流名称	所在水系河流名称	序号	水库名称	所在水系支流名称	所在水系河流名称
9	巴图湾	黄河	无定河	17	金盆	渭河	黑河
10	汾河	黄河	汾河	18	窄口	黄河	宏农涧河
11	文峪河	汾河	文峪河	19	陆浑	洛河	伊河
12	汾河二库	黄河	汾河	20	故县	黄河	洛河
13	石头河	渭河	石头河	21	光明	大汶河	柴汶河
14	冯家山	渭河	千河	22	雪野	大汶河	瀛汶河
15	羊毛湾	渭河	漆水河	23	卧虎山	黄河	玉符河
16	王瑶	杏子河	延河				

9.2.4 宏观经济资料

宏观经济涉及内容很多，包括人口、土地、粮食、工业、交通、环境等许多领域，其发展趋势直接影响黄河水资源的开发利用和水利建设的发展。

黄河流域的经济资料主要取自历年《中国统计年鉴》、中国科学院地理科学与资源研究所中国自然资源数据库，以及黄河水利委员会提供的部分经济资料和未来发展规划等。

1. 人口及用水定额

截至2000年底，黄河流域按第三种口径统计的总人口为10945.67万人，其中城镇人口为3609.00万人，城镇化率为32.78%。黄河流域按第二种口径统计的总人口为10920.06万人，占全国的8.6%左右，其中城镇人口为3111.68万人，非农业人口为2690.55万人，且多集中在县级以上的城镇和工矿区，城市化率达到28.89%，比全国平均城镇化率低8%左右。目前兰州、包头、西安、太原、洛阳等5个城市人口均已超百万人，这些城市也是各省(区)的工业龙头。全流域人口密度为197.41人/km^2，高于全国平均水平。黄河流域人口分布情况见表9.4。

表9.4 2000年黄河流域人口分布

区域	第二种口径人口/万人			第三种口径人口/万人		城镇化率/%	人口密度/(人/km^2)
	总人口	城镇人口	非农业人口	总人口	城镇人口		
青海	435.17	112.30	108.21	437.58	148.14	25.81	28.59
四川	9.62	1.59	1.37	9.22	1.59	16.49	5.66
甘肃	1813.97	354.90	350.95	1788.98	432.12	19.56	126.67
宁夏	551.83	159.23	137.15	548.64	180.39	28.85	107.36

续表

区域	第二种口径人口/万人			第三种口径人口/万人		城镇化率/%	人口密度/(人/km²)
	总人口	城镇人口	非农业人口	总人口	城镇人口		
内蒙古	777.54	377.48	330.13	821.63	436.84	48.55	51.49
陕西	2759.10	722.44	681.77	2730.43	974.42	26.18	206.98
山西	2126.22	687.15	535.57	2149.74	722.54	32.32	218.97
河南	1673.12	400.37	303.77	1686.54	396.63	23.93	462.19
山东	773.49	296.22	241.63	772.90	316.33	38.30	568.74
合计	10920.06	3111.68	2690.55	10945.66	3609.00	28.89	197.41

流域人口分布与当地的气候、地形、水资源和人口密集的城镇等条件密切相关。流域内各地区人口分布不均匀，全流域70%左右的人口集中在龙门以下河段，而龙门以下河段的流域面积仅占全流域面积的32%左右。龙门至三门峡河段，由于气候较温和，雨水条件较好，聚集着4943.27万人，占黄河流域总人口的比例最大，达到45.27%，而土地面积仅占全流域的24.03%，人口密度较大，为258.67人/km²；龙羊峡以上河段属于高寒牧区，人口分布较少，仅占全流域总人口的0.55%，而土地面积却占流域的16.52%，人口密度最小，仅为4.57人/km²。从各省(自治区)分析，陕西、山西两省总人口占全流域总人口的比例较大，分别为25.27%和19.47%；青海、四川、宁夏人口占流域总人口的比例较小，分别为3.99%、0.09%、5.05%。从人口密度角度分析，河南、山东两省人口密度比较大，分别达到462.19人/km²和568.74人/km²；四川、青海、内蒙古三省(自治区)人口密度较小，分别为5.66人/km²、28.59人/km²、51.49人/km²。

中国科学院地理科学与资源研究所中国自然资源数据库提供了1995年及2000年的全国1km×1km人口分布栅格图，与多年的《中国统计年鉴》共同建立了黄河流域人口分布库。未来水平年的人口分布由近年的人口分布建立预测模型进行预测。

人口的用水定额取自《中国统计年鉴》，按行政分区划分各栅格内的人口用水定额，见表9.5。

表9.5　黄河流域各省(自治区)实际城镇生活用水量 [单位：L/(d·人)]

地区		1999年	2000年	2001年	2002年	2003年	2004年
青海	城镇	217	198	195	197	198	199
	农村	114	124	117	112	39	39
四川	城镇	198	195	156	153	155	155
	农村	64	63	81	81	56	55

续表

地区		1999年	2000年	2001年	2002年	2003年	2004年
甘肃	城镇	191	190	191	192	190	193
	农村	55	55	56	57	41	43
宁夏	城镇	167	192	180	180	161	151
	农村	33	43	44	44	25	25
内蒙古	城镇	71	103	115	113	119	134
	农村	121	99	113	117	41	28
陕西	城镇	176	174	147	157	162	178
	农村	57	49	54	54	42	47
山西	城镇	148	142	114	106	99	101
	农村	40	40	44	48	35	35
河南	城镇	175	164	186	186	174	159
	农村	63	66	67	70	45	44
山东	城镇	136	143	145	131	132	132
	农村	55	55	66	67	49	50

2. 工业增加值及万元工业增加值用水量

黄河流域已建成了一批工业基地和新兴城市，为进一步发展流域经济奠定了基础。煤炭、电力、石油和天然气等能源工业，具有显著优势，其中原煤产量占全国的半数以上，石油产量约占全国的1/4，已成为区内最大的工业部门。铅、锌、铝、铜、钼、钨、金等有色金属冶炼工业，以及稀土工业具有较大优势。流域内主要矿产资源与能源资源在空间分布上具有较好的匹配关系，为流域经济发展创造了良好的条件。

截至2000年，黄河流域工业总产值为7566.31亿元，工业增加值为2447.40亿元，工业总产值占全国的9%左右，人均工业产值为6929元，比全国人均高2.4%左右。由于流域内工业分布不均，二级区之间的工业产值和人均产值差别较大。龙羊峡以上河段无大型工业基地，工业产值占流域的比例最小，仅为0.06%，人均工业产值仅为738元；龙门至三门峡河段人口较密集，有太原、西安等大型工业基地，工业产值占流域总产值的比例最大，达38.84%，人均工业产值达到5949元。对人均工业产值进行分析，三门峡至花园口河段人均工业产值最高，达到11335元。从各省(自治区)比较看，四川、青海工业产值分别为0.50亿元、143.49亿元，占流域工业产值的比例较低，分别为0.01%、1.90%；陕西、河南工业产值分别为1630.65亿元、1578.07亿元，占流域工业产值的比例较大，分别为21.55%、20.86%。

2000年黄河流域火(核)电总装机容量为2626.16万kW,龙门至三门峡河段火(核)电装机容量最大,达到1143.02万kW;山西、陕西两省火(核)电装机容量较大,分别为610.54万kW、515.17万kW。

中国科学院地理科学与资源研究所中国自然资源数据库提供了1995年及2000年全国1km×1km工业增加值分布栅格图,与多年的《中国统计年鉴》共同建立了黄河流域工业增加值分布库。未来水平年的工业增加值分布由近年的工业增加值分布建立预测模型进行预测,见表9.6。

表9.6　2000年黄河流域经济情况

区域	GDP /亿元	人均GDP /元	工业产值 /亿元	人均工业产值/元	农业产值 /亿元	工业增加值/亿元	火(核)电装机容量/万kW
青海	194.83	4477	143.49	3297	43.85	40.40	61
四川	3.27	3399	0.50	520	2.36	0.14	0
甘肃	669.34	3690	792.50	4369	178.67	232.86	298
宁夏	265.57	4813	293.94	5327	77.75	93.00	185
内蒙古	690.51	8881	794.76	10221	166.40	294.55	307
陕西	1439.34	5217	1630.65	5910	344.20	490.18	515
山西	1058.28	4977	1390.73	6541	211.81	496.59	611
河南	1073.25	6415	1578.07	9432	287.40	486.76	397
山东	822.05	10628	941.68	12174	173.53	312.91	252
合计	6216.44	5833	7566.32	6421	1485.97	2447.39	2626

万元工业增加值用水量取自《中国水资源公报》,按行政分区划分各栅格内的万元工业增加值用水量,见表9.7。

表9.7　黄河流域各省(自治区)万元工业增加值用水量　(单位:m^3)

年份	青海	四川	甘肃	宁夏	内蒙古	陕西	山西	河南	山东
2000	476	351	540	514	185	230	187	201	117
2001	445	379	469	424	181	208	168	178	100
2002	393	358	432	328	165	180	152	159	79
2003	344	316	362	242	143	156	119	132	54
2004	328	261	276	173	102	117	88	104	36

3. 农业灌区、灌溉定额及灌溉效率

1) 农业灌区

黄河流域是我国农业经济发展最早的地区,至今汾渭盆地和下游平原仍是重要的农业基地,内蒙古引黄灌区是干旱地区建设“绿洲农业”的成功典型。截至2000年底,黄河流域农业总产值达1485.98亿元,农村人均产值为1903元,比全国农村人均水平低38%。龙门至三门峡河段农业产值为577.64亿元,占流域农业总产值的比例最大,达38.87%;龙羊峡以上河段农业产值仅12.69亿元,占流域农业产值的比例最小,仅为0.85%。从各省(自治区)分析,陕西、河南农业产值占流域比例最高,分别达到23.16%和19.34%;四川、青海占流域农业总产值比例较小,分别为0.16%和2.95%。

黄河流域的灌区主要有甘肃景泰抽黄灌区、宁夏引黄灌区、内蒙古黄河灌区、山西汾河灌区、陕西关中灌区、下游引黄灌区等。

甘肃景泰抽黄灌区地跨景泰、古浪两县,设计抽水流量28.56m^3/s,灌溉面积82万亩。宁夏引黄灌区位于宁夏的北部,南界南山台子、牛首山,东邻鄂尔多斯高原,西倚贺兰山及腾格里沙漠,北至石嘴山,地跨11个县(市)。该灌区总面积6573km^2(包括黄河水面和青铜峡水库512km^2),其中耕地面积332万亩,灌溉面积317万亩(包括井灌4万亩),引水能力达800m^3/s以上。内蒙古黄河灌区西起乌兰布和沙漠东缘,东至呼和浩特东郊,北界南山、乌拉山、大青山,南倚鄂尔多斯台地,包括河套、土默川、黄河南岸3个灌区,地跨19个旗(县、区)。土地面积2891万亩,耕地1878万亩,灌溉面积936万亩,该灌区的引水能力近600m^3/s。汾河流域灌区主要集中在晋中、晋南盆地,共有万亩以上灌区62处,分属41个县。陕西关中灌区位于渭河盆地,西起宝鸡,东至潼关,南接秦岭,北至渭北高原,是有名的“八百里秦川”。土地面积3.5万km^2,地跨40个县市,耕地2297万亩,有效灌溉面积1338万亩,引水能力近300m^3/s,水源主要是渭河、泾河及北洛河。黄河下游自桃花峪至入海口,河床高于地面。截至1987年黄河下游共建有引黄涵闸72座、虹吸管52处,直接从黄河提水的扬水站9座,灌溉面积2770万亩。

黄河流域主要作物有小麦、玉米、谷子、棉花、油料、烟叶等,其中小麦、棉花等农产品在全国占有重要地位。流域内主要的农业基地多集中在平原及河谷盆地,广大山丘区的坡耕地粮食单产很低,生产也比较落后,人均粮食产量低于全国平均水平。据统计2000年黄河流域粮食总产量为3530.87万t,人均占有粮食323kg,比2000年全国人均水平400kg低77kg;平均粮食单产197kg/亩。

2) 灌溉定额及灌溉效率

与黄河水资源短缺的严峻事实并存的是,黄河流域用水效率低下,水资源浪费严重。农业灌溉耗水量与农业灌溉发展规模、灌区工程设施及节水措施有关。

因而农业灌溉用水浪费集中表现在输水过程中的损失灌溉过程中的损失及种植结构和产业结构不合理造成的损失。

黄河引黄灌区工程老化失修、设施缺乏配套，渠系输水的有效利用率只有40%～50%，致使输水过程中水资源浪费严重。黄河灌区已有引水工程建设年代较久，其中相当一部分已经运行30年以上，并且后来没有进行过整修；一些大中型灌区，工程建设标准低，渠道衬砌较差，一般衬砌率只有30%左右；工程建设重兴建轻配套，主体工程建成后，配套工程跟不上，例如，有些灌区只有主干输水工程而没有分支工程，甚至有些灌区干渠上的主要建筑物尚不齐全。灌区工程老化失修、设施不配套使灌溉用水"跑、冒、渗、漏"严重，水资源利用率低，宁夏灌区灌溉水利用率不超过0.44，甘肃灌区灌溉水利用率不超过0.49，下游引黄灌区灌溉水利用率只有0.42左右。由于输水工程问题，农业灌溉用水有一半左右损失于渠道输送过程中。按这一比例，2004年农业灌溉消耗的280.3亿m^3黄河水中约有140亿m^3损失于输送过程中的"跑、冒、渗、漏"。

灌溉方式落后导致农业用水浪费。黄河流域的农业灌溉大部分采用大水漫灌、串灌方式，灌溉定额普遍偏高。1990年全黄河平均灌溉定额为8246m^3/hm^2，比先进国家高出很多，例如，欧洲一些国家的灌溉定额只有4000～6000m^3/hm^2。在干旱和半干旱的宁夏、内蒙古灌区，其灌溉定额更高，达到12300～17000m^3/hm^2，为我国半湿润地区的2～3倍，而该地区的农作物缺水量是半湿润区的1.2倍左右，说明宁夏、内蒙古灌区的水利用率很低。更有甚者，银川地区的水稻灌溉定额高达22500～27000m^3/hm^2，卫宁七星渠为22500m^3/hm^2、青铜峡唐徕渠为27000m^3/hm^2。灌溉方式落后导致高耗水量，从而使水分生产率偏低，宁夏引黄灌区水分生产率只有0.62kg/m^3，甘肃引黄灌区水分生产率1.3kg/m^3，与目前黄河流域一些节水灌区1.83～2.02kg/m^3（山东省）相距较大，与发达国家2～2.3kg/m^3的要求则有更大差距。

产业结构和农作物的种植结构不合理也会造成水资源浪费。黄河上游的甘肃、宁夏等省（自治区）农、工业比例不利于节水，长期以来工业产值在GDP中只占35%左右，以农业为主，而农业又是高耗水产业。在农业中，农作物和经济作物的耗水量及产值均不同，即使在农作物的种植中，水稻和小麦的耗水量显著高于优质玉米的耗水量，但是黄河上游的省（自治区）农业种植结构依然保持着传统的高耗水状况。另外，农作物的种植方式也影响着耗水量。

9.3 黄河流域基于"天然-人工"双拓扑结构数字河网的建立

9.3.1 黄河流域数字河网的生成

首先将黄河流域数字地图栅格化，按河道和区域两种不同情况判断出DRLN

覆盖栅格的水流方向。然后修正非 DRLN 覆盖区域的 DEM 值，本节选取振荡因子的方法为：将整个流域按坡度分为不同的等级范围，坡度较大的地区，最大影响半径 R_m 选取的较小；坡度较小的地区，最大影响半径 R_m 取值较大。由于 R_m 在整个流域内是一个变值，则振荡因子的选取也相应变化。选取的标准是当 $R=R_m-1$ 时，令 $P(i,j)$ 等于 2 来调整参数 α。当非 DRLN 区域的 DEM 值修正后，对非 DRLN 覆盖区使用传统的 D8 法确定各栅格的汇流方向。在确定模拟河网的过程中，最小水道给养面积阈值取 50。图 9.6 所示为以此法提取的黄河流域的模拟河网，图 9.7 所示为龙羊峡水库附近的模拟河网放大图。由图可以看出，水库等连续水体可以使用该法提取出来。提取出的模拟河网与 DRLN 吻合程度较高，而且不受 DRLN 河网密度的限制。

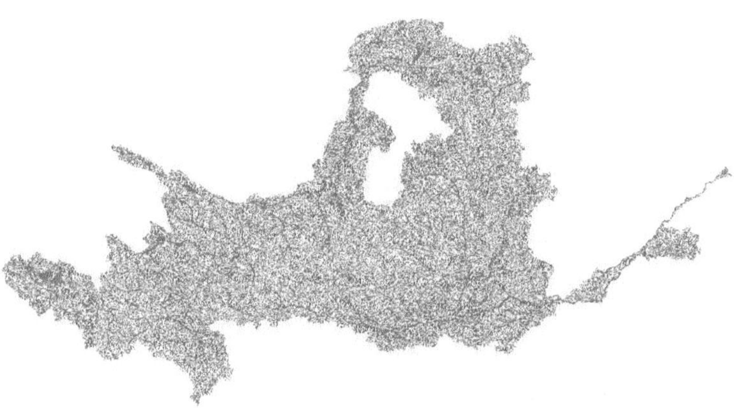

图 9.6 提取出的黄河流域的模拟河网

图 9.7 龙羊峡水库附近的模拟河网放大图

9.3.2 等流时带的划分及参数率定

在黄河流域内部划分子流域时,对于不同的土地利用使用不同的糙率系数。当使用式(3.14)计算每个栅格点的汇流时间时,必须首先率定公式中的参数。有两种方法可以用来率定参数:一是水力学的方法;二是水文学方法中的单位线法。本节使用了水文学的方法。经率定,参数的取值如下:$a=0.128$,$b=0.55$,$n=0.79$。图 9.8 所示为以日为时段的黄河流域等流时带的划分,使用该法整个黄河流域被划分为 42 个等流时带。

基于前面介绍的方法,再由等流时带内部划分子流域。子流域最小集水面积阈值为 100。整个黄河流域被划分为 125 个子流域。

图 9.8　以日为时段的黄河流域等流时带划分

9.3.3 人工影响因素的引入

在本节中考虑的人工影响因素包括蓄水工程、取水工程及输水工程。

本节水资源调控模型的优化时段为旬,仅选取干流上的 4 座有调节能力的水库及伊洛河上的两座水库,作为人工控制节点。干流上四座有调节能力的水库分别为龙羊峡、刘家峡、三门峡和小浪底水库。而支流上有调节能力的水库选取伊洛河上的陆浑和故县水库。另选取干流上的 4 座无调节能力的水库考虑发电效益,分别为盐锅峡、八盘峡、青铜峡及天桥水电站。

对于输水渠道,首先建立数据库,为每条渠道设定 ID,并将每条渠道的参数保存在数据库中,保存内容包括:首结点和尾结点的栅格位置(其中以渠道水流的初始点定为首结点,以渠道水流的结束点为尾结点)、渠系水利用系数、最大过水流量等,并在数据库中记录各人工引水渠道供水类型。计算供水由渠道起始点到终结点所需要的时间。然后根据数据库中首尾结点的位置确定每条渠道流经的栅格的水流方向。

按上述方法,在天然河网上又建立起了一个人工引排水结构,将“天然”及“人工”有机地结合起来,更能准确地表述“天然-人工”双因素影响下的数字河网。

9.3.4 子流域间拓扑关系的建立

由下游出口栅格所在子流域向上游遍历,以树表的形式记录各子流域之间的汇流关系。树根为黄河流域的出口栅格所处子流域。第二级为汇入第一级子流域的各子流域编码。其中−9999表示黄河流域的出口子流域。

对于人工控制点为出口断面控制点的子流域,还需记录控制点的代码。此代码与水库或取输水工程对应,以便在建立分布式水资源模拟模型时控制子流域的出流流量。而对于人工渠道建立的各子流域间的人工影响拓扑关系,则是由人工渠道相连建立汇流关系。

9.4 黄河流域基于“天然-人工”双拓扑结构分布式水资源模拟

应用第4章介绍的方法建立黄河流域基于“天然-人工”双拓扑结构的分布式水资源模拟模型,由于本模型主要是作为水资源配置模型的基础,所以没有模拟短时的洪水过程,模拟时段定为日。

本节应用的是分布式水资源模拟模型,需要率定和优化参数很多,计算复杂、耗时长,因此在对参数进行优化前,已经通过人工试错法进行过率定,而且模型参数的取值范围已经确定,所以本节进行模型参数优化时采用的是运算速度快的Rosenbrock法,采用逐个参数依次优化的方法。

9.4.1 模型参数率定

由于本模型将流域分子流域处理,模型的参数数量很大,但是有些参数是通过土壤、植被等数据建立,所以可以降低率定和优化参数的数量。本节选取1995～1998年的资料用于模型率定,采用Rosenbrock法,以模拟过程线与实测流量过程线拟合程度作为目标函数对参数进行率定和优化。主要优化参数为$T_{0沙}$、$T_{0黏}$、$T_{0壤}$、$SR_{max树林}$、$SR_{max灌木}$、$SR_{max草地}$、$SR_{max不透水}$、m和T_d。

表9.8和表9.9所示为采用Rosenbrock优化方法自动率定、优化的模拟模型参数结果。

表 9.8 部分模型土地利用参数率定结果

$SR_{max树林}$/m	$SR_{max灌木}$/m	$SR_{max草地}$/m	$SR_{max不透水}$/m	T_d	α	β
0.06	0.04	0.02	0.001	1.1	2	1

表 9.9 部分模型土壤参数率定结果

等流时带编号	33～38、11～14	30～32	28～29、9～10	15～27、1～8
$T_{0沙}/(m^2/d)$	752	152	852	372
$T_{0黏}/(m^2/d)$	775	172	875	395
$T_{0壤}/(m^2/d)$	768	188	868	388
m	0.005	0.007	0.005	0.005

在本节中，地表水的汇流时间参数在确定等流时带时已通过水文方法率定，因此在这里没有再率定相关的汇流参数。从参数率定的结果可以看出，参数反映出了流域的产流特征：等流时带 33～38、11～14、28～29、9～10 是黄河流域的主要产流区。

9.4.2 模拟结果及分析

由于流域前期土壤含水量的确定存在一定的难度，而本节是长系列模拟，前期土壤含水量的误差可以在后期的模拟中逐渐被修正，所以假设 1995 年汛期后土壤含水量均达到饱和。1995 年的模拟数据与实测数据之间的误差较大，因此在误差分析的过程中，仅对 1996～1998 年的模拟结果进行分析。另外本节建立的水资源模拟模型是为后续的调控模型服务的，因此在对模拟结果进行分析时主要对水资源量的准确性进行了分析(表 9.10)。

各代表站的参数率定期流量模拟与实测过程如图 9.9～图 9.13 所示，模型验证期流量模拟与实测过程如图 9.14～图 9.18 所示。由模拟结果可见，各干流代表站模拟值与实测值的拟合程度较好。

表 9.10 模型参数率定与验证

站名	模型率定(1996～1998 年)			模型验证(2000 年)		
	实测值/亿 m^3	模拟值/亿 m^3	相对误差/%	实测值/亿 m^3	模拟值/亿 m^3	相对误差/%
循化	439.65	442.46	1	194.82	179.04	−8
兰州	647.58	665.87	3	259.48	251.90	−3
下河沿	601.17	607.19	1	229.35	245.85	7
石嘴山	537.80	512.53	−5	204.40	196.36	−4
龙门	487.73	489.01	0	157.51	151.05	−4
花园口	635.82	640.44	1	165.42	173.50	5

续表

站名	模型率定(1996～1998 年)			模型验证(2000 年)		
	实测值/亿 m^3	模拟值/亿 m^3	相对误差/%	实测值/亿 m^3	模拟值/亿 m^3	相对误差/%
高村	518.70	511.54	−1	136.86	136.11	−1
利津	283.29	300.69	6	48.89	50.55	3

注:相对误差=(模拟值−实测值)/实测值×100%。

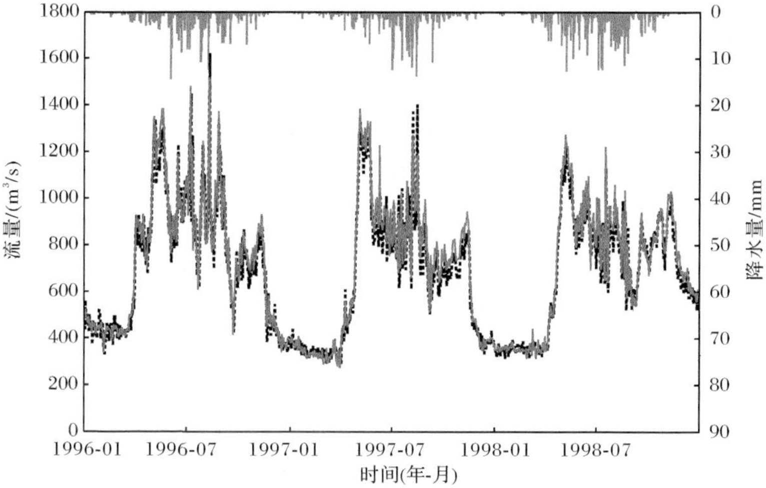

图 9.9　1996～1998 年兰州站日流量过程逐日模拟图

降水量　实测量　模拟值

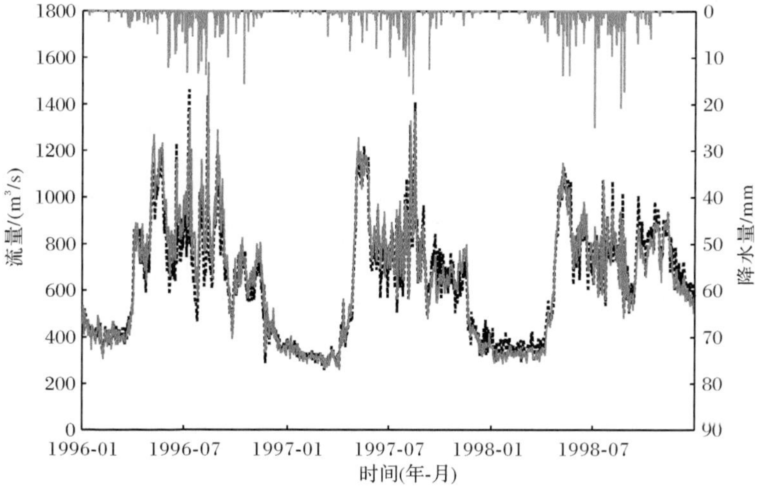

图 9.10　1996～1998 年下河沿站日流量过程逐日模拟图

降水量　实测量　模拟值

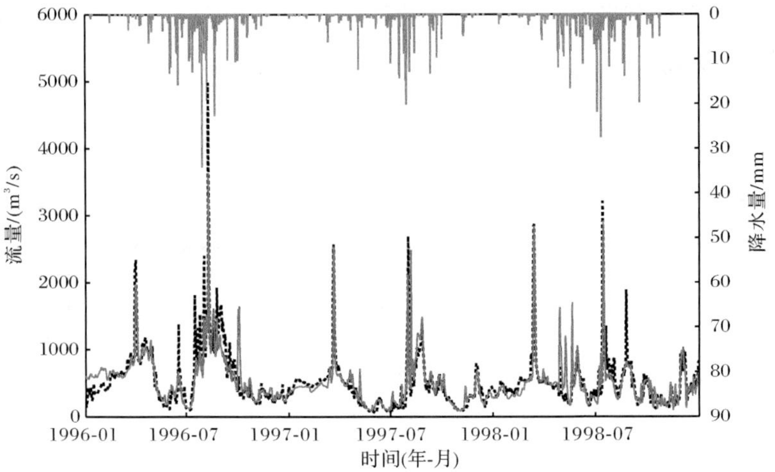

图 9.11　1996～1998 年龙门站日流量过程逐日模拟图

——降水量　------实测量　——模拟值

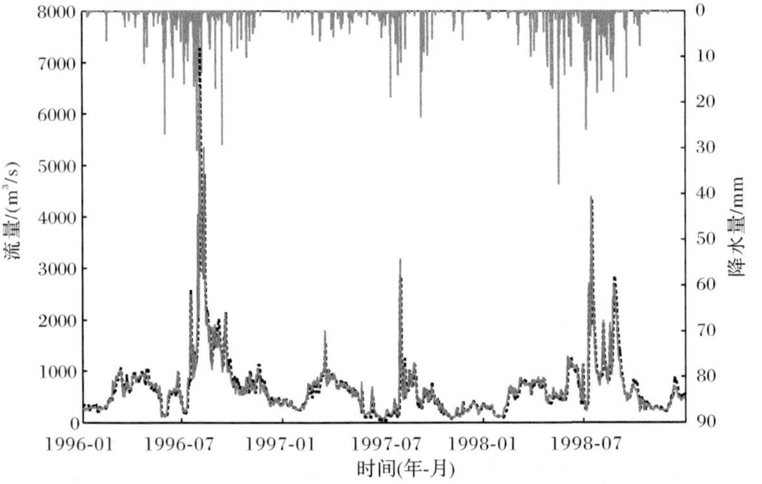

图 9.12　1996～1998 年花园口站日流量过程逐日模拟图

——降水量　------实测量　——模拟值

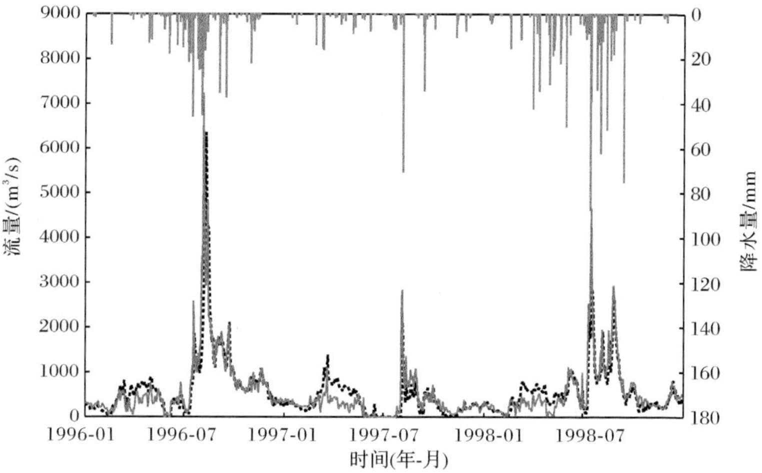

图 9.13 1996～1998 年高村站日流量过程逐日模拟图

降水量 实测量 模拟值

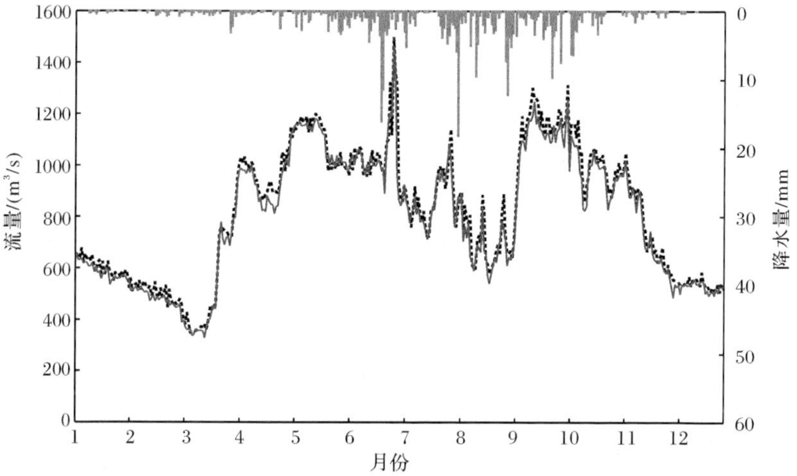

图 9.14 2000 年兰州站日流量过程逐日模拟图

降水量 实测量 模拟值

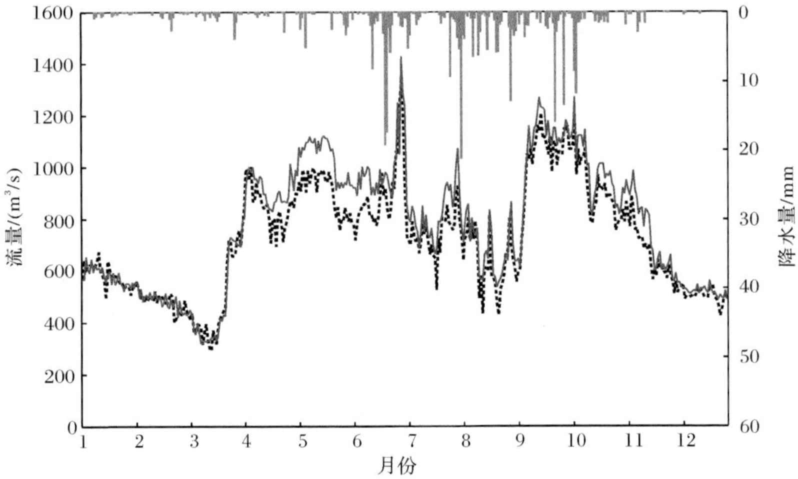

图 9.15　2000 年下河沿日流量过程逐日模拟图

降水量　实测量　模拟值

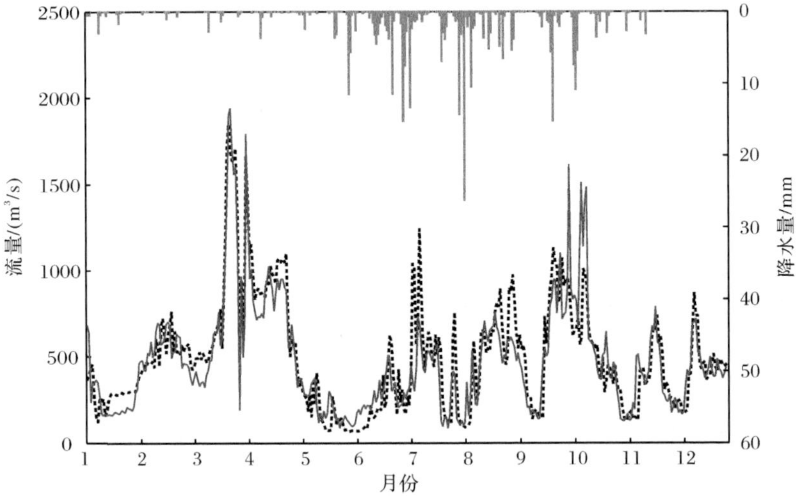

图 9.16　2000 年龙门站日流量过程逐日模拟图

降水量　实测量　模拟值

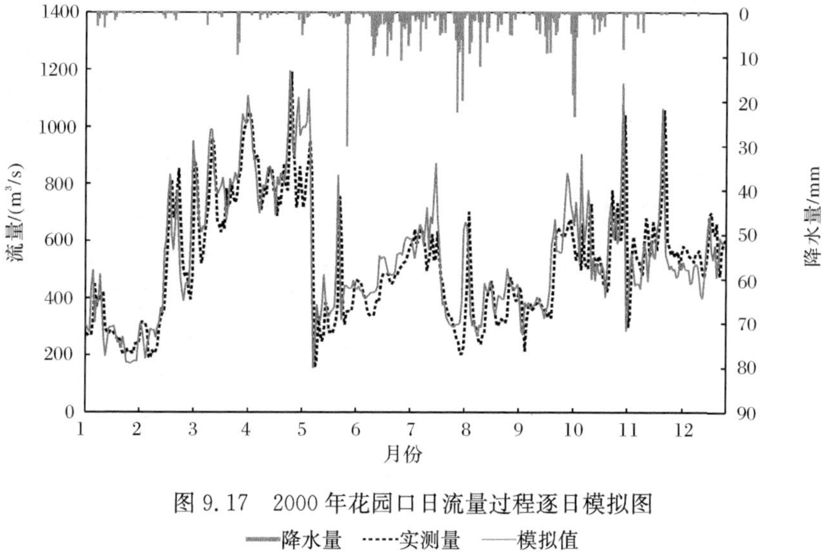

图 9.17　2000 年花园口日流量过程逐日模拟图

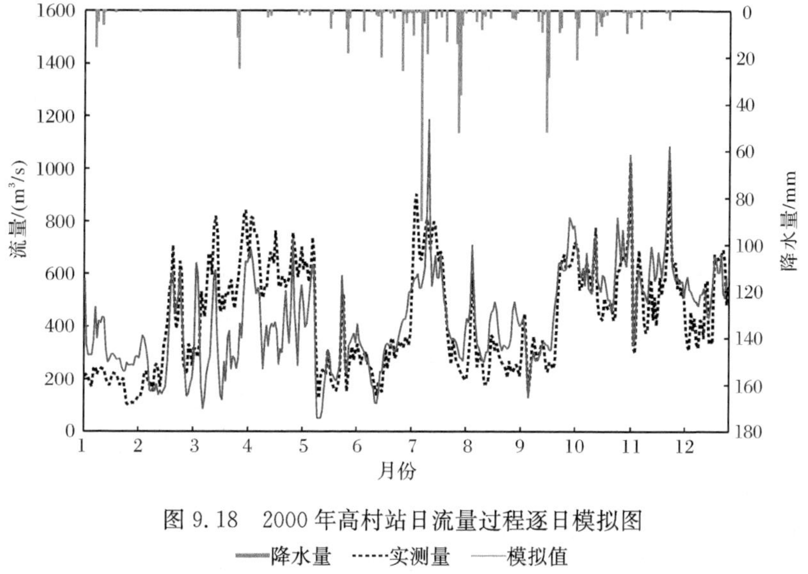

图 9.18　2000 年高村站日流量过程逐日模拟图

9.5　黄河流域水资源优化配置

9.5.1　系统概化

黄河流域上游的龙羊峡水库为多年调节水库、刘家峡水库为年调节水库，对下游的补偿调节能力较强。为了达到整体大系统的最优化，防止黄河下游断流，对龙羊峡和刘家峡水库的优化调度既要考虑上游各系统的综合利用要求，又要考虑下游各系统的综合利用要求，并且上游电站与下游电站分属不同电网，形成自然解耦。因此根据实际系统结构，将黄河流域从龙羊峡至潼关断面为第一子系统，简称龙刘子系统；潼关至利津断面为第二子系统，简称三小子系统。

由于水资源配置的基本单元是水资源模拟模型中的子流域，因此两个子系统会以等流时带为单位再次划分为不同的子区。在本节中，水资源模拟模型的等流时带是以日为单位划分的，因此流域共划分为42个河段。在黄河流域干流上考虑龙羊峡水库、刘家峡水库、三门峡水库及小浪底水库的调蓄能力及发电效益，各水库概化为结点；干流上调蓄能力小于旬的水库考虑盐锅峡、八盘峡、青铜峡及天桥水电站的发电效益。对于支流水库，仅以伊洛河上的故县水库及陆浑水库为例，而各支流水库，假设其调蓄能力仅影响水库及其下游至干流汇入点的各子流域的用水分配，而不影响干流各子区的水量分配。

9.5.2　情景选取

本节以2000年、2020年和2050年三年为水平年，对社会发展规划与水资源需求进行预测研究，在水资源配置过程中，对于生活、工业、农业及生态用水都分别选用低用水方案和高用水方案两种情景。

1. 人口及用水定额

1）人口预测

经分析，1980～2000年黄河流域总人口、城镇人口快速增长，但增长的速度均逐步衰减。随着经济社会的不断发展，城镇化进程也不断加速，1980年、1985年、1990年、1995年、2000年黄河流域城镇化率分别为18％、21％、23％、26％、28％，呈逐步提高的发展趋势。从省(自治区)分析，1980～2000年黄河流域总人口平均增长速度为1.46％，呈逐年递增趋势，其中青海、四川、甘肃、宁夏、陕西五省(自治区)人口增长速度分别为1.60％、1.65％、1.60％、1.97％、1.51％，高于流域平均水平；内蒙古、山西、河南、山东四省(自治区)人口增长速度低于流域平均水平。随着时代的发展、经济的增长，城镇化进程的加快，1980～2000年各省(自治区)中城镇人口年增长速度均比总人口增长速度快，流域城镇人口平均增长速度为3.88％。

人口问题直接影响我国经济发展和人民生活水平提高，国家对人口发展有明确的政策：到20世纪末，总人口控制在13亿人以内；到2020年，总人口控制在14.5亿人；到2050年，总人口控制在16亿人。为实现此目标，现在人口年均自然增长率必须控制在10‰以内，未来人口的发展必须在国家人口计划的宏观指导下结合地区具体情况进行预测。

根据国家的人口政策,我国的人口将在2051年达到顶峰,而后人口开始逐渐减少。考虑现状人口实际增长情况有两种人口方案:①低方案。2000～2020年的总人口增长率采用8.1‰,2020～2050年采用5.1‰;②高方案。2000～2020年的总人口增长率采用10.8‰,2020～2050年采用8.1‰。

随着国民经济建设的不断发展,人口城市化是必然趋势。目前,全世界城镇人口的比例已超过1/3,许多发达国家甚至超过70%。到2004年底,全国城镇人口达到54283万人,占总人口的41.76%,乡村人口为75705万人,占58.24%。《全国国土总体规划纲要》提出,2020年全国城市化水平达到50%左右,2050年全国城市化水平达到75%左右。

2) 用水定额

黄河流域各省(自治区)不同水平年城镇生活用水定额估算结果见表9.11。由于黄河流域属于资源性缺水地区,在水资源供需规划中节约用水应放在首要地位。但随着人民生活水平的提高,城镇生活用水量必然会有所提高。因此在低用水方案,生活节水器具普及率较高,人民的节水意识较强,城市空调冷却水循环率较高;高用水方案,生活节水器具普及率较低,人民的节水意识较差,城市空调冷却水循环率较低。

表9.11 黄河流域各省(自治区)不同水平年城镇生活用水定额估算

[单位:L/(d·人)]

省(自治区)	现状水平年		2020水平年				2050水平年			
			城镇用水定额		农村用水定额		城镇用水定额		农村用水定额	
	城镇	农村	高用水	低用水	高用水	低用水	高用水	低用水	高用水	低用水
青海	198	124	210	195	55	50	256	238	85	75
四川	195	63	224	212	70	64	287	267	100	90
甘肃	190	55	167	151	67	63	197	172	97	87
宁夏	192	43	234	223	54	49	272	250	84	74
内蒙古	103	99	149	146	50	46	197	183	80	70
陕西	174	49	213	202	60	54	260	242	90	80
山西	142	40	162	148	60	56	199	185	90	80
河南	164	66	204	191	65	61	259	233	95	85
山东	143	55	169	158	75	71	213	198	105	95

2. 工业增加值及万元工业增加值用水量

黄河流域各省(自治区)根据国家经济发展战略,结合各自的资源情况和工业结构布局,制定相应的工业发展规划。其中2000～2020年一般为6%～7%,2020～

2050 年一般为 5%～6%。

中国科学院地理科学与资源研究所中国自然资源数据库提供了 1995 年及 2000 年的全国工业增加值分布栅格图(1km×1km),与多年的《中国统计年鉴》共同建立了黄河流域工业增加值分布库。未来水平年的工业增加值分布由近年的工业增加值分布建立灰色预测模型进行预测(表 9.12)。

表 9.12 黄河流域各省(自治区)不同水平年万元工业增加值预测 (单位:亿元)

省(自治区)	现状水平年	2020 水平年		2050 水平年	
		高方案	低方案	高方案	低方案
青海	40.40	156.3	129.6	897.9	560.0
四川	0.14	0.5	0.4	3.1	1.9
甘肃	232.86	901.1	746.8	5175.4	3227.7
宁夏	93.00	359.9	298.3	2067.0	1289.1
内蒙古	294.55	1139.8	944.7	6546.5	4082.8
陕西	490.18	1896.8	1572.1	10894.5	6794.4
山西	496.59	1921.6	1592.6	11037.0	6883.3
河南	486.76	1883.6	1561.1	10818.5	6747.0
山东	312.91	1210.9	1003.5	6954.6	4337.3

万元工业增加值用水量取自《中国水资源公报》,按行政分区划分各栅格内的万元工业增加值用水量。由表 9.13 可知,随着工业水平的发展、工艺水平的提高,工业用水重复利用率将有所提高,到 2050 年达到发达国家水平,万元工业增加值用水量将呈下降的趋势。

表 9.13 黄河流域各省(自治区)不同水平年万元工业增加值用水量预测 (单位:m^3)

省(自治区)	现状水平年	2020 水平年		2050 水平年	
		高方案	低方案	高方案	低方案
青海	476	200	182	80	70
四川	351	150	145	60	58
甘肃	540	165	153	66	61
宁夏	514	130	96	53	38
内蒙古	185	60	57	24	23
陕西	230	68	65	28	26
山西	187	55	48	22	19
河南	201	62	58	25	22
山东	117	24	20	10	8

3. 农业灌区、灌溉定额及灌溉效率

1）农业灌区

黄河流域1980年、1985年、1990年、1995年、2000年5个典型年农田有效灌溉面积分别为6492.48万亩、6404.27万亩、6601.18万亩、7143.02万亩、7624.56万亩。1980～1985年农田有效灌溉面积逐渐减少，年减少速度为0.27%，1985～1990年、1990～1995年、1995～2000年灌溉面积逐渐扩大，其年均发展速度分别为0.61%、1.59%、1.31%。1980年、1985年、1990年、1995年、2000年5个典型年农田实灌面积分别为5357.05万亩、5125.50万亩、5733.47万亩、6371.11万亩、6598.64万亩。1980～1985年实际灌溉面积小幅度减少，年减少速度为0.88%，1985～1990年、1990～1995年、1995～2000年灌溉面积逐渐扩大，其年增加速度分别为2.27%、2.13%、0.70%。

1980年、1985年、1990年、1995年、2000年黄河流域粮食作物播种面积分别为18874万亩、17515万亩、18695万亩、18194万亩、17948万亩，20世纪80年代和90年代，作物播种面积分别减少了144万亩和887万亩；经济作物播种面积分别增加了623万亩和801万亩。

据统计，1980～2000年黄河流域粮食产量由2296万t增加至3531万t，1980年、1985年、1990年、1995年、2000年5个典型年人均粮食产量分别为281kg、295kg、341kg、315kg、323kg，粮食单产分别为122kg/亩、148kg/亩、175kg/亩、176kg/亩、197kg/亩。1980～2000年，粮食播种面积减少了1031万亩，粮食产量却增加了1235万t，虽然粮食播种面积有所减少，但是粮食总产量、人均粮食产量、粮食单产均呈上升趋势。

综上所述，黄河流域的灌溉面积由于经济发展、环境保护的要求及土地资源的有限性，在未来水平年内播种面积不再增加，仅适量增加有效使灌溉面积。

2）灌溉定额

黄河流域水田灌溉定额从1980年的2045m^3/亩，逐渐减少至2000年的1338m^3/亩，亩均减少707m^3/亩，比1980年减少约35%，节水成效明显。龙羊峡以上和内流区没有水田；兰州至河口镇水田灌溉定额较高，但也逐年减少，从1980年的2502m^3/亩，减少到2000年的1882m^3/亩；其他区域灌溉定额约为兰州至河口镇河段的二分之一。1980～2000年各省（自治区）水田灌溉定额也呈逐渐减少趋势，青海、四川几乎没有水田；宁夏水田灌溉定额较高，在2000m^3/亩左右；其他省（自治区）水田灌溉定额为600～1100m^3/亩。

黄河流域水浇地灌溉定额从1980年的482m^3/亩，逐渐减少到2000年的406m^3/亩，减少76m^3/亩，节水初见成效。从流域二级区分析，水浇地灌溉定额基本呈逐渐降低的趋势：兰州至河口镇较高，1980年为846m^3/亩，2000年为642m^3/亩，定额下降 204m³/亩;龙门至三门峡较低,1980 年为 306m³/亩,2000 年为 260m³/亩,降低 46m³/亩。从省(自治区)分析,宁夏水浇地灌溉定额最高,1980 年为 1553m³/亩,2000 年为 1033m³/亩,2000 年比 1980 年降低 520m³/亩;陕西、山西较低,陕西 2000 年比 1980 年定额降低 71m³/亩。

黄河流域菜田灌溉定额从 1980 年的 648m³/亩逐渐减少到 2000 年的 535m³/亩,亩均减少约 17%。从流域二级区分析,菜田灌溉定额在 1980～2000 年基本呈下降趋势。龙羊峡以上和兰州至河口镇菜田灌溉定额较高;从兰州至河口镇起,自上游至下游各二级区逐渐减少,花园口以下最低。从各省(自治区)分析,宁夏菜田灌溉定额最高,1980 年为 1206m³/亩,2000 年为 1006m³/亩,下降 200m³/亩;山东省最低,1980 年为 487m³/亩,2000 年为 330m³/亩,减少 157m³/亩。

农田综合灌溉用水指标主要从以下三方面分析:亩均用水量、吨粮用水量、单方水粮食产量。据分析,1980～2000 年黄河流域农田灌溉粮食产量逐渐增加,亩均用水量和吨粮用水量逐渐减少,单方水粮食产量逐渐增加。2000 年黄河流域灌溉定额为 449m³/亩,比 1980 年下降了 17%;2000 年吨粮用水量 1402m³,比 1980 年下降了 37%;2000 年单方水粮食产量为 0.71kg,比 1980 年增加了 58%。估算的黄河流域农田灌溉用水指标见表 9.14。

表 9.14 黄河流域农田灌溉用水指标统计表

项目	单位	1980 年	1985 年	1990 年	1995 年	2000 年
农田灌溉用水量	亿 m³	290.57	266.22	294.71	299.15	296.50
农田实际灌溉面积	万亩	5357.05	5125.50	5733.49	6371.11	6598.64
亩均用水量	m³	542.42	519.40	514.01	469.54	449.33
实际灌溉面积产量	万 t	1305.42	1490.47	1907.70	1910.37	2114.52
吨粮用水量	m³	2225.92	1786.12	1544.83	1565.93	1402.19
单方水产粮食产量	kg	0.45	0.56	0.65	0.64	0.71

据分析,目前我国粮食作物的综合平均水分利用效率约为 1.1kg/m³,以色列通过节约用水和高效用水,1998 年水分利用效率为 2.6kg/m³。1997～1998 年山东桓台实施综合节水措施后,水分利用效率已提高到 2.02kg/m³;1994～1997 年北京南邵乡冬小麦的水分利用效率已达 2.3～2.4kg/m³。这些资料表明,黄河流域农业节水增产的潜力还很大。

在考虑加强灌溉用水管理、推广节水灌溉技术、提高渠系水有效利用系数并优化调整种植业结构的情况下,黄河流域的灌溉定额将会有所降低;单方水粮食产量将会大幅度提高,综合平均水分利用效率也会提高。在低用水方案,黄河流域 2020 年,各地区灌溉技术及节水措施都有较大提高,灌溉定额达到中等发达国家水平;2050 年,各地区灌溉技术及节水措施都比较成熟,灌溉定额达到发达国家水平。在高用水方案，2020年黄河流域各地的灌溉定额在现有的技术水平上有所降低，2050年达到中等发达国家水平。黄河流域不同水平年农田灌溉水量预测见表9.15。

表9.15 黄河流域各省(自治区)不同水平年农田灌溉水量预测 （单位：m^3/亩）

省(自治区)	现状水平年	2020水平年		2050水平年	
		高方案	低方案	高方案	低方案
青海	644	490	470	390	380
四川	395	330	300	280	260
甘肃	619	470	460	380	350
宁夏	1213	870	800	650	640
内蒙古	446	350	330	290	270
陕西	303	260	240	250	240
山西	210	190	180	170	160
河南	197	190	180	170	160
山东	261	210	200	180	170

3）灌溉效率

由于黄河水资源使用效率低下，浪费严重，只要提高用水效率、节约用水，完全可以通过减少用水需求实现水量供需平衡。尽管这种解决问题的思路曾经被人们忽略，但近年来随着宁蒙段水权转换与交易模式和甘肃张掖“节水型社会试点”的出现而重新得到重视。

灌溉农业既是用水大户，也是水浪费大户。输水工程老化失修和不配套，以及灌溉方式落后使农业灌溉用水的75%被浪费掉了。那么2004年280.3亿m^3农业灌溉用水中真正被有效利用的只有70.1亿m^3，余下210.2亿m^3被浪费了。浪费的水量比南水北调西线工程总调入水量170亿m^3还多40亿m^3。虽然由于技术水平、用水习惯、工程设施、资金和制度的限制，不可能使农业用水效率达到百分之百，即不可能使引黄灌溉用水压缩到70多亿m^3，但是用水严重浪费的事实表明提高用水效率和节约用水具有巨大的潜力，也表明减少浪费、压缩用水需求，实现黄河水资源供需的自然平衡具有很大的操作空间。

截至1995年，黄河流域灌溉面积已达1.07亿亩，其中上游的宁蒙河套灌区、中游的汾渭灌区和下游平原引黄灌区是黄河灌溉最为集中的地区，灌溉面积8487万亩，占全河灌溉面积的79%，占全河农业灌溉用水量的80%。然而这三大灌区的农业用水效率低下、浪费严重，因此，这三大灌区的用水效率和节水程度直接关系到整个黄河流域的用水需求。

甘肃在20世纪80年代实施节水工程，取得了年节水50m^3/亩的效果；“九五”

期间，采用多元化的节水灌溉技术和衬砌、修建各级渠道，实现年节约水量 4.68 亿 m^3；“十五”时期，通过推广灌溉技术、修建渠系和扩大节水灌溉面积，年节水量达到 6.7 亿 m^3。宁夏自 2000 年起试行水稻节水控灌技术，将浇灌次数由传统方式中的 42 次减少到 28 次，将水稻用水量从 1200m^3/亩以上减少到 800m^3/亩，每亩节约用水 350～450m^3。仅 2005 年该技术在宁夏水稻种植中节约用水 3.2 亿 m^3。甘肃和宁夏节水成功实验的范例显示，使用多元化、现代化的节水灌溉技术，并进行渠系的衬砌和整修，以及调整种植结构和耕作方式，黄河上、中游引黄灌区最少可以实现平均年节水 100m^3/亩。上、中游引黄灌区灌溉面积 3831.3 万亩，按这一比例最少每年可节约灌溉用水 38 亿 m^3。

现有的节水灌溉面积均分布在少数几个引黄灌区。采用常规节水、管灌、喷灌、滴灌、集雨节灌等节水技术的灌区，节水效果明显，灌溉水利用效率显著提高。在未来水平年，将在整个黄河流域实施节水灌溉，黄河流域的农业灌溉用水量将会显著降低。

4. 生态用水

黄河流域资源性缺水严重。随着经济社会的迅速发展，国民经济各部门的用水量超过黄河水资源承载能力，使黄河的基本生命流量难以保证，导致下游河段频繁断流。1972～1999 年，就有 22 年出现断流。黄河最下游的利津水文站累计断流 82 次 1070 天。尤其进入 20 世纪 90 年代，年年出现断流，断流最严重的 1997 年，山东利津站断流 226 天，330 天无黄河水入海，断流起点已上延到开封柳园口附近。1997 年 6 月 28 日，黄河干流头道拐水文站也出现了有记载以来的最小流量 6.9m^3/s，2001 年 7 月黄河干流吴堡、龙门和潼关也出现了历史上最小流量，分别为 25m^3/s、31m^3/s 和 0.95m^3/s。

黄河下游的频繁断流和入海水量减少，造成下游引水困难，供需矛盾加剧，水质污染加重，对下游湿地和生物多样性的维持构成威胁，同时使下游主河槽淤积增加，平滩过流能力减小，下游防洪负担加重。黄河断流危及下游地区的供水，涉及郑州、开封、东营、济南等城市，并影响到胜利油田、中原油田的石油开采。黄河一旦断流，还会破坏沿黄的生态环境，不利于河口三角洲地区生物多样性和湿地的保护。河道断流使泥沙淤积加剧，造成主河槽萎缩，平滩过流能力减小，对行洪非常不利，对两岸大堤构成威胁。同时，河道内水量的减少，使黄河纳污能力下降，进一步加剧水质恶化，造成黄河的缺水性质更加复杂，除资源性和工程性缺水外，更呈现出水质性缺水。另外，长期的河道断流，将使河流功能下降，河流生命难以维系。

因此在今后的水资源配置过程中，应首先满足黄河流域的生态用水量，保证黄河流域的可持续发展。在低用水方案，生态用水量维持黄河流域基本的生态环境功能；在高用水方案，扩大生态需水量，使黄河流域湿地恢复到理想状态。

对于河道生态用水以河道内最小流量限制满足如下要求。

(1) 防凌要求。每年3月的中旬是黄河上游，宁蒙河段冰凌的开河期。为保证凌汛安全，上游刘家峡水库控制运用，每年3月限制青铜峡断面的流量不大于 $450m^3/s$，每年2月是黄河下游冰凌的开河期。此期间要求上游来水不大于 $200m^3/s$，以减少下游河道的槽蓄水量，保证凌汛安全。结合冬季向京津供水，小浪底水库可控制下泄 $400m^3/s$(向北送水 $200m^3/s$)，这样既保证了凌汛安全，又提高了凌汛期小浪底电站的发电出力。

(2) 河口镇断面最小流量要求。黄河上游地区是黄河径流量的主要来源区，上游的水资源不仅为当地工农业生产服务，还要兼顾中游缺水地区，特别是以山西为中心的能源重化工基地的需水及龙门至潼关河段干流区间工农业需水，该区间水资源缺乏，所需水量要靠河口镇以上来水补充，另外，河口镇到龙门区间，黄河干流上将修建一系列径流电站，这些电站的保证出力，也需要河口镇保持一定的流量。因此，经综合分析，龙羊峡、刘家峡两库联合运用，除承担上游地区沿黄河干流工农业用水外，应保持河口镇断面全年流量不小于 $250m^3/s$。

5. 情景选取

在本书的水资源配置过程中，对各类用水部门不同水平年的高低用水方案进行情景组合，选取了四种情景(表9.16)进行水资源优化配置。工业用水保证率选取90%，农业用水保证率选取75%。

方案一。经济高速发展，技术水平提高，人民生活水平大幅度提高。人口控制在低生育水平，人民的生活水平有较大提高，生活用水量增加；工业发展速度较快并由于技术水平的提高，万元工业增加值用水量降低；农业实际灌溉面积有少量增加，由于加强灌溉用水管理，推广节水灌溉技术，提高渠系水有效利用系数，并优化调整种植业结构，灌溉定额较低，灌溉效率高。生态用水量使黄河流域湿地恢复到理想状态，并保证河道不断流。

方案二。工业高速发展，但技术水平还没有达到较高的水平，人民生活水平提高。人口控制在低生育水平，人民的生活水平有较大提高，生活用水定额限制在低水平；工业发展速度较快但由于技术水平的限制，万元工业增加值用水量在高水平；农业实际灌溉面积增加较多，由于加强灌溉用水管理，推广节水灌溉技术，提高渠系水有效利用系数，并优化调整种植业结构，灌溉定额较低，灌溉效率高。生态用水量使黄河流域湿地恢复到理想状态，并保证河道不断流。

方案三。人口增长迅速，工业发展速度较快，技术水平较高，农业耕地面积扩大，灌溉用水量较大，生态用水仅能维持现状。人口生育率保持在高水平，但节水意识较强，用水定额限制在较低水平；工业发展速度较慢但由于技术水平的提高，万元工业增加值用水量降低；农业实际灌溉面积有限增长，灌溉技术等较差，灌溉定额较高，灌溉效率低；生态用水量较少，仅能维持现状不被破坏。

方案四。人口增长迅速，经济发展缓慢，技术水平提高缓慢，农业灌溉用水量仍较大，生态用水仅能维持现状。人口生育率保持在高水平，节水意识较差，生活用水定额处于高水平；工业发展速度较慢且技术水平提高缓慢，万元工业增加值用水量较高；农业实际灌溉面积增加较多，灌溉技术等较差，灌溉定额较高，灌溉效率低；生态用水量较少，仅能维持现状不被破坏。

表 9.16　水资源优化配置中不同情景的设置

<table>
<tr><th colspan="3">项目</th><th>方案一</th><th>方案二</th><th>方案三</th><th>方案四</th></tr>
<tr><td rowspan="4">生活用水</td><td rowspan="2">人口</td><td>高方案</td><td></td><td></td><td>√</td><td>√</td></tr>
<tr><td>低方案</td><td>√</td><td>√</td><td></td><td></td></tr>
<tr><td rowspan="2">用水定额</td><td>高方案</td><td>√</td><td></td><td></td><td>√</td></tr>
<tr><td>低方案</td><td></td><td>√</td><td>√</td><td></td></tr>
<tr><td rowspan="4">工业用水</td><td rowspan="2">工业增加值</td><td>高方案</td><td>√</td><td>√</td><td></td><td></td></tr>
<tr><td>低方案</td><td></td><td></td><td>√</td><td>√</td></tr>
<tr><td rowspan="2">万元耗水量</td><td>高方案</td><td></td><td>√</td><td></td><td>√</td></tr>
<tr><td>低方案</td><td>√</td><td></td><td>√</td><td></td></tr>
<tr><td rowspan="6">农业用水</td><td rowspan="2">实灌面积</td><td>高方案</td><td></td><td>√</td><td></td><td>√</td></tr>
<tr><td>低方案</td><td>√</td><td></td><td>√</td><td></td></tr>
<tr><td rowspan="2">灌溉定额</td><td>高方案</td><td></td><td></td><td>√</td><td>√</td></tr>
<tr><td>低方案</td><td>√</td><td>√</td><td></td><td></td></tr>
<tr><td rowspan="2">灌溉效率</td><td>高方案</td><td>√</td><td>√</td><td></td><td></td></tr>
<tr><td>低方案</td><td></td><td></td><td>√</td><td>√</td></tr>
<tr><td rowspan="2">生态用水</td><td>维持现状</td><td>高方案</td><td></td><td></td><td>√</td><td>√</td></tr>
<tr><td>恢复环境</td><td>低方案</td><td>√</td><td>√</td><td></td><td></td></tr>
</table>

9.5.3　配置结果

本节建立了黄河流域基于等流时带的水资源优化配置模型，并针对上述选取的四种情景，使用大系统空间分解法对配置模型进行求解。发电效益按一级子区统计，分别为龙刘子区和三小子区。龙刘子区包括龙羊峡水电站、刘家峡水电站、盐锅峡水电站、八盘峡水电站、青铜峡水电站和天桥水电站。三小子区包括三门峡水电站和小浪底水电站。采用 1965～1986 年共 22 年的长系列优化配置，配置结果如下。

1. 现状年水资源配置

1）供水量

对于现状水平年，在保证生活需水全部满足的基础上，工业供水量为93.1亿m^3，农业供水量为303.4亿m^3，基本满足工农业的用水量。

2）发电效益

经优化后龙刘子区多年平均发电量为164.5亿度，三小子区多年平均发电量为93.9亿度，总计发电量为265.8亿度。

3）防凌约束的满足

每年11月至次年3月，需要控制兰州断面流量从700m^3/s到500m^3/s均匀递减，图9.19所示为兰州断面的控制流量，可以看出兰州断面的流量能够满足防凌的要求。三门峡水库的出库过程如图9.20所示，可以看出三门峡水库1～2月出流从500m^3/s到300m^3/s递减，也满足防凌的要求。

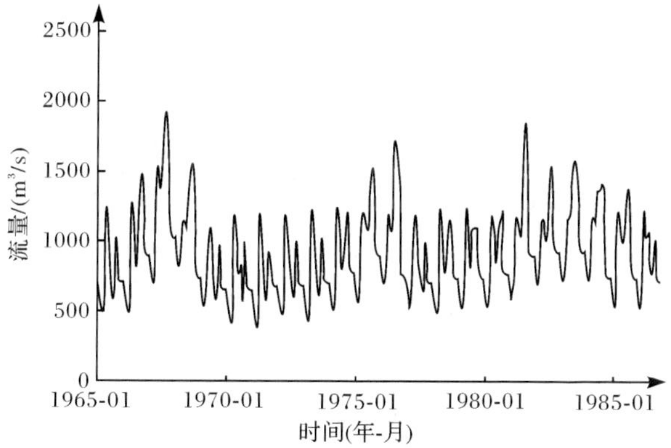

图9.19 兰州站流量控制过程

4）河道内生态需水的满足

本节以利津站的流量不小于50m^3/s作为满足河道生态需水的最小流量限制（图9.21）。

5）水库控泄过程

限于篇幅，这里仅列出干流上几个有调节能力的水库的水位变化过程（图9.22～图9.25）。由水库控泄过程可以看出，模型的优化结果充分发挥了水库的调蓄作用。龙羊峡水库在连续的枯水期水位逐渐下降，发挥了其多年调节的作用。各水库的水位变化显示：根据季节的调整，水库在汛前都是低水位，至汛末水位逐渐提升，符合水库优化调度的规律。

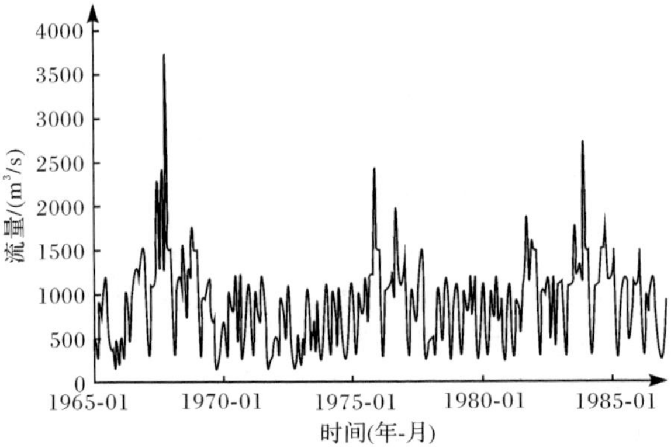

图 9.20　三门峡站流量控制过程

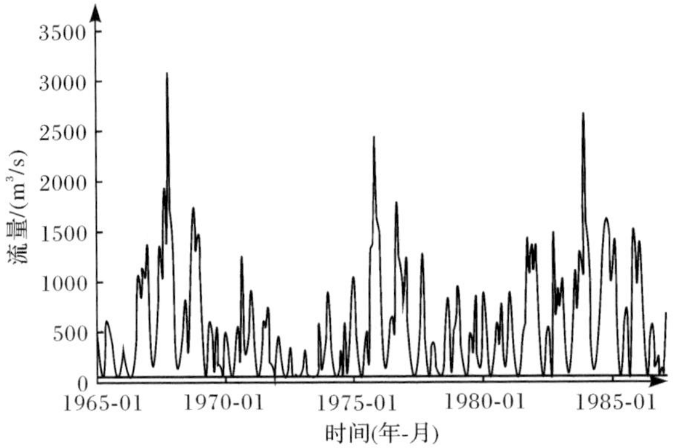

图 9.21　利津站流量控制过程

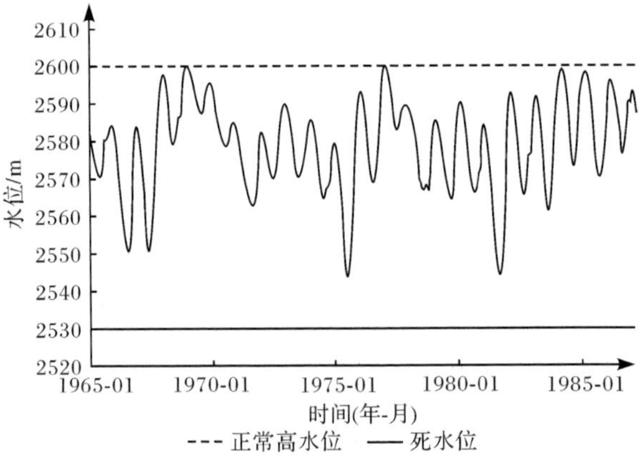

图 9.22　龙羊峡水库控泄过程

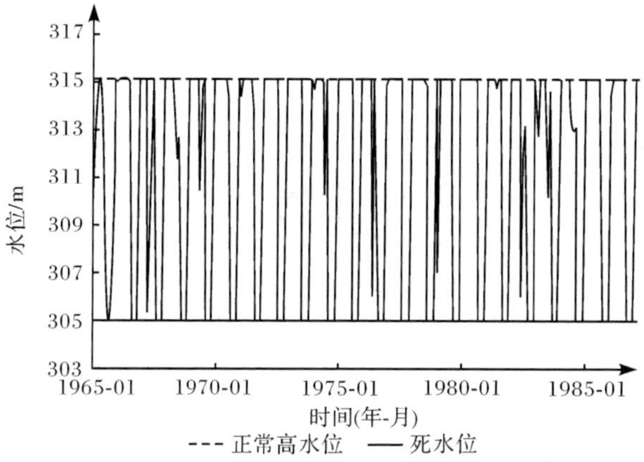

图 9.23 刘家峡水库控泄过程

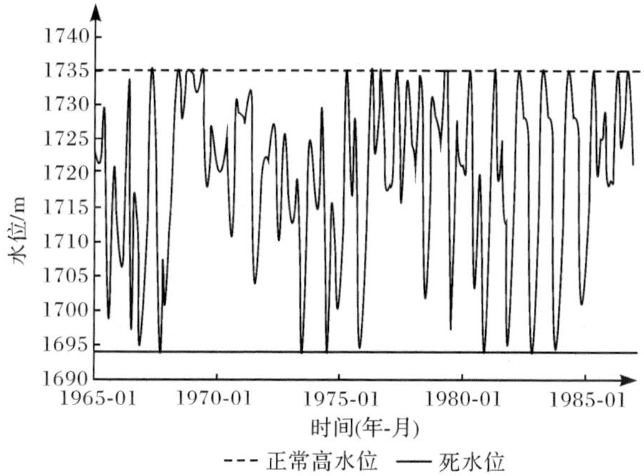

图 9.24 三门峡水库控泄过程

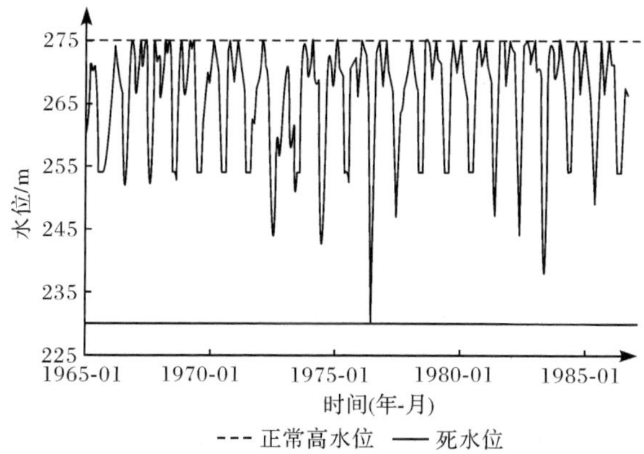

图 9.25 小浪底水库控泄过程

2. 2020 水平年水资源配置

1) 供水量

2020 水平年不同情景的供水量见表 9.17。

表 9.17　2020 水平年工农业供水量　　(单位:亿 m^3)

情景	分类	供水量	合计
情景一	工业供水	108.8	295.8
	农业供水	187.0	
情景二	工业供水	120.4	338.6
	农业供水	218.2	
情景三	工业供水	90.2	333.5
	农业供水	243.3	
情景四	工业供水	99.8	383.7
	农业供水	283.9	

2) 发电量

2020 水平年不同情景的发电总量见表 9.18。

表 9.18　2020 水平年各子区发电总量　　(单位:亿度)

情景	分类	发电量	合计
情景一	龙刘子区	169.4	275.8
	三小子区	106.4	
情景二	龙刘子区	167.7	269.4
	三小子区	101.7	
情景三	龙刘子区	168.3	270.6
	三小子区	102.3	
情景四	龙刘子区	165.3	261.0
	三小子区	95.7	

3) 防凌约束

四个情景在各代表断面各时段的流量都满足防凌要求。限于篇幅,这里不再给出具体的流量过程图。可见在 2020 水平年水资源配置结果可以满足防凌约束。

4）河道内生态需水满足

四个情景，利津断面各时段的流量值都大于 50m^3/s，限于篇幅，这里不再给出具体的流量过程图。可见在 2020 水平年，不同的发展情景下，经过优化配置均可以满足生态河道内的生态需水要求。

5）水库调度过程

这里给出第一个和第四个情景的各干流水库水位过程(图 9.26～图 9.33)。

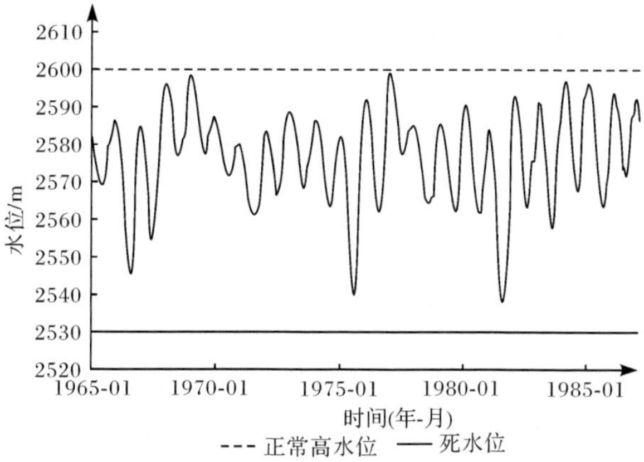

图 9.26 龙羊峡水库情景一控泄过程

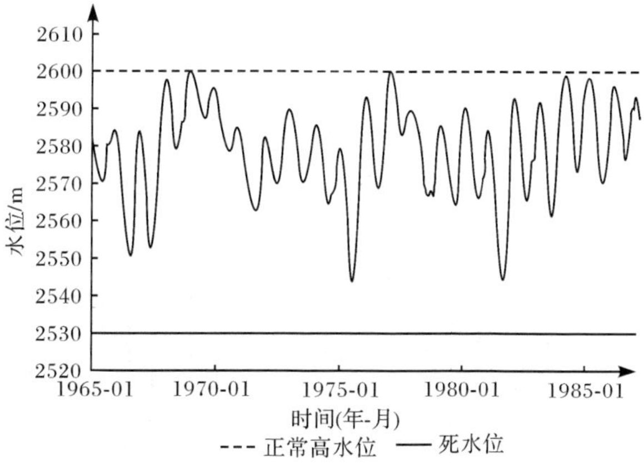

图 9.27 龙羊峡水库情景四控泄过程

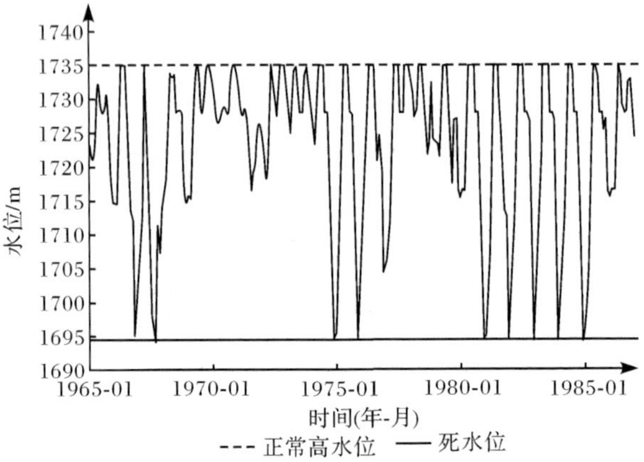

图 9.28　刘家峡水库情景一控泄过程

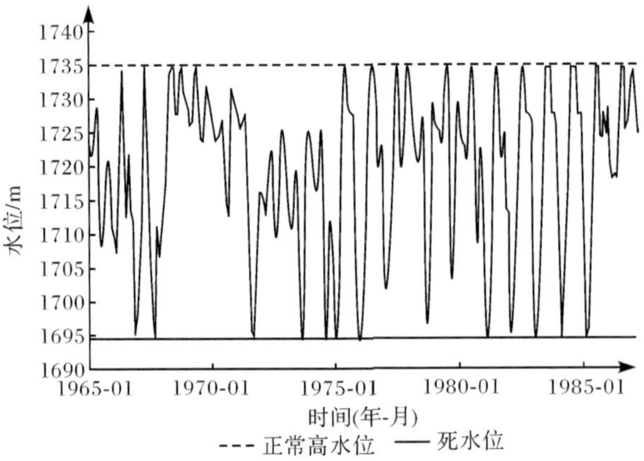

图 9.29　刘家峡水库情景四控泄过程

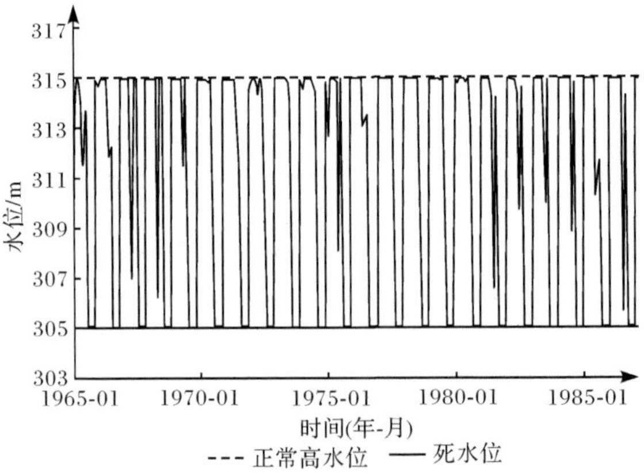

图 9.30　三门峡水库情景一控泄过程

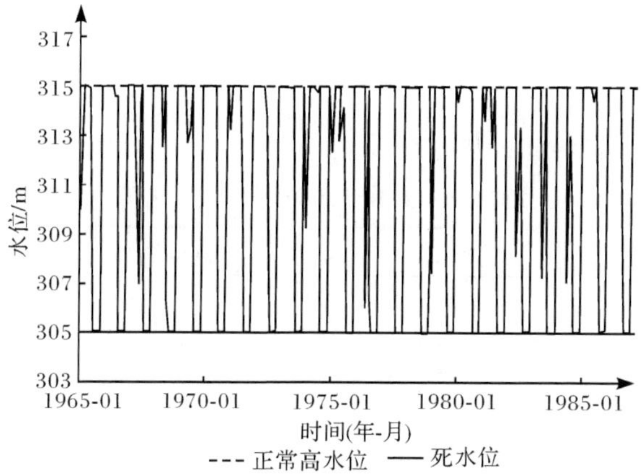

图 9.31　三门峡水库情景四控泄过程

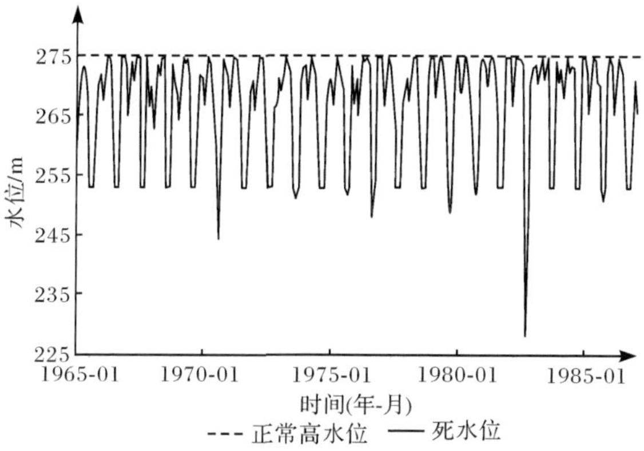

图 9.32　小浪底水库情景一控泄过程

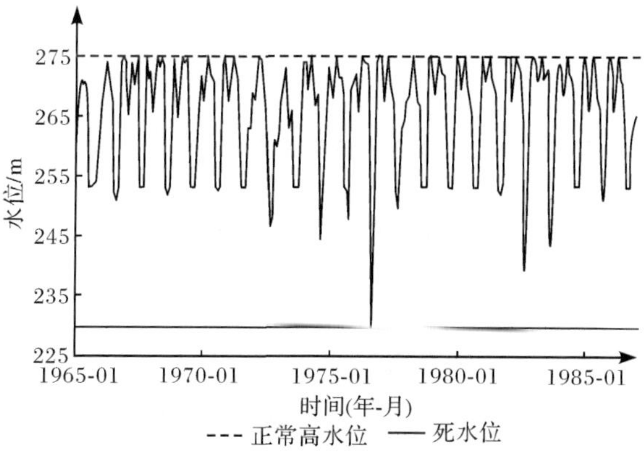

图 9.33　小浪底水库情景四控泄过程

3. 2050 水平年水资源配置

1) 供水量

2050 水平年不同情景的供水量见表 9.19。

表 9.19　2050 水平年工农业供水量　(单位:亿 m^3)

情景	分类	供水量	合计
情景一	工业供水	246.2	424.9
	农业供水	178.7	
情景二	工业供水	278.4	479.5
	农业供水	201.1	
情景三	工业供水	153.5	405.5
	农业供水	252.0	
情景四	工业供水	173.6	457.1
	农业供水	283.5	

2) 发电量

2050 水平年不同情景的发电总量见表 9.20。

表 9.20　2050 水平年各子区发电总量　(单位:亿度)

情景	分类	发电量	合计
情景一	龙刘子区	160.5	248.7
	三小子区	88.2	
情景二	龙刘子区	157.2	235.7
	三小子区	78.5	
情景三	龙刘子区	162.3	254.2
	三小子区	91.9	
情景四	龙刘子区	159.5	243.0
	三小子区	83.5	

3) 防凌约束

四个情景在各代表断面各时段的流量都满足防凌要求,限于篇幅,这里不再给出具体的流量过程图。可见在 2050 水平年水资源配置结果可以满足防凌约束。

4) 河道内生态需水满足

在四个情景(图 9.34～图 9.37)中利津断面的流量只有情景三满足河道内生态需水要求。

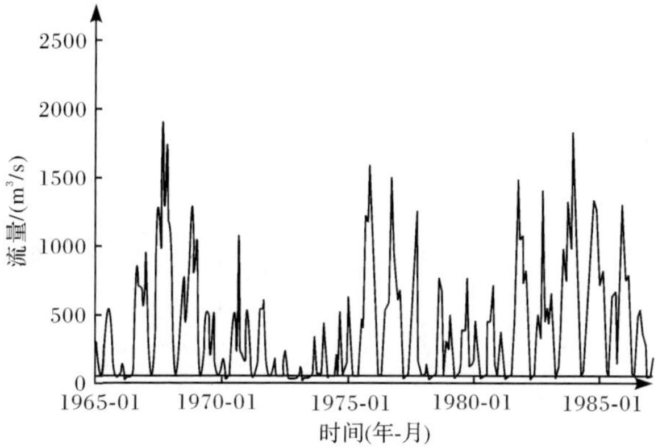

图 9.34　利津站情景一流量过程

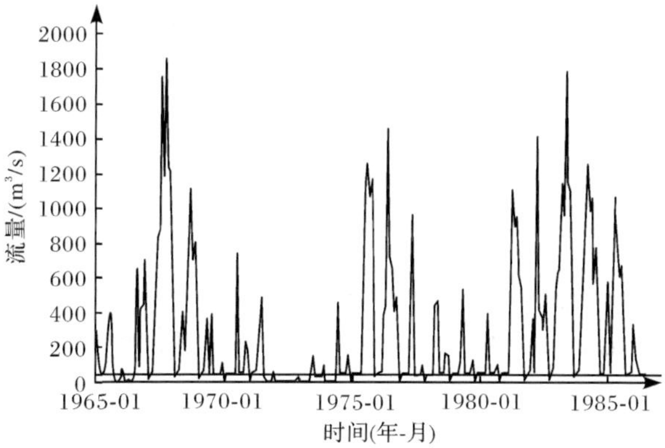

图 9.35　利津站情景二流量过程

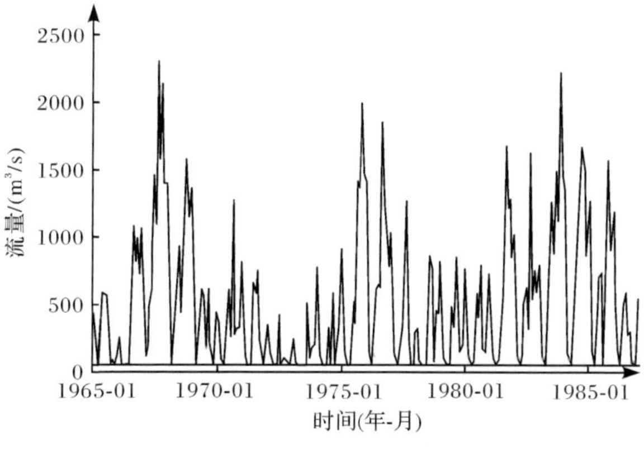

图 9.36　利津站情景三流量过程

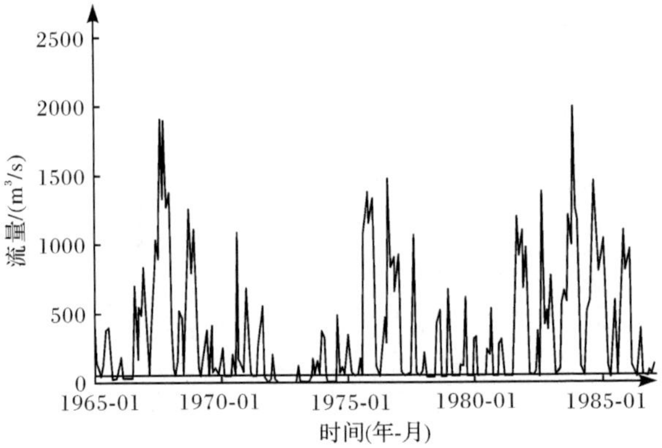

图 9.37　利津站情景四流量过程

5）水库调度过程

不同的情景计算出不同的水库调度过程，限于篇幅，这里就不再列出各库的水位过程了。

9.6　本章小结

本章以黄河流域为例，建立了基于“天然-人工”双拓扑结构的分布式水资源模拟模型和水资源优化配置模型，以整个流域效益最大化为目标，兼顾生态、防凌及其他约束要求，使用大系统优化协调方法对模型求解，取得了较好的结果。

第 10 章　结论与展望

10.1　结　　论

本书研究"天然-人工"双因素影响下，在流域水资源可持续利用的前提下，以流域水资源高效利用，取得流域效益最大为目标的水资源配置方法。在本书中，天然和人工两个环节的耦合贯穿于全书，不仅表现在数字河网的自动形成阶段，还表现在水资源模拟过程中，进而深入到水资源优化配置模型。本书的主要结论如下：

(1) 对基于"天然-人工"双驱动因素的径流演化模式进行了概化。其中天然水循环主要针对天然的降水、坡面产流和河道汇流而言，包括降水、入渗、产流、汇流和蒸发等环节，人工侧支用水过程则主要指人工取用水所形成的以"取水—输水—用水—排水—回归"为基本环节的循环圈，天然主循环和人工侧支用水两者之间存在紧密的水力联系，循环通量此消彼长。

(2) 提出了一种利用 DEM 和 DRLN 资料自动提取流域排水结构的算法。在算法中引入链表的概念，并利用遥感影像提取的流域数字河湖网对自动提取的流域排水结构进行校正。在对地形表面重新建模时，构建了基于距离的振荡因子计算方法，处理了流向场计算中可能产生的矛盾；从流域的出口向上游搜索，对于湖泊水库等宽度大于一个栅格的河网地区建立链表，通过图的遍历来确定有河网流过的栅格的水流方向。

(3) 提出了一种大尺度流域划分子流域的方法。在等流时带内部，通过将天然分水岭与人工控制点相结合来设置子流域的出口控制点，建立了流域"天然-人工"双拓扑结构的数字水系。为分布式水资源模拟模型建立了一个基础框架，在此基础上建立的模型可以模拟天然状态下的水循环过程，还可以模拟有人工取用水控制的实际水循环过程。将人工控制点引入天然河网，实现了水循环模拟模型与水资源配置模型耦合。

(4) 建立了基于"天然-人工"双拓扑结构的分布式水资源模拟模型。在模型中对天然因素主要模拟了天气、能量过程和陆面水循环过程；陆面水循环过程中模拟了植物截留、下渗、壤中流、地表产汇流等过程；模型中不仅考虑了不同的下垫面条件对水循环的影响，还考虑了人工侧支用水，使模型可以同时耦合两种因素对水循环的共同影响。

(5) 模型参数的优化具有多参数同时优化、目标函数难以用模型参数表达和不可能通过目标函数对参数求导来求解最优值等特点,因此,流域水资源模拟模型参数的优化需要选择优化过程中仅要求目标函数值而不需目标函数导数等量值的多参数优化方法。

(6) 分别研究了各需水要素的需水量预测方法。对生活需水主要预测人口及生活用水定额。生产用水分为工业需水及农业需水两部分:工业需水需要预测工业增加值、工业增加值用水量、工业水重复利用系数等,农业需水需要预测农业灌溉面积、农业灌溉定额、灌溉水利用系数等。生态需水包括河道内生态需水和河道外生态需水,需要分别进行预测。进而可以预测不同水平年的生活需水、生产需水及生态需水。生活和工业用水都不考虑用水的日变化量,农业及生态用水根据经验的用水定额进行时间上的展布。需水要素的空间展布使用变量回归分析技术。

(7) 对各用水部门的效益计算方法进行了研究。由于生活用水量较小,一般给予满足,而模型中也是作为约束条件来满足的;工业及农业用水的效益计算采用分摊系数法。农业单方水效益的传统计算方法是将农业全年的效益除以农业年灌溉用水量,但是由于农业的特殊性,农作物不同时期的缺水量与减产量之间的关系并不是定值,所以本书使用的方法是建立农作物不同时期缺水量与减产量之间的相关关系将农业效益分摊到水资源优化配置时段上。

(8) 对基于"天然-人工"双拓扑结构的水资源系统进行概化,引入等流时带的概念,建立了基于"天然-人工"双拓扑结构的水资源优化配置基础框架,并在此基础上建立了流域水资源优化配置模型。对调蓄工程放水在时间上的滞后性影响长于一个优化时段的大流域,可以通过空间上等流时带的区分来反映,为调度策略在时间上的后效性提供了一种处理方法,并采用了大系统优化的主从决策方法,实现整体系统不同层次的最优化。

(9) 使用大系统分解协调理论,将全流域分为三层:第一层主要对全流域的供水进行优化;第二层主要优化配置人工控制节点的出流及各子流域的供水量;第三层主要优化配置各子流域内部的水量分配。通过这三层的协调优化,以实现全流域的水资源优化配置,以实现预定的目标。

(10) 以黄河流域为例,首先基于 DEM 和 DRLN,自动提取黄河流域天然水系,自动提取的黄河流域河网与实际的黄河流域河网比较可以看出,模拟河网与实际河网吻合较好,且河网是连续的。由此看出本书提出的自动提取河网的方法实用。从龙羊峡水库附近的模拟河网放大图可以看出,本书提出的方法可以识别水库、湖泊等连续水体,这样在一定的程度上解决了伪洼地的识别问题。其次,将人工供、用、耗、排工程与天然水系耦合，建立了黄河流域基于“天然-人工”双拓扑结构的数字水系，为分布式水资源模拟模型建立了基础框架。

(11) 建立了黄河流域基于“天然-人工”双拓扑结构的分布式水资源模拟模型，对于参数率定：首先使用人工试错法对模型参数进行人工率定，并确定参数的取值范围，再使用 Rosenbrock 优化方法率定，率定的参数具有一定的物理意义和时效性。模型模拟了黄河流域在人工影响强烈的情况下的水循环过程。经过验证，模型对流域水循环的模拟具有一定的精度。

(12) 建立黄河流域的分布式水资源调控模型。在满足人类生存最基本的水量需求和不破坏生态环境的基础上，尽可能实现有限的水资源在各部门之间得到最充分和最合理的使用，从而达到效益最大化。选取现状、2020 年及 2050 年三个水平年，在未来水平年里都选取四个情景进行水资源优化配置。使用本书提出的方法可以对不同水平年的不同情景求得最优解。

10.2　展　　望

本书对研究工作中的主要问题进行了较为深入的研究和探讨，但限于水资源合理配置问题的复杂性，本书取得的成果还只是初步的，还有待于在今后的工作中进一步深入研究。展望未来，在分布式水资源模拟及调控模型的研究方向还应该进行的深入研究包括以下几个方面。

(1) 地下水水资源量的模拟及配置。

本书对地下水水资源量的模拟工作做得较少，仅把地下水分为浅层和深层。这导致在对地下水可供水量及地下水与地表水的联合配置运用中不能准确地描述地下水水循环的过程，并且在水资源配置过程中，没有考虑地表水与地下水的联合调度问题。在今后的研究工作中，应该对此问题加强研究工作，以适应使用地下水资源量较多的地区。

(2) 水量水质联合配置研究。

本书中水资源配置以水量配置为主，事实上水质、水量在正常发挥水资源功能方面是相互依存的，各用水部门的用水仅在质或量上的满足还是不够的，今后还应在分质供水的原则及方法上做理论与实践的进一步完善。

(3) 生态环境用水量的研究。

可持续发展理论强调社会经济发展与生态环境相协调，因此在水资源配置过程中，水资源开发利用应与生态环境相适应。本书仅将生态环境用水作为必须满足的用水部门进行水资源配置，今后还需作深入研究，进一步对水资源配置模型加以完善。

(4) 水资源可持续利用风险性研究。

许多因素的不确定性造成了水资源配置的风险性，在本书中，由于时间原因没能对水资源可持续利用的风险性进行研究。如能将水资源可持续利用特点与风险性相结合，将会对水资源可持续利用与管理起到积极作用。

参考文献

[1] 王星桥. 全球关注"水安全". 瞭望,2000,(14):58-59.

[2] 陈绍金. 水安全系统评价、预警与调控研究. 南京:河海大学博士学位论文,2005.

[3] WCED. Sustainable development and water statement on the WCED report "Our Common Future". Water International,1989,14(3):151-152.

[4] Biswas A K. Water for sustainable development in the 21st century. International Journal of Water Resources Development,1991,7(4):219-224.

[5] United Nations. Agenda 21:Earth Summit—The United Nations Programme of Action from Rio. Geneva:United Nations,1992.

[6] 刘昌明,何希吾. 中国 21 世纪水问题方略. 北京:科学出版社,1998.

[7] 钱正英,张光斗. 中国可持续发展水资源战略研究综合报告及各专题报告. 北京:中国水利水电出版社,2001.

[8] 彭珂珊. 21 世纪中国水资源危机. 水利水电科技进展,2000,20(5):13-16.

[9] 世界银行东亚及太平洋地区. 中国水资源援助战略. 北京:中国水利水电出版社,2004.

[10] 王浩,陈敏建,秦大庸,等. 西北地区水资源合理配置和承载能力研究. 郑州:黄河水利出版社,2003.

[11] Chen B, Yang Z F. Retrospect and prospect of watershed hydrological model. Communications in Nonlinear Science and Numerical Simulation,2001,6(3):172-177.

[12] 芮孝芳,朱庆平. 分布式流域水文模型研究中的几个问题. 水利水电科技进展,2002,22(3):56-58.

[13] Freeze R A, Harlan R L. Blueprint for a physically-based, digitally-simulated hydrological response model. Journal of Hydrology,1969,9(3):237-258.

[14] Hewlett J D, Troendle C A. Nonpoint and diffused water sources: A variable source area problem//Watershed Management. New York: American Society of Civil Engineers,1975.

[15] Beven K, Kirkby M. A physically based variable contributing area model of basin hydrology. Hydrological Sciences Bulletin,1979,24(1):43-69.

[16] Beven K, Calver A, Morris E M. The Institute of Hydrology distributed model. Wallingford: Institute of Hydrology,1987.

[17] Singh V P. Computer Models of Watershed Hydrology. Colorado: Water Resources Publications,1995.

[18] Abbott M B, Bathurst J C, Cunge J A, et al. An introduction to the European Hydrological System-Systeme Hydrologique European, "SHE. "1: History and philosophy of a physically based distributed modeling system. Journal of Hydrology,1986,87(1-2):45-59.

[19] Abbott M B, Bathurst J C, Cunge J, et al. An introduction to the European Hydrological System-Systeme Hydrologique European, "SHE. "2: Structure of a physically based distributed modeling system. Journal of Hydrology,1986,87(1-2):61-77.

[20] Storm B, Jensen K H. Experiences with field testings of SHE on research catchments. Nordic Hydrology, 1984, 15: 283-294.

[21] Charbonneau R, Fortin J P, Morin G. The CEQUEAU model: Description and examples of its use in problems related to water resource management. Hydrological Science Bulletin des Sciences Hydrologiques, 1977, 22(1): 193-202.

[22] Kiniry J R, Williams J R, King K W. Soil and water assessment tool theoretical documentation(Version 2005). Computer Speech and Language, 2005, 24(2): 289-306.

[23] Yao H, Hashino M, Dolman A J, et al. A completely-formed distributed rainfall-runoff model for the catchment scale//Proceedings of Symposium Held during the Sixth IAHS Scientific Assembly, Maastricht, 2001.

[24] Yang D, Srikantha H, Katumi M. Comparison of different distributed hydrological models for characterization of catchment spatial variability. Hydrological Processes, 2000, 14(3): 403-416.

[25] Renssen H, Knoop J M. A global river routing network for use in hydrological modeling. Journal of Hydrology, 2000, 230(3-4): 230-243.

[26] Schumann A, Funke R, Schultz G. Application of a geographic information system for conceptual rainfall-runoff modeling. Journal of Hydrology, 2000, 240(1-2): 45-61.

[27] Arnell N W. A simple water balance model for the simulation of streamflow over a large geographic domain. Journal of Hydrology, 1999, 217(3): 314-335.

[28] Chou T Y, Lin W T, Lin C Y, et al. Application of the PROMETHEE technique to determine depression outlet location and flow direction in DEM. Journal of Hydrology, 2004, 287(1-4): 49-61.

[29] Ahamed T R N, Rao K G, Murthy J S R. Automatic extraction of tank outlets in a subwatershed using digital elevation models. Agricultural Water Management, 2002, 57(57): 1-10.

[30] Fuhrmann S. Designing a visualization system for hydrological data. Computers & Geosciences, 2000, 26(1): 11-19.

[31] Turcotte R, Fortin J P, Rousseau A N, et al. Determination of the drainage structure of a watershed using a digital elevation model and a digital river and lake network. Journal of Hydrology, 2001, 240(3-4): 225-242.

[32] Park S J, McSweeney K, Lowery B. Identification of the spatial distribution of soils using a process—based terrain characterization. Geoderma, 2001, 103(3): 249-272.

[33] Sivertun A, Prange L. Non-point source critical area analysis in the Gisselö watershed using GIS. Environmental Modelling & Software, 2003, 18(10): 887-898.

[34] Romano N, Palladinon M. Prediction of soil water retention using soil physical data and terrain attributes. Journal of Hydrology, 2002, 265(1-4): 56-75.

[35] Habets F, Saulnier G M. Subgrid runoff parameterization. Physics and Chemistry of the Earth Part B: Hydrology Oceans and Atmosphere, 2001, 26(5-6): 455-459.

[36] 沈晓东，王腊春，谢顺平. 基于栅格数据的流域降雨径流模型. 地理学报，1995，50(3)：264-271.

[37] 黄平，赵吉国. 流域分布型水文数学模型的研究及应用前景展望. 水文，1997，(5)：5-9.

[38] 李兰，郭生练，胡建华，等. 流域水文分布动态参数反问题模型//中国水利学会一九九九年优秀论文集，北京：中国三峡出版社，1999.

[39] 李兰，郭生练，李志永，等. 流域水文数学物理耦合模型//中国水利学会一九九九年优秀论文集，北京：中国三峡出版社，1999.

[40] 郭生练，熊立华，杨井，等. 基于 DEM 的分布式流域水文物理模型. 武汉水利电力大学学报，2000，33(6)：1-5.

[41] 郭生练，李兰，李订芳. 分布式流域水文物理模型的研究现状与进展. 郑州：黄河水利出版社，2001.

[42] 郭生练，杨井，彭辉，等. 气候异常变化对长江中下游水文水资源的影响评价//中国地理学会水文专业委员会第七次全国水文学术会议，北京，1999.

[43] 郭生练，熊立华，杨井，等. 分布式流域水文物理模型的应用和检验. 武汉大学学报：工学版，2001，34(1)：1-5.

[44] 唐莉华，吕贤弼，张思聪. 分布式小流域产汇流及产输沙模型研究//基于 3S 技术的北京市水土保持生态环境管理信息系统专题报告集. 北京，2002.

[45] 杨大文，李翀，倪广恒，等. 分布式水文模拟模型在黄河流域的应用. 地理学报，2004，59(1)：143-154.

[46] 杨大文，倪广恒，雷志栋，等. 大流域的分布式水文模型及其在黄河流域中的应用//全国水文学术讨论会，南京，2004.

[47] 谢正辉，刘谦，袁飞，等. 基于全国 50km×50km 网格的大尺度陆面水文模型框架. 水利学报，2004，(5)：76-82.

[48] 任立良，刘新仁. 数字高程模型在流域水系拓扑结构计算中的应用. 水科学进展，1996，10(2)：129-134.

[49] 张成才，马双梅，孙喜梅. 基于 DEM 模型的流域多数识别方法研究. 灌溉排水. 2002，(1)：33-35.

[50] 牛振国，李保国，张凤荣，等. 参考作物蒸散量的分布式模型. 水科学进展，2003，(3)：303-307.

[51] 郭方，刘新仁，任立良. 以地形为基础的流域水文模型——TOPMODEL 及其拓宽应用. 水科学进展，2000，11(3)：296-301.

[52] 王中根，郑红星，刘昌明，等. 黄河典型流域分布式水文模型及应用研究. 中国科学：技术科学，2004，34(z1)：49-59.

[53] 夏军，王纲胜，吕爱锋，等. 分布式时变增益流域水循环模拟. 地理学报，2003，(5)：789-796.

[54] 柳长顺，陈献，刘昌明，等. 国外流域水资源配置模型研究进展. 河海大学学报：自然科学版，2005，33(5)：522-524.

[55] Maass A, Hufschmidt M M, Dorfman R, et al. Design of Water-Resource Systems. Cam-

bridge:Harvard University Press,1962.
[56] 李慈君.水资源与环境系统管理模型研究现状.水文地质工程地质,1990,(3):23-27.
[57] 陈南祥,苗得强.水资源合理配置研究现状及展望.华北水利水电大学学报(自然科学版),2008,29(3):3-7.
[58] 李雪萍.国内外水资源配置研究概述.海河水利,2002,(5):13-15.
[59] Buras N. Scientific Allocation of Water Resources: Water Resources Development and Utilization—A Rational Approach. New York: American Elsevier Publishing Company, Inc, 1972:1-5.
[60] Haimes Y Y, Hall W A. Multiobjectives in water resource systems analysis: The surrogate worth trade off method. Water Resources Research, 1974, 10(10):615-624.
[61] Grigg N S, Bryson M C. Interactive simulation for water system dynamics. Journal of the Urban Planning and Development Division, 1975, 101(1):77-92.
[62] Haimes Y Y. Hierarchical Analysis of Water Resources Systems: Modeling and Optimization of Large-scale Systems. New York: McGraw Hill, 1977.
[63] Singh M G, Titli A. Systems Decomposition, Optimization and Control. New York: Pergamon Press, 1978.
[64] Loucks D P, Stedinger J R, Haith D A. Water Resources Systems Planning and Analysis. Englewood Cliffs: Prentice-Hall, 1981.
[65] Pearson D, Walsh P D. The Derivation and Use of Control Curves for the Regional Allocation of Water Resources//Optimal Allocation of Water Resources. Wallingford: IAHS Publication, 1982.
[66] Herbertson P W, Dovey W J. The allocation of fresh water resources of a tidal estuary. Optimal Allocation Water Resources, 1982, (7):357-365.
[67] Yeh W W. Reservoir management and operations models: A state-of-the-art review. Water Resources Research, 1985, 21(12):1797-1818.
[68] Salewicz K A, Loucks D P. Interactive simulation for planning, managing, and negotiating// Closing the Gap between Theory and Practice. Wallingford: IAHS Publication, 1989.
[69] Camara A S, Ferreira F C, Loucks D P, et al. Multidimensional simulation applied to water resources management. Water Resources Research, 1990, 26(9):1877-1886.
[70] Simonovic S I. Decision support systems for sustainable management of water resources: 1. General principles. Journal of Biological Chemistry, 1996, 280(23):21858-21866.
[71] Hämäläinen R, Kettunen E, Marttunen M, et al. Evaluating a framework for multi-stakeholder decision support in water resources management. Group Decision & Negotiation, 2001, 10(4):331-353.
[72] Kipkorir E C, Raes D, Labadie J. Optimal allocation of short-term lrrigation supply. Irrigation & Drainage Systems, 2001, 15(3):247-267.
[73] Xu Z, Ito K, Schultz G A, et al. Integrated hydrologic modeling and GIS in water resources management. Journal of Computing in Civil Engineering, 2001, 15(3):217-223.

[74] Walsh M R. Toward spatial decision support systems in water resources. Journal of Water Resources Planning and Management, 2014, 119(2): 158-169.

[75] McKinney D C, Cai X. Linking GIS and water resources management models: An object-oriented method. Environmental Modelling & Software, 2002, 17(5): 413-425.

[76] Sutardi, Bector C R, Goulter I. Multiobjective water resources investment planning under budgetary uncertainty and fuzzy environment. IEEE Transactions on Engineering Management, 1995, 82(3): 556-591.

[77] Minsker B S, Padera B, Smallry J B. Efficient methods for including uncertainty and multiple objectives in water resources management models using genetic algorighms//International Conference on Computational Methods in Water Resources, Calgary, 2000.

[78] Rosegrant M W, Ringler C, McKinney D C, et al. Integrated economic-hydrologic water modeling at the basin scale: The Maipo river basin. Agricultural Economics, 2000, 24(1): 33-46.

[79] Shafer J M, Labadie J W. Synthesis and calibration of a river basin water management model. Colorado State University, 1978.

[80] Maqsood I, Huang G H, Zeng G M. An inexact two-stage mixed integer linear programming model for waste management under uncertainty. Civil Engineering and Environmental System, 2004, 21(3): 187-206.

[81] Kheireldin K, Dessouki E. Object oriented programming: A robust tool for water resources management//Proceedings of the Seventh Nile 2002 International Conference of Comprehensive Water Resources Development of the Nile Basin: The Vision for the Next Century, Cairo, 1999.

[82] Nelson E J, Jones N L, Jorgeson J D. A comprehensive environment for watershed modeling and hydrologic analysis//Proceedings of the International Conference on Water Resources Engineering, New York, 1995.

[83] Fedra K. GIS and simulation models for water resources management: A case study of the Kelantan River, Malaysia. GIS Development, 2002, 6(8): 39-43.

[84] Brown T C, Diaz G E, Sveinsson O G B. Planning water allocation in river basin, aquarius: A system's approach//Proceedings of 2nd Federal Interagency Hydrologic Modeling Conference, Subcommittee on Hydrology of the Advisory Committee on Water Information, Las Vegas, 2002: 28-81.

[85] Rahman J M, Cuddy S M, Watson F G R. Tarsier and ICMS: Two approaches to framework development. Mathematics & Computers in Simulation, 2004, 64(3): 339-350.

[86] 尤祥瑜，谢新民，孙仕军，等. 我国水资源配置模型研究现状与展望. 中国水利水电科学研究院学报，2004，2(2)：131-140.

[87] 方淑秀，黄守信，王孟华，等. 跨流域引水工程多水库联合供水优化调度. 水电能源科学，1992，(2)：73-85.

[88] 薛松贵，常炳炎. “黄河流域水资源合理分配和优化调度研究”综述. 人民黄河，1996，

18(8):7-9.

[89] 刘健民,张世法,刘恒.京津唐地区水资源大系统供水规划和调度优化的递阶模型.水科学进展,1993,4(2):98-105.

[90] 朱文彬,樊国瑞.石家庄地区水资源利用与经济发展协调模型研究.水科学进展,1994,5(4):293-302.

[91] 翁文斌,蔡喜明,史慧斌,等.宏观经济水资源规划多目标决策分析方法研究及应用.水利学报,1995,(2):1-11.

[92] National Research Council. Restoration of Aquatic Ecosystems. Washington DC: National Academy Press,1992.

[93] 中国水利水电科学研究院.西北地区水资源合理开发利用与生态环境保护研究.中国水利,2001,(5):9-11.

[94] 王浩,秦大庸,王建华,等.黄淮海流域水资源合理配置.北京:科学出版社,2003.

[95] 中国水利水电科学研究院水资源研究所."十五"国家重点科技攻关项目"黑河流域水资源调配管理信息系统研究"课题第三专题"黑河流域水资源合理配置评价研究"(2001BA610A-02-03)研究报告.北京:中国水利水电科学研究院水资源研究所,2004.

[96] 中国水利水电科学研究院水资源研究所.宁夏经济生态系统水资源合理配置.北京:中国水利水电科学研究院水资源研究所,2005.

[97] 方红远.水资源合理配置中的水量调控模式研究.南京:河海大学博士学位论文,2003.

[98] Auzet A V, Boiffin J, Ludwig B. Concentrated flow erosion in cultivated catchments: Influence of soil surface state. Earth Surface Processes and Landforms,1995,20(8):759-767.

[99] Govers G, Everaert W, Poesen J, et al. A long flume study of the dynamic factors affecting the resistance of loamy soil to concentrated flow erosion. Earth Surface Processes & Landforms,1990,15(4):313-328.

[100] Ludwig B, Boiffin J, Chadluf J, et al. Hydrological structure and erosion damage caused by concentrated flow in cultivated catchments. Catena,1995,25(95):227-252.

[101] Merot P, Ezzahar B, Walter C, et al. Mapping waterlogging of soils using digital terrain models. Hydrological Processes,1995,9(1):27-34.

[102] Souchere V, King D, Daroussin J, et al. Effects of tillage on runoff directions: Consequences on runoff contributing area within agricultural catchments. Journal of Hydrology,1998,206(3-4):256-267.

[103] 孙广生,乔西现,孙寿松.黄河水资源管理.郑州:黄河水利出版社,2001.

[104] 魏文秋,于建营.地理信息系统在水文学和水资源管理中的应用.水科学进展,1997,8(3):296-300.

[105] 万洪涛,周成虎,万庆,等.地理信息系统与水文模型集成研究述评.水科学进展,2001,12(4):560-568.

[106] Beven K. How far can we go in distributed hydrological modelling? Hydrology and Earth System Sciences,1999,5(1):1-12.

[107] Tribe A. Automated recognition of valley lines and drainage networks from grid digital

elevation models: A review and a new method. Journal of Hydrology, 1995, 167(1-4): 393-396.

[108] O'Callaghan J F, Mark D M. The extraction of drainage networks from digital elevation data. Computer Vision, Graphics and Image Processing, 1984, 27(3): 323-344.

[109] Costa-Cabral M C, Burges S J. Digital elevation model networks (DEMON): A model of flow over hillslopes for computation of contributing and dispersal areas. Water Resources Research, 1994, 30(6): 1681-1692.

[110] 熊立华,郭生练,Kieran M. 利用 DEM 提取地貌指数的方法述评. 水科学进展,2002,13(6):775-780.

[111] Martz L W, Garbrecht J. An outlet breaching algorithm for the treatment of closed depressions in a raster DEM. Computers & Geosciences, 1999, 25(7): 835-844.

[112] 孔凡哲,芮孝芳. 数字高程模型在流域水文模型应用中的若干问题. 水文,2002,22(5):1-4.

[113] Hutchinson M F. A new procedure for gridding elevation and stream line data with automatic removal of spurious pits. Journal of Hydrology, 1989, 106(3-4): 211-232.

[114] 陈华芳,王金亮,陈忠,等. 山地高原地区 TM 影像水体信息提取方法比较——以香格里拉县部分地区为例. 遥感技术与应用,2004,19(6):479-484.

[115] 周成虎,骆建承,杨晓梅,等. 遥感影像地学理解与分析. 北京:科学出版社,1999.

[116] Rouse J J W, Haas R H, Schell J A, et al. Monitoring vegetation systems in the great plains with erts. Nasa Special Publication, 1974, 351: 309.

[117] McFeeters S K. The use of the Normalized Difference Water Index (NDWI) in the delineation of open water features. International Journal of Remote Sensing, 1996, 17(7): 1425-1432.

[118] 徐涵秋. 利用改进的归一化差异水体指数(MNDWI)提取水体信息的研究. 遥感学报,2005,9(5):589-595.

[119] 林凯荣,郭生练,陈华,等. 利用遥感信息修正数字河网的研究. 武汉大学学报:工学版,2005,38(6):48-52.

[120] 熊立华,彭定志. 基于数字高程模型的等流时线推求与应用. 武汉大学学报:工学版,2003,36(3):1-3.

[121] 康玲,王学立,姜铁兵,等. 基于数字高程模型的流域变动等流时线方法. 水利学报,2006,37(1):40-44.

[122] Ponce V M. Engineering Hydrology: Principles and Practices. Englewood Cliffs: Prentice Hall, 1989.

[123] Maidment D R. Developing a spatially distributed unit hydrograph by using GIS//Proceedings of HydroGIS'93, Wallingford, 1993.

[124] Muzik I. Flood modelling with GIS-derived distributed unit hydrographs. Hydrological Processes, 1996, 10(10): 1401-1409.

[125] Fairfield J, Leymarie P. Drainage networks from grid digital elevation models. Water

Resources Research,2010,27(5):709-717.

[126] Feldman A. Hydrologic modelling system HEC-HMS technical reference manual. Davis: US Army Corps of Engineers,Hydrologic Engineering Center,2000.

[127] Olivera F,Maidment D. Geographic information systems (GIS)—based spatially distributed model for runoff routing. Water Resources Research,1999,35(4):1155-1164.

[128] SellersP J,Los S O,Tucker C J,et al. A revised land surface parameterization (SiB2) for atmospheric GCMS. Part II: The generation of global fields of terrestrial biophysical parameters from satellite data. Journal of Climate,1996,9(4):706-737.

[129] 梅新安,彭望,秦其明,等. 遥感导论. 北京:高等教育出版社,2001.

[130] Abbott M B,Refsgaard J C. Distributed hydrological modelling. Water Science & Technology Library,1996,22(3):289-305.

[131] Lahmer W, Pfützner B, BeckerA. Data-related uncertainties in meso- and macroscale hydrological modelling//4th International Symposium on Spatial Accuracy Assessment in National Resources and Environmental Sciences,Amsterdam,2000.

[132] Lahmer W,Pfutzner B,Becker A. Assessment of land use and climate change impacts on the mesoscales. Physics and Chemistry of the Earth Part B:Hydrology Oceans and Atmosphere,2001,26(7-8):565-575.

[133] Matheron G. Principles of geostatistics. Economic Geology,1963,58(8):1246-1266.

[134] Prudhomme C,Reed D W. Relationships between extreme daily precipitation and topography in a mountainous region:A case study in Scotland. International Journal of Climatology,1998,18(13):1439-1453.

[135] Courault D,Monestiez P. Spatial interpolation of air temperature according to atmospheric circulation patterns in southeast France. International Journal of Climatology,1999,19(4):365-378.

[136] Prudhomme C,Reed D W. Mapping extreme rainfall in a mountainous region using geostatistical techniques:A case study in Scotland. International Journal of Climatology,1999,19(12):1337-1356.

[137] Wu X,Cao H,Flitman A,et al. Forecasting monsoon precipitation using artificial neural networks. Advances in Atmospheric Sciences,2001,18(5):950-958.

[138] Jin L,Luo Y,Lin Z. Comparison of long-term forecasting of june-august rainfall over Changjiang-Huaihe Valley. Advances in Atmospheric Sciences,1997,14(1):87-92.

[139] 曹鸿兴. 动力系统自忆性原理-预报与计算应用. 北京:地质出版社,2002.

[140] 蔡秀华,曹鸿兴. 资料插值的进展. 气象,2005,31(8):3-7.

[141] 贾晓静,曹鸿兴,封国林. 一种动态数据的新建模法及其预报应用. 应用气象学报,2002,13(1):96-101.

[142] Shuttleworth W J,Wallace J S. Evaporation from sparse crops—An energy combination theory. Quarterly Journal of the Royal Meteorological Society,2007,111(469):839-855.

[143] Shuttleworth W J,Gurney R J. The theoretical relationship between foliage temperature